面向新工科普通高等教育系列教材

Python 基础编程与实践

朱旭振　黄　赛　编著

U0378572

机械工业出版社

本书从教学和工程应用角度出发，首先，介绍了 Python 语言的历史背景、一般编程方法、Python 程序的常见设计方法；其次，介绍了 Python 编程基础知识，包括基本语法、控制结构、输入输出、数据结构以及 Matplotlib 作图，进而分别讨论了面向过程编程的概念及方法和面向对象编程的概念及方法，并引入了 GUI 编程方法，包括简单的图形控件介绍、布局管理器以及 GUI 程序结构；最后，给出了 Python 的重要资源、常用的 ASCII 码表和 Python 关键字表。

本书是数据分析领域 Python 编程的基础教材，可用于高校相关课程教师的教学用书，也可作为高校本科生、研究生的基础学习用书。企业开发人员和数据分析人员，也可以将本书作为"工作参考手册"来阅读。对于需要进行数据分析、算法建模、机器学习等数据科学研究的人员，特别是需要进行大数据学科建设的高校，本教材很适用。

为了教师和工程技术人员教学和培养的需要，本书免费提供电子课件和习题答案。欢迎使用本书作为教材的教师登录 www.cmpedu.com 免费注册、审核后下载，或联系编辑索取（QQ：2446305805，电话 010-88379753）。

图书在版编目（CIP）数据

Python 基础编程与实践 / 朱旭振，黄赛编著. —北京：机械工业出版社，2019.2（2024.1 重印）

面向新工科普通高等教育系列教材

ISBN 978-7-111-62027-3

Ⅰ. ①P… Ⅱ. ①朱… ②黄… Ⅲ. ①软件工具－程序设计－高等学校－教材

Ⅳ. ①TP311.561

中国版本图书馆 CIP 数据核字（2019）第 029695 号

机械工业出版社（北京市百万庄大街 22 号　邮政编码 100037）

责任编辑：时　静　秦　菲　　责任校对：张艳霞

责任印制：张　博

北京建宏印刷有限公司印刷

2024 年 1 月第 1 版·第 8 次印刷

184mm×260mm·19.25 印张·470 千字

标准书号：ISBN 978-7-111-62027-3

定价：59.00 元

电话服务

客服电话：010-88361066

010-88379833

010-68326294

封底无防伪标均为盗版

网络服务

机　工　官　网：www.cmpbook.com

机　工　官　博：weibo.com/cmp1952

金　书　网：www.golden-book.com

机工教育服务网：www.cmpedu.com

前　言

本书是根据教育部计算机基础课程教学指导委员会发布的计算机基础课程教学基本要求，结合大学理工科教学的特点，立足于编程语言发展趋势并顺应时代潮流的情况下编写的大学生计算机基础新教材。

本书内容主要围绕 Python 编程语言的基础展开介绍，包括但不限于 Python 语言的特点、环境搭建、自顶向下的程序设计思想、Python 基础数据及类型、控制流结构、函数与模块、画图、Python 文本处理、面向对象编程、异常处理以及数据库编程等。

工程技术人员通过对本书的学习可以具备对 Python 编程语言的掌握能力，通过本书学习并结合课后练习，可以熟练使用 Python 语言编码并与计算机进行交流。本书同样适合初入编程领域的编程爱好者，理工、经管类大学生以及需要了解 Python，利用 Python 进行项目设计、数值分析、统计预测等的各领域工程技术人员使用。除此之外，Python 因其"优雅、明确、简单"的设计哲学，非常适合初识编程的新手学习。Python 作为面向对象的编程语言，可作为各类编程语言间的万能胶水，适合作为各类编程语言的"大总管"，极大简化了不同编程语言的兼容性难题。

本书从 Python 语言教学的全局出发，以培养学生使用 Python 语言进行编程的能力为目的，内容介绍力求清楚、明确。从基本概念、基本语法出发，结合大量例题进行概念和语法解析，每章均有实践问题和大量课后习题提供给读者练习使用。

本书由朱旭振、黄赛编写，同时还有卢德鹏、姜南、柴录、于慧、郑丹旸等对于本书的完成给予了帮助。此外，陆高锋、戴蕊、严正行等参与了本书的校验工作。

由于时间、人员等问题，本书在总体结构、内容、叙述、实例、题目等方面难免有偏颇与疏漏之处，欢迎广大读者提出宝贵意见，敬请批评指正。

编者

目　录

第 1 章　Python 概述

本章主要介绍 Python 语言的由来、版本、应用以及一些简单的 Python 语言程序。此外，还将介绍 Python 在不同操作系统的环境搭建，演示如何安装和使用一些常用的 Python 开发工具，如 Anaconda、PyCharm 等，为后续学习本书做好准备。

本章知识点：

❑ Python 的由来、版本及应用领域
❑ Python 语言的特点
❑ 一个简单的 Python 程序
❑ Python 在 Windows、Linux 及 Mac OS 系统的安装
❑ Anaconda、PyCharm 等 Python 开发工具的使用
❑ Python 跨平台

1.1　了解 Python

1.1.1　Python 的由来

Python 的创始人为 Guido van Rossum，曾获得阿姆斯特丹大学数学和计算机双料硕士学位。Guido 接触并使用过 Pascal、C、Fortran 等语言，但这些语言都不能让他感到满意。这些语言的基本设计原则是让机器运行得更快，这就要求程序员需要模仿计算机的思考模式来写出更符合机器口味的程序。这种编程方式让 Guido 感到苦恼，所以 Guido 尝试选择 Shell，C 语言中许多上百行的程序在 Shell 中只用几行就可以完成。然而，Shell 的本质是调用命令，它不是一个真正的语言，无法全面调动计算机的功能。

随后，Guido 在荷兰的数学和计算机研究所参与了 ABC 语言的开发，希望开发一种既能够像 C 语言一样全面调用计算机的功能接口，又可以像 Shell 一样轻松编程的语言。与当时大部分语言不同，ABC 语言以教学为目的，目标是"让用户感觉更好"，希望通过 ABC 语言让语言变得更容易阅读、容易使用、容易记忆、容易学习，并以此激发人们学习编程的兴趣。ABC 语言尽管已经具备了良好的可读性和易用性，但是由于其对计算机配置的高要求，导致其始终没有流行起来。除此之外，ABC 语言不能直接操作文件系统，无法直接读写文件，输入输出的困难对于计算机语言来说是致命的。

1989 年的圣诞假期，Guido 开始写 Python 语言的编译器。Python 这个名字来自于 Guido 所挚爱的电视剧——Monty Python's Flying Circus。他希望创造一种介于 C 和 Shell 之间，功能全面、易学易用、可拓展的语言。1991 年，第一个 Python 编译器诞生。该编译器

是用 C 语言实现的，并且能够调用 C 语言的库文件。Python 诞生时便具有类、函数、异常处理、包含表和词典在内的核心数据类型以及模块为基础的拓展系统[1]。

最初，Python 完全由 Guido 本人开发，后来逐渐受到 Guido 同事的欢迎，它们迅速反馈使用意见，并参与 Python 的改进。Guido 和一些同事构成了 Python 的核心团队，他们将自己大部分业余时间用于 hack Python，Python 逐渐拓展到了研究所外。Python 将许多机器层面的细节隐藏交给编译器处理，并凸显逻辑层面的编程思考，因此，程序员使用 Python 时可以将更多时间用于程序逻辑的思考，而不是具体细节的实现。这一特征吸引了广大程序员，使得 Python 越来越受到人们的关注。

1.1.2　Python 的版本

Python 自发布以来，主要有三个版本：1994 年发布的 Python1.0 版本、2000 年发布的 Python2.0 版本和 2008 年发布的 Python3.0 版本。

虽然目前使用 Python2.x 的开发者略多于使用 Python3.x 的开发者，但使用 Python3.x 在未来将是大势所趋。Python3.x 在 Python2.x 的基础上做了功能升级，对 Python2.x 的标准库进行了一定程度的重新拆分和整合，比 Python2.x 更容易理解。特别是在字符编码方面，Python2.x 对于中文字符串的支持性能不够好，需要编写单独的代码对中文进行处理，否则不能正确显示中文，而 Python3.x 成功解决了该问题。

此外，Python3.x 和 Python2.x 的思想基本是共通的，只有少量的语法差别。学会了 Python3.x，只要稍微花一点时间学习 Python2.x 的语法，就可以灵活运用这两个不同版本了。

本书使用的版本为 Python3.6。

1.1.3　Python 的应用领域

Python 作为一种功能强大且通用的编程语言广受好评。它具有非常清晰的语法特点，适用于多种操作系统，目前在国际上非常流行，正在得到越来越多的应用。

1. 数据分析与处理

通常情况下，Python 被用来做数据分析。用 C 语言设计一些底层算法进而封装，然后用 Python 进行调用。因为算法模块较为固定，所以用 Python 直接进行调用，方便且灵活，可以根据数据分析与统计需要灵活使用。Python 也是一个比较完善的数据分析生态系统，其中 Matplotlib 经常会被用来绘制数据图表，它是一个 2D 绘图工具，有着良好的跨平台交互特性。日常做描述统计用到的直方图、散点图、条形图等都会用到它，几行代码即可出图。人们日常看到的 K 线图、月线图也可用 Matplotlib 绘制。如果在证券行业做数据分析，Python 是必不可少的。

再如 Pandas 也是 Python 在做数据分析时常用的数据分析包，也是很好用的开源工具。Pandas 可对较为复杂的二维或三维数组进行计算，同时还可以处理关系型数据库中的数据，和 R 语言相比，data.frame 计算的范围要远远小于 Pandas 中的 DataFrame 的范围，这也从另一个侧面说明 Python 的数据分析功能要强于 R 语言。

除以上两点之外，SciPy 还可以解决很多科学计算的问题，比如微分方程、矩阵解析、概率分布等数学问题。

2．Web 开发应用

Python 是 Web 开发的主流语言，但不能说是最好的语言。同样是解释型语言的 JavaScript，在 Web 开发中应用得已经较为广泛，原因是其有一套成熟的框架。但 Python 也具有独特的优势，比如 Python 相比于 JS、PHP 在语言层面较为完备，而且对于同一个开发需求能够提供多种方案。库的内容丰富，使用方便。Python 在 Web 方面也有自己的框架，如 django 和 flask 等。可以说用 Python 开发的 Web 项目小而精，支持最新的 XML 技术，而且数据处理的功能较为强大。

3．人工智能应用

在人工智能的应用方面，笔者认为还是得益于 Python 强大而丰富的库以及数据分析能力。比如说在神经网络、深度学习方面，Python 都能够找到比较成熟的库包来加以调用。而且 Python 是面向对象的动态语言，且适用于科学计算，这就使得 Python 在人工智能方面备受青睐。虽然人工智能程序不限于 Python，但依旧为 Python 提供了大量的 API，这也正是因为 Python 当中包含着较多的适用于人工智能的模块，比如 sklearn 模块等。调用方便、科学计算功能强大依旧是 Python 在 AI 领域最强大的竞争力。

4．游戏编程

Python 在很早的时候就是一种游戏编程的辅助工具，在《星球大战》中扮演了重要的角色。在《深渊（The Abyss）》《星际迷航（Star Trek）》《夺宝奇兵（Indiana Jones）》等大片中担当特技和动画制作的工业光魔（Industrial Light）公司就采用 Python 制作商业动画。目前，通过 Python 完全可以编写出非常棒的游戏程序。

5．企业与政务应用

目前，Python 已经成功实现企业级应用，全球已有很多公司采用 Python 进行企业级软件的开发和应用，比如：Enterprise Resource Planning（ERP，企业资源计划）和 Customer Relationship Management（CRM，客户关系管理）这样的应用。同时，通过 Python 技术，人们成功实现了许多政务应用。

1.2　Python 语言的特点

1．面向对象

Python 既支持面向过程的函数编程也支持面向对象的抽象编程。在面向过程的语言中，程序是由过程或可重用代码的函数构建起来的。在面向对象的语言中，程序是由数据和功能组合而成的对象构建起来的。与其他主要语言如 C++和 Java 相比，Python 以一种非常强大又简单的方式实现面向对象编程，使得编程更加灵活[2]。

2．内置数据结构

数据结构由相互之间存在一种或多种关系的数据元素以及元素之间的关系组成。Python 本身自带的数据结构包括列表、元组、字符串、字节、字节数组、集合、字典 7 种内置数据结构，且它们都是可迭代对象。

3．简单易学

Python 的语法简单优雅，甚至没有像其他语言的大括号、分号等特殊符号，代表了一种极简主义的设计思想。同时，Python 内置多种高级数据结构，实现了列表、元组、字典和集合等高级数据结构，这些结构在传统 C、Java 等语言中需要用户自定义结构。Python 非常适合阅读，并且容易理解。此外，Python 虽然基于 C 语言编写，但是摒弃了 C 中非常复杂的指针，简化了 Python 语法。

4．语言健壮

Python 提供了异常处理机制，能捕获程序的异常情况。此外 Python 的堆栈跟踪对象能够指出程序出错的位置和出错的原因。异常机制能够避免不安全退出的情况，同时能够帮助程序员调试程序。

5．可移植性

Python 的开源本质使得它已经被移植在许多平台上（经过改动使它能够在不同平台上工作）。如果在编写程序时避免使用依赖于系统的特性，那么这些 Python 程序无需修改就可以在下述任何平台上面运行。这些平台包括 Linux、Windows、FreeBSD、Macintosh、Solaris、OS/2、Amiga、AROS、AS/400、BeOS、OS/390、z/OS、Palm OS、QNX、VMS、Psion、Acom RISC OS、VxWorks、PlayStation、Sharp Zaurus、Windows CE 甚至还有 PocketPC、Symbian 以及 Google 基于 Linux 开发的 Android 平台。

6．易扩展性

Python 出于一种自由的设计思想，没有抽象类，也没有其他语言里 private、public、protect 这些设定，但在 Python 中同样也可以通过封装实现私有、公有、抽象这些设定。假如让所有默认接口 raise 异常，那么这个类就在一定意义上成为了抽象类。虽然抽象类的适用范围很广，但是并不是任何情况下都优于非抽象类，于是 Python 让使用者自己选择是否使用抽象类。

当然，这只是 Python 内在的一个细节，实际上 Python 的可扩展性不仅仅表现在对内的设计思想上，还表现在对外不同语言之间的配合使用效果上。例如在游戏开发中，游戏的服务端可以用 C 作为底层游戏引擎，Python 作为逻辑脚本，这样可以非常方便地调用 C 编写的引擎接口，仿佛 C 语言的底层不存在一样。

7．动态性

Python 的动态性和多态性是 Python 语言简洁灵活的基础。在 Python 中，类型是在运行过程中自动决定的，而不是通过代码声明。这意味着在 Python 中没有必要事先声明变量，变量名没有类型，类型属于对象而不是变量名。从另一方面讲，对象知道自己的类型，即每个对象都包含了一个头部信息，这一头部信息标记了这个对象的类型。Python 语言的动态性优化了人的时间而不是机器的时间，可以大幅提高程序员的生产力。

8．解释型

大多数计算机编程语言都是编译型语言，在运行之前需要将源代码编译为操作系统可以执行的二进制格式（0110 格式的），这样大型项目编译过程非常消耗时间。而 Python 程序不需要编译成二进制代码，可以直接从源代码运行程序。在计算机内部，Python 解释器把源代码转换成字节码的中间形式，然后再把它翻译成计算机使用的机器语言并运行。事实上，由于不再需要担心如何编译程序，如何确保连接转载正确的库等，这使得 Python 使用变得更加简单。

9．应用广泛

Python 目前广泛应用在多个领域，具体如下。

（1）游戏编程：可以在 Pygame 系统中使用 Python 对图形和游戏进行编程。

（2）串口通信：PySerial 扩展在 Windows、Linux 及更多系统上进行串口通信，系统是由相互联系、相互作用的若干要素按一定的规则组成并具有一定功能的整体。

（3）图像处理：用 PIL、PyOpenGL、Blender、Maya 和一些其他工具进行图像处理管理。

（4）机器人控制：用 PyRo 工具包进行机器人控制编程。

（5）人工智能：使用神经网络仿真器和专业的系统 Shell 进行 AI 编程图像处理；用 PIL、PyOpenGL、Blender、Maya 和一些其他工具进行图像处理。

（6）自然语言分析：使用 NLTK 包进行自然语言分析图像处理。

1.3 一个简单的 Python 程序

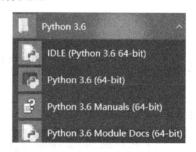

安装好 Python 后，在"开始"菜单栏中会自动添加一个 Python3.6 文件夹，单击该文件夹会出现图 1-1 所示的子目录。Python 菜单如图 1-1 所示。

Python 目录下有 4 个子目录，从上到下依次是 IDLE、Python3.6、Python3.6 Manuals 和 Python3.6 Module Docs，分别具有如下功能。

图 1-1 Python 菜单

- IDLE 是 Python 集成开发环境，也称交互模式，具备基本的 IDE 功能，是非商业 Python 开发的不错选择。
- Python3.6 是 Python 的命令控制台，窗口跟 Windows 下的命令窗口一样，不过只能执行 Python 命令。
- Python3.6 Manuals 是帮助文档，单击后会弹出全英文的帮助文档。
- Python3.6 Module Docs 是模块文档，单击后会跳转到一个可以查看目前集成模块的网址。

下面开始在 IDLE 中编辑第一个 Python 程序，首先打开 IDLE，如图 1-2 所示。

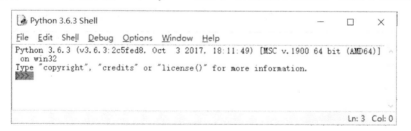

图 1-2 PythonIDLE

">>>"表示此时在 IDLE 中输入 Python 代码只能立刻执行。

首先输入：

```
print('Hello,world!')
```

按〈Enter〉键后，就可以看到输出了"Hello,world！"，如图 1-3 所示，成功完成了一个简单的 Python 语言程序。此处 print 后面带了括号，表示 print 是一个函数，单引号里面的叫字符串。如果要让 Python 打印指定的文字，就可以用 print()函数。把待打印的文字用单引号或双引号括起来，但注意单引号和双引号不能混用。

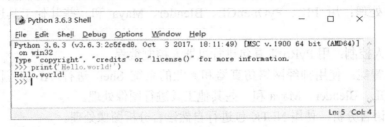

图 1-3　Python 输入输出

1.4　搭建 Python 开发环境

1.4.1　Python 下载与安装

（1）在网站 https://www.python.org/downloads/windows/中找到所需要的 Python 版本进行下载，本次下载版本为 3.6.3。版本信息如图 1-4 所示。

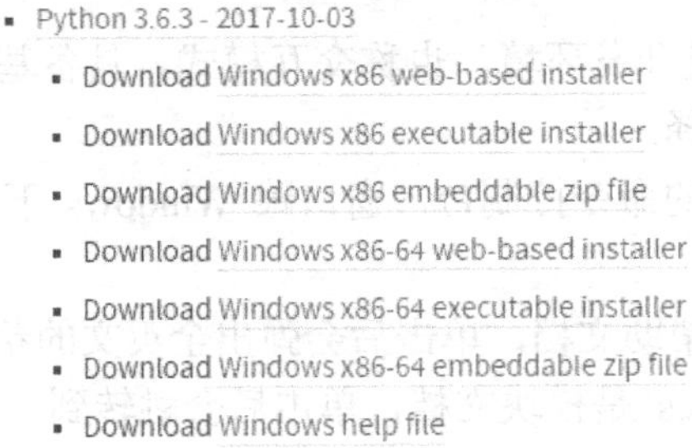

- Python 3.6.3 - 2017-10-03
  - Download Windows x86 web-based installer
  - Download Windows x86 executable installer
  - Download Windows x86 embeddable zip file
  - Download Windows x86-64 web-based installer
  - Download Windows x86-64 executable installer
  - Download Windows x86-64 embeddable zip file
  - Download Windows help file

图 1-4　Python3.6.3 版本

（2）双击下载好的软件，按照如下步骤安装。初始安装界面如图 1-5 所示。

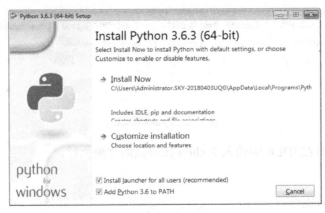

图 1-5　Python 安装界面

选择 Customize installation，将 Python 安装到指定目录下。具体安装过程如图 1-6、图 1-7、图 1-8 所示。

图 1-6　单击"Next"按钮

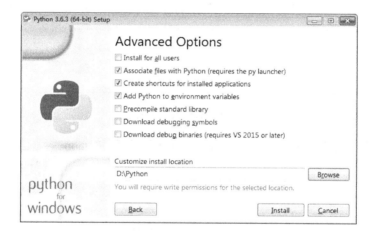

图 1-7　单击"Install"按钮

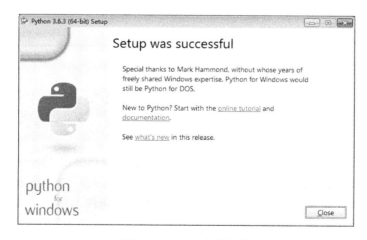

图 1-8　Python 安装完成

（3）查看软件是否能成功运行。

单击"开始"按钮，在输入框中输入"cmd"后按〈Enter〉键，在得到的 cmd 命令界面中输入"python"，完成后按〈Enter〉键。cmd 界面如图 1-9 所示，成功安装界面如图 1-10 所示。

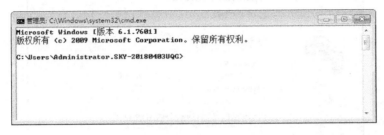

图 1-9　cmd 界面

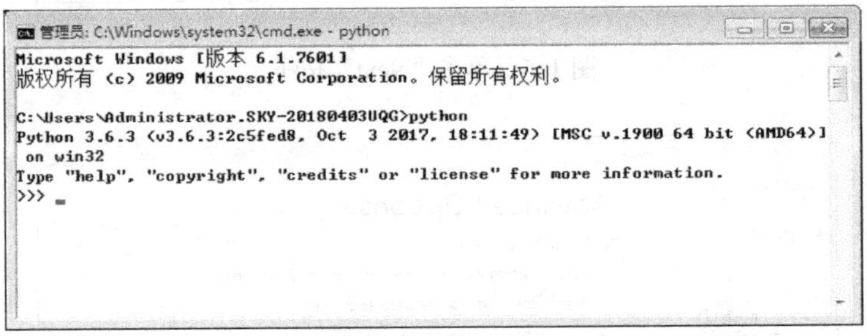

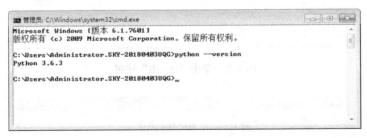

图 1-10　检验 Python 安装

若只想查看版本信息，只输入"python--version"即可。Python 版本信息查询如图 1-11 所示。

图 1-11　查看版本信息

（4）如果在安装过程中没有勾选"Add Python3.6 to Path"，那么程序在 cmd 命令框中就无法正常运行。解决方法一是把 Python 安装程序重新运行一次并勾选"Add Python3.6 to Path"，二是手动配置环境变量。

（5）手动配置环境变量方法。找到"计算机"并右击，在弹出菜单中单击"属性"，弹出计算机属性界面，如图 1-12 所示。

单击"高级系统设置"，弹出图 1-13 所示的"系统属性"界面。在"系统属性"界面选择"高级"菜单界面，在该界面右下角单击"环境变量"按钮。环境变量如图 1-14 所示。

图 1-12　计算机属性

图 1-13　选择环境变量

图 1-14　环境变量

双击系统变量中的"Path"，弹出"编辑系统变量"界面，在界面的"变量值"输入框中输入 Python 的安装路径（如 D:\Python）。环境变量的配置如图 1-15 所示。

图 1-15　配置环境变量

注意，变量值中的内容可以以英文分号";"开始，前面有一个分号，并以"\"结尾，如; D:\Python\。单击"确定"保存即添加环境变量成功。接下来重复第（3）步验证即可。

（6）至此，在 Windows 上安装 Python 完成。

1.4.2　在 Linux 和 UNIX 系统中安装 Python

（1）安装依赖库，命令如下：

```
yum install openssl-devel bzip2-devel expat-devel gdbm-devel
```

（2）下载 Python3.6.5，命令如下：

```
wget https://www.python.org/ftp/python/3.6.5/Python-3.6.5.tgz
```

（3）解压缩，命令如下：

```
tar -zvxf Python-3.6.5.tgz
```

（4）移动 Python 到 /usr/local 下，命令如下：

```
mv Python-3.6.5 /usr/local
```

（5）删除旧版本的 Python 依赖，命令如下：

```
ll /usr/bin | grep python
rm -rf /usr/bin/python
```

（6）进入 Python 目录，命令如下：

```
cd /usr/local/python-3.6.5/
```

（7）配置 Python，命令如下：

```
./configure
```

（8）编译源码，命令如下：

```
Make
```

（9）执行安装，命令如下：

```
make install
```

（10）删除旧的符号连接，创建符号连接到新 Python，命令如下：

```
rm -rf /usr/bin/python
ln -s /usr/local/bin/python-3.6.5 /usr/bin/python
```

（11）检查安装版本，命令如下：

```
python -V
```

至此，完成了在 Linux 下安装 Python。

1.4.3　在 Mac OS 中安装 Python

由于 Mac OS X10.8～10.10 中自带的 Python 版本是 2.7，如果想要安装 Python3.6，可以通过如下两种方法。

（1）从 Python 官方网站下载 Python3.6 的安装程序，双击运行并安装，具体网址为 https://www.python.org/downloads/mac-osx/。

（2）如果已经安装 Homebrew，就可以直接通过命令 brewinstallpython3 进行安装。

1）在 python.org 下载 Mac OS X 64-bit/32-bit installer。运行安装包，删除 Mac 自带的 Python2.7，命令如下：

```
sudorm-R /System/Library/Frameworks/Python.framework/Versions/2.7
```

2）把安装好的 Python 目录移到原来系统的目录位置，命令如下：

```
sudo mv /Library/Frameworks/Python.framework/Versions/3.5/System/Library/ Frameworks/ Python.framework/Versions
```

3）将文件所属的 Group 修改为 wheel，命令如下：

```
sudo chown -R root:wheel /System/Library/Frameworks/Python.framework
/Versions/3.6
```

4）更新 Current 的 Link，原来是指向系统自带的 Python2.7，现进行重新链接，命令如下：

```
sudo rm /System/Library/Frameworks/Python.framework/Versions/Current
sudo ln -s /System/Library/Frameworks/Python.framework/Versions/3.6/System/Library/
Frameworks/Python.framework/Versions/Current
```

5）重新链接可执行文件。删除系统原有执行文件，命令如下：

```
sudo rm /usr/bin/pydoc
sudo rm /usr/bin/python
sudo rm /usr/bin/pythonw
sudo rm /usr/bin/python-config
```

6）建立链接，命令如下：

```
sudo ln -s /System/Library/Frameworks/Python.framework/Versions/3.6/bin/pydoc3.6
/usr/bin/pydoc
sudo ln -s /System/Library/Frameworks/Python.framework/Versions/3.6/bin/python3.6
/usr/bin/python
sudo ln -s /System/Library/Frameworks/Python.framework/Versions/3.6/bin/pythonw3.6
/usr/bin/pythonw
sudoln-s/System/Library/Frameworks/Python.framework/Versions/3.6/bin/python3.6m-config
```

7）至此，完成 Python 在 Mac OS 中的配置安装。

1.4.4 交互式 IDLE 的使用

IDLE 是开发 Python 程序的基本 IDE（集成开发环境），具备基本的 IDE 的功能，是非商业 Python 开发的不错的选择。当安装好 Python 以后，IDLE 就自动安装好了，不需要另外去找。同时，使用 Eclipse 这个强大的框架时 IDLE 也可以非常方便地调试 Python 程序。基本功能包括：语法加亮、段落缩进、基本文本编辑、TABLE 键控制、调试程序。

IDLE 总的来说是标准的 Python 发行版，甚至是由 Guido van Rossum 亲自编写（至少最初的绝大部分）的。使用者可在能运行 Python 和 TK 的任何环境下运行 IDLE。打开 IDLE 后出现一个增强的交互命令行解释器窗口（具有比基本的交互命令提示符更好的剪切-粘贴、回行等功能）。除此之外，还有一个针对 Python 的编辑器（无代码合并，但有语法标签高亮和代码自动完成功能）、类浏览器和调试器。菜单为 TK "剥离"式，也就是单击顶部任意下拉菜单的虚线将会将该菜单提升到它自己的永久窗口中去。特别是 "Edit" 菜单，将其 "靠" 在桌面一角非常实用。IDLE 的调试器提供断点、步进和变量监视功能，但并没有其内存地址和变量内容存数或进行同步和其他分析功能来得优秀。

（1）安装 Python 后，在 Windows 系统中，可以通过 "开始" → "所有程序" → "Python3.6" → "IDLE" 来启动 IDLE。IDLE 启动后的初始窗口如图 1-16 所示。

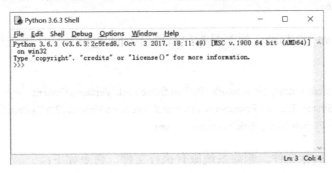

图 1-16　IDLE 界面

（2）在 Mac OS 中，打开 "Finder"，选择 "应用程序"，选择 "Python 3.x" 文件夹，运行 IDLE。

（3）在 Linux 或 UNIX 系统中，在终端输入 "idle3" 启动 IDLE。

1.5　Python 开发工具

1.5.1　Anaconda 介绍

Anaconda 是专注于数据分析的 Python 发行版本，包含了 conda、Python 等 190 多个科学包及其依赖项。同时，Anaconda 是一个强大的 Python 开发套件，以其集成开发环境

Spyder 称道，并且集成了众多 Python 开发库，免去了开发者版本匹配的困扰。

下载地址为 https://www.anaconda.com/download/，具体安装过程如下。

（1）双击打开 Anaconda 安装包，单击"Next"按钮，再单击"I Agree"按钮进行下一步操作。安装界面如图 1-17 和图 1-18 所示。

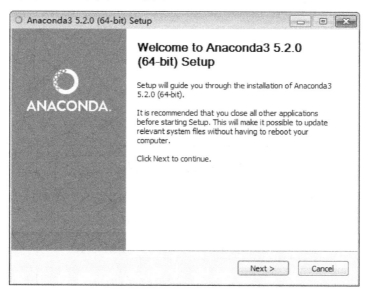

图 1-17　单击"Next"按钮

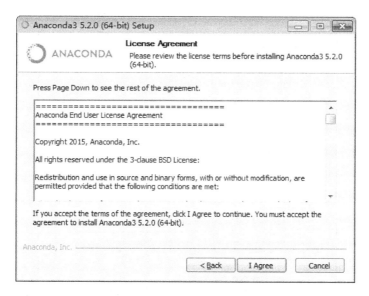

图 1-18　单击"I Agree"按钮

（2）选择"All Users"，表示对所有用户可用，并单击"Next"进入下一步，选择安装文件夹。选择用户权限如图 1-19 所示，选择安装文件夹如图 1-20 所示。

（3）勾选提前选项，并单击 Install 按钮进行安装，再下一步单击"Install Microsoft VSCode"安装 VSCode。具体过程如图 1-21～图 1-24 所示。

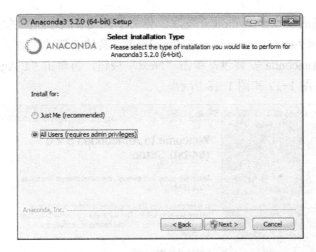

图 1-19　选择用户权限

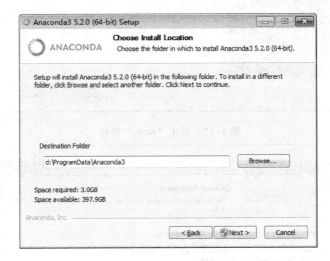

图 1-20　选择安装文件夹

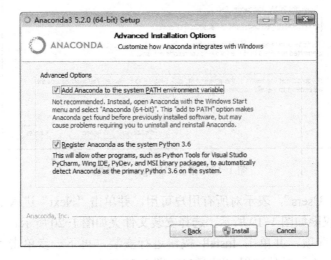

图 1-21　勾选提前选项

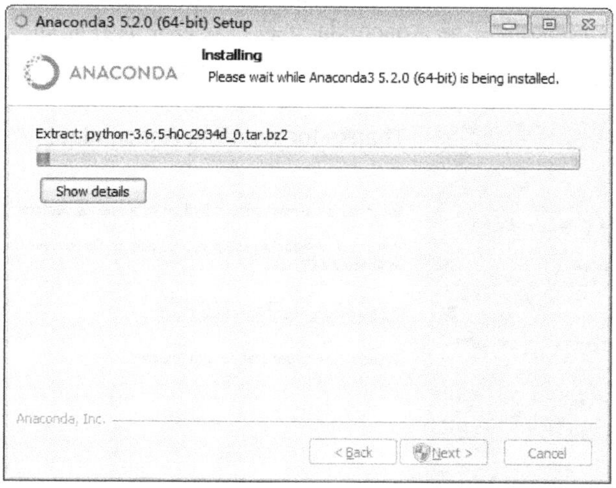

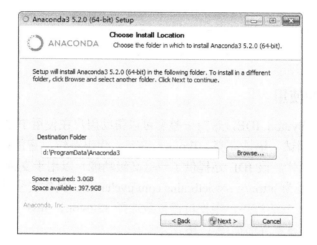

图 1-22　单击"Next"按钮

图 1-23　选择安装文件夹

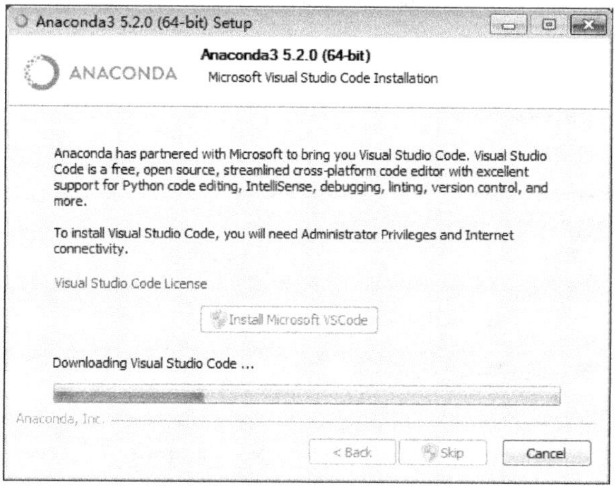

图 1-24　安装 VSCode

（4）至此，单击"Finish"完成 Anaconda 安装。安装完成界面如图 1-25 所示。

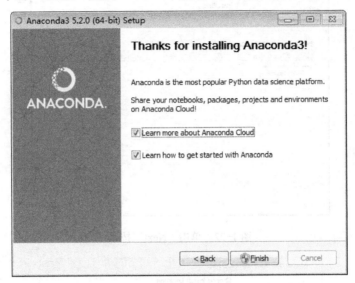

图 1-25　单击"Finish"按钮

1.5.2　PyCharm 的使用

PyCharm 是一种 Python IDE，带有一整套可以帮助用户在使用 Python 语言开发时提高其效率的工具，比如调试、语法高亮、Project 管理、代码跳转、智能提示、自动完成、单元测试、版本控制。此外，该 IDE 还提供了一些高级功能，以用于支持 Django 框架下的专业 Web 开发。下载网址为 http://www.jetbrains.com/pycharm/，具体安装过程如下。

（1）打开 PyCharm 安装程序，根据机器位数选择 32/64bit，并如下图勾选其他选项，单击"Next"按钮。选项设置界面如图 1-26 所示。

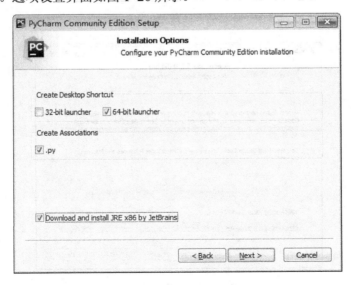

图 1-26　单击"Next"按钮

（2）保持默认开始文件夹不变，单击"Install"按钮。默认文件夹如图 1-27 所示。

图 1-27　单击"Install"按钮

（3）等待安装结束，单击"Finish"按钮完成 PyCharm 安装。安装完成界面如图 1-28 所示。

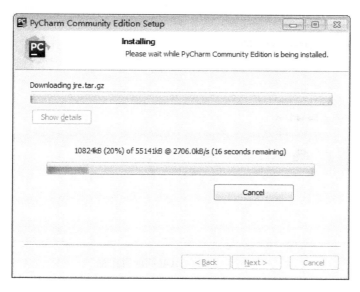

图 1-28　安装过程

1.5.3　Eclipse IDE 的使用

Eclipse 是一个开放源代码的、基于 Java 的可扩展开发平台。就其本身而言，它只是一个框架和一组服务，用于通过插件组件构建开发环境。下载信息如图 1-29 所示，具体下载地址为 http://www.eclipse.org/downloads/packages/release/oxygen/2。

图 1-29　Eclipse IDE 的下载

解压缩，按照提示信息完成安装。安装完成后打开 Eclipse 软件，然后单击"help"->
"marketplace"在 find 中输入"python"，然后单击"PyDev install"。使用界面如图 1-30
所示。

图 1-30　Eclipse IDE 的使用界面

1.6　Python 跨平台

无论何种平台，Python 跨平台安装开发库都可以使用 easy_install 命令：easy_install
xx。但要确保 easy_install 可执行程序在 PATH 中。

Java 和.Net 是目前工业界非常成熟的两大开发平台。Python 可以在这两大平台上使
用，也可以用 Java、C#扩展 Python。

1.6.1 Jython

Jython 是完全采用 Java 编写的 Python 解析器。虽然 Jython 解析器的实现和性能与 Python 的解析器还有些差距，但是 Jython 使得 Python 可以完全应用在 Java 开发平台下同时访问 Java 下的类库和包。Jython 也为 Java 提供了完善的脚本环境，Python 在 Java 应用中可以作为中间层服务的实现语言。Jython 可以使 Java 扩展 Python 模块，反过来也可以使用 Python 编写 Java 应用。Jython 不像 CPython 或其他任何高级语言，它提供了对其实现语言的一切存取。所以 Jython 不仅提供了 Python 的库，同时也提供了所有的 Java 类，这使其成为一个巨大的资源库。

1.6.2 IronPython

IronPython 是 Python 在.NET 平台上的实现。IronPython 提供了交互式的控制台，该控制台支持动态编译。它使得 Python 程序员可以访问所有的.NET 库，而且完全兼容 Python 语言。IronPython 的出现既可以实现在.NET 平台上编写 Python 代码，又可以调用丰富的.NET 类库框架。通过使用 IronPython 运行库，程序员可以让 Python 脚本运行在.NET 程序中。

1.7 小结

本章首先介绍了 Python 语言的起源过程，然后介绍了目前 Python 的常用版本及其广泛的应用领域。本章从 9 个方面详细介绍了 Python 语言的特点，并与常见的计算机语言如 C、Java、Basic 等相比，突出了 Python 语言简洁易学的特性。本章的后半部分主要介绍了 Python 开发环境的搭建，包括各类系统中相关工具的安装和使用过程。本章给读者初步介绍了 Python，为后续开发和学习提供有力工具并打下坚实的基础。

实践问题 1

在"Hello world！"示例中，尝试故意将 print 函数拼写错误，然后查看输出结果并思考原因。

思考 print(1+1)的输出结果会是什么，然后利用计算机检验是否正确，并思考原因。

习题 1

1. Python 语言是解释性的，这是什么意思？
2. 可以用两种模式运行 Python，解释这两种模式。
3. 使用 Python2 编写的程序可以在 Python3 中运行吗？
4. 使用 Python3 编写的程序可以在 Python2 中运行吗？
5. 回顾一下 Python 出现的历史背景，谈谈 Python 语言出现的原因及其优越性。
6. 在本地安装 Python 最新版本，并反复卸载再安装，仔细回顾安装过程的每一个细节。

    7. 尝试在不同的操作系统中安装 Python。

    8. 尝试配置使用多种 Python 开发工具，如 PyCharm、Anaconda 等。

参考文献

[1] 沈殊璇, 薄亚明. 适合于科学计算的脚本语言 Python[J]. 微计算机应用，2002，23(5)：289-291.

[2] 张茗芳. 动态语言 Python 探讨与比较[J]. 企业科技与发展，2012(13):57-60.

[3] 史梦楚. Python 语言的探讨[J]. 中国新通信，2017(7):98.

第 2 章　程序设计算法

本章介绍程序设计算法，包括算法的概念、算法的 5 种表示方法、简单高效的自顶向下的程序设计思想和结构化编程思想，以及常见的三种程序错误和解决办法，最后是简单算法举例，可以通过几个例题更清晰、深刻地理解算法和编程。

本章知识点：
- 算法的定义、特征和评价
- 算法的 5 种表示方法
- 结构化程序设计方法
- 三种程序错误及基本解决方法

2.1　算法的概念

2.1.1　算法的定义

算法（Algorithm）描述的是解决某个问题的完整步骤，可以理解为一系列的指令，也可以理解为一种系统的策略机制。也就是说，当输入符合一定规范的时候，算法能用有限的时间、有限的空间或一定的效率获得所要求的输出。在数学中，解决一个问题的有限的顺序排列的运算步骤组成了一个算法。类比数学思想，在计算机中，解决一个问题的有限的顺序排列的指令可以称为一个算法。算法中的指令描述的是计算过程，当运行一个算法时，计算机将从初始状态开始，经过有限且明确的指令，产生输出并停止运行。

2.1.2　算法的特征

一般来说，对于一个算法，有 5 个重要的特征：输入项（Input）、输出项（Output）、确定性（Definiteness）、可行性（Finiteness）和有穷性（Effectiveness）[1]，见表 2-1。

表 2-1　算法的特征

特征	定　义	注　释
输入项	算法的初始状态	一个算法可以没有输入项，也可以有一个或多个输入项。没有输入项是指算法在内部设定了初始条件，不需要外部的输入项
输出项	算法的结果	一个算法要有一个或多个输出项，与输入项不同，没有输出项的算法没有实际意义

特征	定　义	注　释
确定性	算法的每一条指令必须有唯一的含义，不能产生歧义	在任何条件下，若算法的输入项相同，则输出项一定相同
可行性	算法的任何一条指令都是基本的可执行的操作指令	每条指令都可以在有限的时间内完成，也可称为有效性
有穷性	在执行有限条指令之后，算法可以终止，并得到输出项	执行具有无限条指令的算法时将陷入死循环，不能得到输出项，没有意义

2.1.3　算法的评价

由于同一个问题可以用不同的算法解决，因此往往需要根据具体的要求选择合适的算法，这就要对算法进行评价，主要的评价依据为时间复杂度（Time Complexity）和空间复杂度（Space Complexity）。

1．时间复杂度

算法的时间复杂度是一个能够定性描述算法运行时间的函数，也可以把它看作一个关于问题规模的函数，常用符号 O 表示。一般来说，问题的规模越大，算法执行的指令越多，时间越长，则算法的时间复杂度越大[2]。

例如，计算下列代码的时间复杂度。

```
1    for i in range(1,n):
2        for j in range(1,n):
3            for k in range(1,n):
3                sum=i+j+k
```

具体的计算过程见表 2-2。

由表 2-2 可知，上述代码的时间复杂度为 $O(n^3)$。

2．空间复杂度

算法的空间复杂度是度量该算法在运行过程中临时占用的存储空间大小的度量函数，问题的规模越大，算法的空间复杂度也越大。空间复杂度的表示符号与时间复杂度相同，都用 O 表示。

除了时间复杂度和空间复杂度，还可以用正确

表 2-2　计算时间复杂度

代　码	执 行 次 数
for i rangen	n 次
for j range n	n^2 次
for k rangen	n^3 次
sum=i+j+k	1 次

性、可读性、容错性等指标评价一个算法，对算法进行评估可以在节约资源的前提下，选择更合适的算法去解决问题。

2.2　算法的表示

一个算法可以用多种不同的方式表示，如自然语言、流程图、N-S 图、伪代码和计算机语言。因此，常常根据需要选择合适的方法表示算法。

2.2.1　用自然语言表示算法

算法可以用自然语言表示，这是一种最简单的表示方法。自然语言就是人们日常生活中使用的语言。用自然语言表示算法就是把算法过程用人们熟知的语言表达出来。这种表示的优点是通俗易懂，但是使用文字叙述比较冗长，自然语言表达可能有多种含义，容易产生歧义，而且当算法较为复杂的时候，用自然语言表示算法容易表述不清楚，出现错误。因此，用自然语言表示算法适用于很小的算法或初学者。

【例 2-1】　输入 3 个不同的实数，找到其中最大的数并输出，用自然语言表达算法如下。

算法开始，输入 3 个不同的实数 N_1、N_2、N_3，比较 N_1 和 N_2，若 $N_1>N_2$，比较 N_1 和 N_3，若 $N_1>N_3$，打印 N_1，否则打印 N_3；若 $N_1<N_2$，比较 N_2 和 N_3，若 $N_2>N_3$，打印 N_2，否则打印 N_3，算法结束。

2.2.2　用流程图表示算法

由例 2-1 可以看出，用自然语言表示算法不直观、不简洁，对于一个小问题的算法也可能需要用很长的一段自然语言表达，与用自然语言表示算法相比，用流程图表示算法更加简单直观、便于理解。流程图是算法的一种图形化表示方式，用一些规定的框图将算法的运算过程表达出来。美国国家标准化协会 ANSI 规定了一些常用的流程图符号，如图 2-1 所示，用统一的符号画流程图方便阅读和理解，节省了很多时间。

- 起止框用圆角矩形表示，表示一个算法的开始和结束。
- 输入输出框用平行四边形表示，表示一个算法的输入和输出信息。
- 处理框用矩形表示，用于赋值和计算。
- 判断框用菱形表示，判断某一个条件是否成立。
- 流程线用箭头表示，表示执行步骤的路径，即流程图的方向。

【例 2-2】　计算 5 的阶乘并输出计算结果，将算法用流程图表示为图 2-2 所示。

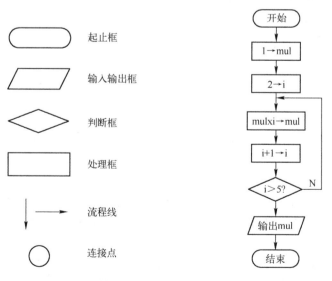

图 2-1　常用流程图符号　　　　图 2-2　计算 5 的阶乘的流程图

在使用流程图表达算法时，培养良好的作图习惯非常重要。注意简化框和线，使流程图尽可能简洁明了，尤其是流程线的使用，千万要避免使流程图随意地转来转去，既不美观，也不易读懂。

算法的流程图有三种结构：顺序结构、选择结构和循环结构。研究表明，任何算法流程图均可用这三种结构实现。

1．顺序结构

按照框图的先后顺序依次执行相应的指令。这是一种最简单的结构。如图 2-3 所示，先执行 A 框内的指令，然后执行 B 框内的指令。

2．选择结构

选择结构又称为分支结构，根据是否满足给定的条件而执行不同的指令。如图 2-4 所示，在选择结构中，先判断条件 P 是否成立，如果条件成立，执行指令 A，如果条件不成立，则执行指令 B。

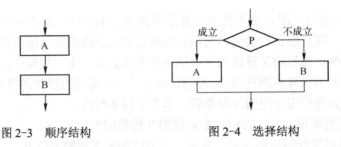

图 2-3　顺序结构　　　　　图 2-4　选择结构

选择结构的 A 或 B 部分可以为空。在图 2-5 的左图中，若条件 P 成立，执行指令 A，若不成立，绕过指令 A 执行后面的指令，右图同理。

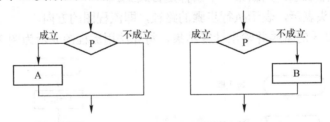

图 2-5　某一部分为空的选择结构

3．循环结构

循环结构也称为重复结构，即在一定条件下，重复执行某一部分的指令。循环结构可以分为直到型结构和当型结构。

（1）直到型结构

直到型结构是先执行某一部分操作，再进行判断。当条件 P 不成立时，继续循环，执行循环体中的指令；当条件 P 成立时，结束循环，执行循环后面的指令，如图 2-6 所示。

（2）当型结构

当型结构是先判断条件是否成立，再执行相应指令。当条件 P 成立时，执行循环体；当条件 P 不成立时，结束循环，执行循环结构后面的指令，如图 2-7 所示。

直到型结构的特点是先执行，再判断，循环体至少执行一次；当型结构的特点是先判断，再执行，可以不执行循环体中的指令。

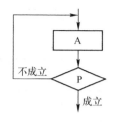
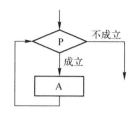

图 2-6　直到型结构　　　　　　图 2-7　当型结构

2.2.3　用 N-S 图表示算法

N-S 图又称为盒图，由传统的流程图改进而来，是编程过程中经常使用的一种分析方法。N-S 图具有流程图的优点，可以清晰明确地表示算法的执行过程。一般来说，N-S 图的控制结构有 4 种：顺序结构、条件结构、循环结构和选择结构。

1．顺序结构

如图 2-8 所示，N-S 图的顺序结构与流程图的顺序结构类似，依次执行指令即可。

2．条件结构

如图 2-9 所示，条件结构先判断条件语句是否成立，若条件成立，执行 THEN 后的指令，若条件不成立，执行 ELSE 后的指令。

3．循环结构

和流程图中的循环结构相同，N-S 图也有两种循环结构。图 2-10 的左图与流程图的当型结构相似，先判断循环条件，条件成立时执行 DO-WHILE 中的指令；右图与流程图的直到型结构相似，先执行 REPEAT-UNTIL 中的指令，再判断循环条件，条件成立时跳出循环体。

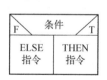

图 2-8　顺序结构　　图 2-9　条件结构　　　　图 2-10　循环结构

4．选择结构

如图 2-11 所示，选择结构根据指定参数的值，执行不同的指令。

使用这 4 种结构完全可以将一个算法清晰、完整地表示出来。在 N-S 图中，每个步骤都是用盒子表示的，可以多层嵌套，但是只能从上面进入，从下面输出，这就避免了流程图中的流程线带来的复杂性，使结构更加简单明了。N-S 图中的盒子有两种：数据盒和模块盒（过程盒）。在画 N-S 图时，一般数据盒在上，模块盒在下，中间用一条线连接，如图 2-12 所示。

N-S 图有很多优点：比较贴近程序思想，图形简单，形象直观，条件部分、循环部分、选择部分一目了然，容易理解，也容易设计；嵌套关系十分明显，可以很容易地看出模块的层次结构；不能随意转移，只能按顺序执行，提高了程序的质量。但是 N-S 图修改比较麻烦，应用不是很广泛。表 2-3 列出了两种图的结构对比和特点。

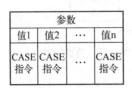

图 2-11 选择结构

图 2-12 数据盒和过程盒

表 2-3 流程图和 N-S 图结构对比

流程图结构		N-S 图结构		特　　点
顺序结构		顺序结构		依次执行指令框中的指令
选择结构		条件结构		根据是否满足给定的条件而执行不同的指令
循环结构	直到型结构	循环结构	直到型结构	先执行一次循环体，再进行判断
	当型结构		当型结构	先判断条件是否成立，再执行相应指令
		选择结构		指定参数的值不同，执行不同的指令

2.2.4 用伪代码表示算法

伪代码类似于自然语言，介于自然语言和编程语言之间。使用伪代码表示算法可以有效地梳理逻辑，从而更快地用编程语言实现该算法。伪代码比较简单、结构清晰，而且具有良好的可读性。使用伪代码表示算法比流程图和 N-S 图更加方便，比自然语言更简洁准确，比程序更易理解，所以，伪代码的应用十分广泛。

为了提高伪代码的可读性，必须按照规定的语法规则书写伪代码，不能随意书写。

【例 2-3】 输入一个 20 以内的正整数 z，计算 z 的阶乘并打印出来，用伪代码表示为算法 2-1。

算法 2-1 计算 z 的阶乘

```
输入：20 以内的正整数 z
过程：
1： m=1
2： while z>0 do
3：    m=m×z
4：    z=z-1
5： endwhile
输出：m
```

在算法 2-1 中，do-while 结构是流程图循环结构中的当型结构。

2.2.5 用计算机语言表示算法

用计算机语言表示算法即编程，将算法表示成计算机可执行的语言，并让计算机执行，输出其执行结果就是算法的结果。

【例 2-4】 将计算 8 的阶乘用计算机语言表示，如代码清单 2-1 所示。

代码清单 2-1 计算 8 的阶乘

```
1    z=8
2    m=1
3    while z>0:
4        m=m*z
5        z=z-1
6    print("8!=",m)
```

运行结果：

```
8!= 40320
```

可能现在看这类代码还有一些困难，到后面会越来越熟练，要学好一门编程语言，动手练习是必不可少的。在自己动手练习的过程中，会遇到一些问题，解决这些问题能够加深记忆、更好地理解算法，也能真正地学会编程语言。由表 2-4 可以看出各种算法表示方法的优缺点。

表 2-4 算法的表示方法总结

算法表示方法	优　　点	缺　　点
用自然语言表示	表示简单，用人们熟悉的语言，通俗易懂	使用文字叙述比较冗长，可能产生歧义，对于复杂的算法容易表述不清楚
用流程图表示	简单直观、便于理解，有统一的符号，便于阅读和理解	流程线使用不当会使流程图很不美观，也不易读懂
用 N-S 图表示	贴近程序思想，图形简单、形象直观，层次结构明显	不能转移，只能按顺序执行，不便修改
用伪代码表示	简单、结构清晰，可以有效地梳理逻辑，可读性强	每条指令都可以在有限的时间内完成，也可称为有效性
用计算机语言表示	计算机可执行，能将算法实现	学习过程比较漫长，会遇到很多问题

2.3 结构化程序设计方法

2.3.1 自顶向下的程序设计

程序设计初学者常常会面临一个问题：对于要解决的问题，不知如何入手，也就是没有一个清晰的思路去处理问题。用计算机语言解决问题，特别是比较复杂的问题，很难一步到位，一般要将大问题分解为很多个小问题，每一个小问题比较简单，能够很快、很容易地将它解决。自顶向下的程序设计思想就是将复杂的问题分解为多个小问题，明确问题的关键之处，将小问题逐层、逐个解决，由浅入深，直到解决原始问题。

自顶向下的程序设计方法具有两个特征：第一，对问题有深入的理解，在清晰地理解问题的前提下，才能知道怎样对问题进行拆分是最有利的；第二，上层问题不必细化，最底层问题必须足够细化，并且通过编程可以解决。

【例2-5】 在屏幕上输出以下结果，用自顶向下的程序设计思想将问题进行分解并解决。

首先，不要急于写代码，要充分理解需要解决的问题是什么，找出图形规律，将问题分解为可以直接解决的小问题，先解决每个小问题，最后叠加出原始问题的解决方案。可以看到，运行结果中有 8 行星号，第 i 行有 2*i-1 个星号。那么，第一步，先输出 8 行，伪代码如算法 2-2 所示。

算法 2-2　输出 8 行

过程：
1:　i=1
2:　**while** i<=8 **do**
3:　　print(第 i 行)
4:　　换行
5:　　i=i+1
6:　**endwhile**

然后，解决每行输出 2*i-1 个星号的问题，也用一个循环体完成，伪代码如算法 2-3 所示。

算法 2-3　每行输出 2*i-1 个星号

过程：
1:　j=1
2:　**while** j<=2*i-1 **do**
3:　　print(一个*)
4:　　j=j+1
5:　**endwhile**

将算法 2-2 里的"输出第 i 行"替换为算法 2-3，就得到了解决整个问题的算法，算法结构十分清晰，如算法 2-4 所示。

算法 2-4　输出 8 行星号

过程：
1:　i=1

```
2:   while i<=8 do
3:       j=1
4:           while j<=2*i-1 do
5:               print(一个*)
6:               j=j+1
7:           endwhile
8:       换行
9:       i=i+1
10:  endwhile
```

用自顶向下的程序设计方法设计好完整的算法，写程序也就水到渠成了，输出 8 行星号的程序如代码清单 2-2 所示。

代码清单 2-2　输出 8 行星号

```
1    m=1
2    row=8
3    while(m<=row):
4        n = 1
5        while(n<=2*m-1):
6            print("*",end="")
7            n=n+1
8        print('\n',end="")
9        m=m+1
```

2.3.2　结构化编程

为了解决复杂的问题，同时提高编程效率，计算机科学家们提出了结构化编程方法。在实现复杂算法的时候，用结构化思想写的程序可读性和可扩展性更强。首先，要了解一下如何开发一个程序。

一个简单的程序设计可以划分为图 2-13 所示的几个步骤，这些步骤构成一个开发周期。其程序设计步骤的详细含义见表 2-5。

表 2-5　程序设计步骤详解

步　　骤	解　　释
明确问题	用充足的时间理解问题的内涵，明确初始条件是什么，最终要得到什么样的结果
设计程序逻辑	设计解决问题的算法，根据初始条件和期望结果，思考如何进行实现
实现	编写程序代码，将设计的算法用合适的计算机语言表达出来
测试	选择一定量的、具有代表性的样本测试程序的可行性，如果出现错误（Bug）则解决错误（Debug），直到程序能准确地解决问题

其中设计程序逻辑是核心步骤，即设计出满足要求的算法。算法设计的好坏会影响算法的实现，一个好的程序不但可以正确地解决问题，而且效率高、易理解、可扩展，使用结构化编程思想更有利于设计出好的算法，写出好的程序。

结构化编程包括以下两个原则：

（1）尽量使用三种基本控制结构。研究表明，任何程序都可以用顺序结构、选择结构和循环结构这三种基本控制结构来实现。因此在开发程序时，尽量使用这三种基本结构搭建整个程序。如本章列出的例题，都仅使用了这三种基本结构。

（2）使用单入口和单出口的块结构。举个简单的例子：a=abs(-10)，这是一条单入口和单出口的语句，输入为"-10"，输出为"a"，即-10 的绝对值。许多条这样的语句按顺序执行可以看作一个顺序控制结构。对于选择结构和循环结构，虽然内部有很多语句块，但是从外部来看，同样是只有一个入口和一个出口。单入口和单出口的块结构组合性强，可以很容易地把几个块结构组合在一起形成一个大的块结构。图 2-14 说明了单入口和单出口的块结构的串联过程，多个块结构还可以进行嵌套。

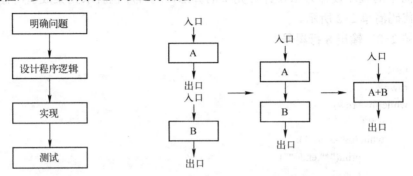

图 2-13　程序设计步骤　　　　　图 2-14　控制结构的串联

2.4　程序错误

2.4.1　语法错误

用计算机语言编写程序，就要服从计算机语言的语法要求。如果不满足它的语法要求，计算机就无法识别指令，从而导致执行过程中断，无法得到预想中的结果[3]。语法是指程序中语句的组成规范。刚开始学习编程时会遇到很多语法错误，不要灰心，熟练之后错误就会减少。

常见的语法错误有：遗漏必要的符号、关键字拼写错误、缩进错误和赋值错误等。

1．遗漏符号

Python 语言中有一些必要的符号，如果缺少了某个符号，会产生怎样的结果呢？如代码清单 2-3 所示。

代码清单 2-3　遗漏符号错误示例

```
1    z=8
2    m=1
3    while z>0
4        m=m*z
5        z=z-1
6    print("8!=",m)
```

运行结果:

```
File "E:/source/missing_symbol.py", line 3
    while z>0
             ^
SyntaxError: invalid syntax
```

以 2.2.5 节中例 2-4 为例，程序第 3 行后面缺少冒号时，运行程序过程中就会报错。错误会指定文件的路径、名称、第几行出现了错误和错误类型。此时错误类型为"无效的语法"，即 while 语句使用错误，正确的语法是 while 语句后面要加冒号。

2．关键字拼写错误

代码清单 2-4 举例说明了如果出现关键字拼写错误，程序会怎样运行。

代码清单 2-4　关键字拼写错误

```
1    z=8
2    m=1
3    whlie z>0:
4        m=m*z
5        z=z-1
6    print("8!=",m)
```

运行结果:

```
File "E:/source/spelling.py", line 3
    whlie z>0:
            ^
SyntaxError: invalid syntax
```

如果例 2-4 中关键字 while 拼写错误，程序仍会在第 3 行报错，错误类型仍是"无效的语法"。由此可见，程序报错只会报错误的一个大类，具体出现了什么问题，还要用户自己仔细查找分析。

3．缩进错误

在 Python 中，缩进不是随意的，要严格符合规范，如果随意缩进，程序就会报错，如代码清单 2-5 所示。

代码清单 2-5　代码缩进错误示例

```
1    z=8
2    m=1
3    while z>0:
4    m=m*z
5        z=z-1
6    print("8!=",m)
```

运行结果:

```
File "E:/source/indentation.py", line 4
```

```
M=M*z
        ^
IndentationError: expected an indented block
```

如果去掉例 2-4 中 while 循环体的缩进，程序运行时就会报错，错误提示为"期望一个缩进块"。

4．赋值错误

在写代码时，还要注意"="的用法，它的含义是将右边的值赋给左边。如：

```
>>> a=2*9
>>> a
18
```

如果将等号左右两边交换位置，则会报错。

```
>>> 2*9=a
SyntaxError: can't assign to operator
```

2.4.2　运行错误

一些看似没有错误的程序在运行过程中也可能会出现错误，有时称为异常。并且程序规模越大，出现运行错误的概率也就越大[1]。运行错误的种类有很多，如内存用尽、除数为0、打开的文件不存在、使用的模块没有找到等。不过 Python 中设计了专门的异常处理语句，帮助查找错误类型，降低错误的影响。在第 9 章中会详细介绍异常处理机制。

下面介绍一个除数为 0 的例子：

```
>>> a=8/0
Traceback (most recent call last):
    File "<pyshell#3>", line 1, in <module>
        a=8/0
ZeroDivisionError: division by zero
```

2.4.3　逻辑错误

逻辑错误也称为语义错误，即使程序存在逻辑错误，也能正常运行，不会返回任何报错信息，但是得不到期望的结果。这是因为无意中给了计算机与算法不相符的指令[3]。一般产生逻辑错误的原因是对算法理解不透彻或对语句的运行机制不理解。查找逻辑错误非常困难，要重新梳理算法逻辑，逐步执行指令，以确定是哪一部分出现了错误。

举一个简单的例子：计算 a 和 b 的平均值，如代码清单 2-6 所示。

代码清单 2-6　逻辑错误示例

```
1    a=75264
2    b=49
3    c=a+b/2
```

```
4    print(c)
```

运行结果：

```
75288.5
```

75288.5 显然不是 75264 和 49 的平均值，但是程序能够正确运行。此时要注意，程序正确运行不代表得到的结果一定是对的。经过观察可以发现，求平均值的算法出现了错误，应为(a+b)/2。

表 2-6 总结了 Python 中常见的错误类型。

表 2-6　程序错误类型总结

错误类型	总　　　结
语法错误	如遗漏必要的符号、关键字拼写错误、缩进错误等，计算机会报错，容易排查
运行错误	如内存用尽、除数为 0、打开的文件不存在等，在复杂的程序中需要异常处理机制帮助程序尽快找到错误
逻辑错误	程序可以正确运行，但得到的结果错误，很难排查，要重新梳理算法逻辑和程序逻辑

由表 2-6 可知，在程序的三类错误中，语法错误最容易找到，也最容易修正，理解计算机报错的类型和主要表现即可对症下药，改掉错误。其次是运行错误，不过有异常处理机制的帮助，找到错误根源也不算特别难。最令人头疼的是逻辑错误，针对这类错误可以采用单步运行的方法，逐句运行程序，一步步梳理程序逻辑与要实现的算法是否吻合。

2.5　简单算法举例

【例 2-6】 有 4 个小球，编号为 1、2、3、4，一起放入黑箱子中，每次不放回地取出一个，则取球的顺序有哪些情况？如代码清单 2-7 所示。

代码清单 2-7　模拟取球结果

```
1    for i in range(1,5):
2        for j in range(1,5):
3            for m in range(1,5):
4                for n in range(1,5):
5                    if(i!=j)and(i !=m)and(i!=n)and(j!=m)and(j!=n)and(m!=n):
6                        print(i,j,m,n)
```

运行结果：

```
1 2 3 4
1 2 4 3
1 3 2 4
1 3 4 2
1 4 2 3
1 4 3 2
```

```
2 1 3 4
2 1 4 3
2 3 1 4
2 3 4 1
2 4 1 3
2 4 3 1
3 1 2 4
3 1 4 2
3 2 1 4
3 2 4 1
3 4 1 2
3 4 2 1
4 1 2 3
4 1 3 2
4 2 1 3
4 2 3 1
4 3 1 2
4 3 2 1
```

这种算法比较好理解，先设定 4 个互不相关的变量 i、j、m 和 n，每个变量的取值都是 1、2、3、4，依次取 4 个变量的值，如果各不相同，则满足题目条件，依次输出这 4 个变量的值，即为取球的一个顺序。但是这个算法不是最好的，有兴趣的话可以尝试设计其他的算法。

【例 2-7】 找到所有符合要求的三位数：个位、十位和百位数字的立方和等于该数本身。如代码清单 2-8 所示。

代码清单 2-8　计算特殊数字

```
1    for i in range(100,1000):
2        hundreds= i //100 #取百位数字
3        tens= i //10%10 #取十位数字
4        ones=i%10 #取个位数字
5        if i==ones**3+tens**3+hundreds**3:
6            print(i)
```

运行结果：

```
153
370
371
407
```

先建立一个所有三位数的循环，依次求出百位、十位和个位数字，进行判断，如果百位、十位和个位的立方和等于原数字，则输出，循环结束后就能得到所有这样的三位数。

【例 2-8】 有一个序列：2/1，3/7，10/8，18/15，33/23……先找到规律，再求出这个序列的前 10 项的和。如代码清单 2-9 所示：

34

代码清单2-9 计算序列和

```
1    numerator=2.0
2    denominator=1.0
3    sum=0
4    for i in range(1,11):
5        sum+=numerator/denominator
6        temp=numerator+5
7        numerator=numerator+denominator
8        denominator=temp
9    print(sum)
```

运行结果：

```
14.079634018462936
```

设计算法的关键是找到分子、分母的变化规律，分母比前一个分数的分子多 5，分子是前一个分数分子与分母的和。找到规律之后，再进行迭代、相加，就简单多了。

【例2-9】 求出 1！+2！+……+10！的值并打印出来。如代码清单2-10所示：

代码清单2-10 计算10的阶乘和

```
1    sum = 0
2    mul = 1
3    for i in range(1,11):
4        mul = mul * i
5        sum = sum + mul
6    print('1! + 2! +3! + ... + 10! = %d' %sum)
```

运行结果：

```
1! + 2! +3! + ... + 10! = 4037913
```

这个问题的一种比较简单的处理方式利用了 1 的阶乘就是 1 本身的性质，后面每个数的阶乘就是前一个数的阶乘再乘以自身，这种算法相对简单，写出来的程序也很简洁。

【例2-10】 输入一天的日期（年、月、日），判断这一天是一年中的第几天。如代码清单2-11所示。

代码清单2-11 判断日期

```
1    year = int(input('year:'))
2    month = int(input('month:'))
3    day = int(input('day:'))
4    months = (0,31,59,90,120,151,181,212,243,273,304,334) #按照平年计算
5    if 0 < month <= 12:
6        sum = months[month − 1]
7    else:
8        print('Please input a right data.')
```

```
9    sum = sum + day
10   leapYear = 0 #闰年标识
11   if (year % 400 == 0) or ((year % 4 == 0) and (year % 100 != 0)):
12       leapYear = 1
13   if (leapYear == 1) and (month > 2):
14       sum = sum + 1
15   print('It is the %dth day.' % sum)
```

运行结果:

```
year:2018
month:7
```

以 7 月 4 日为例，先将前 6 个月的天数加起来，再加上 7 月的 4 天即可，注意考虑特殊情况，闰年 2 月有 29 天，当输入闰年且月份大于 2 时要多加一天。

2.6 小结

1．算法解决某个问题的完整步骤。

2．算法有 5 个基本特征：输入项、输出项、确定性、可行性和有穷性。

3．评价一个算法的性能一般考虑时间复杂度和空间复杂度两个指标。

4．一个算法可以有多种表示方式，用自然语言表示、用流程图表示、用 N-S 图表示、用伪代码表示和用计算机语言表示，要根据实际情况选择合适的算法表示方法。

5．自顶向下的程序设计方法的主要思想是将问题分解为多个小问题，小问题继续分解为更小的问题，直到最底层的小问题能用很直接的方法解决，再逐层把问题串联、嵌套起来。

6．结构化编程可以增强程序的可读性和可扩展性，提高编程效率，还可以方便地进行代码融合。

7．程序错误主要分为语法错误、运行错误和逻辑错误。

实践问题 2

1．设计一个算法，比较 3 个数绝对值的大小，输出绝对值最大的数，用自然语言表示。

2．设计一个算法判断一个正整数是奇数还是偶数，画出流程图。

习题 2

1～10 题为选择题。

1．以下（   ）可以用来评价一个算法。

    A．时间复杂度　　 B．空间复杂度　　 　　C．容错性　　 　　D．以上三项都可以

2．（   ）可以看作是一系列的指令。

A．程序   B．编译器   C．流程图   D．高级语言

3．以下（   ）不是用自然语言表示算法的特点。

    A．直观简洁   B．通俗易懂

    C．容易产生歧义   D．适用于很小的算法

4．对于流程图的描述错误的是（   ）。

    A．起止框用圆角矩形表示   B．处理框用于赋值和计算

    C．判断框用平行四边形表示   D．流程线表示执行指令的顺序

5．（   ）以图形和箭头的方式直观地描述了算法的实现过程。

    A．流程图   B．N-S 图   C．程序   D．伪代码

6．关键字拼写错误属于（   ）。

    A．语法错误   B．语义错误   C．逻辑错误   D．运行错误

7．流程图的输入输出框一般用（   ）表示。

    A．圆角矩形   B．平行四边形   C．矩形   D．菱形

8．当程序能完整运行但是得到的结果和预期不一样时，可能出现了（   ）。

    A．语法错误   B．逻辑错误   C．运行错误   D．拼写错误

9．（   ）结合了自然语言和编程语言来描述算法。

    A．伪代码   B．计算机语言   C．流程图   D．N-S 图

10．结构化程序设计的原则不包括（   ）。

    A．尽量使用顺序结构、选择结构和循环结构

    B．避免使程序随意跳转

    C．使用单入口和单出口的语句块

    D．程序尽量简单，其他可不必关注

11～21 题为判断题。

11．在程序开发周期中，第一步是确定如何处理输入以获得所需的输出。   （   ）

12．一般来说，伪代码比流程图更紧凑。   （   ）

13．一个算法可以没有输出。   （   ）

14．一个算法可以没有输入。   （   ）

15．对于同一个算法，输入和输出不是一一对应的，即输入相同，输出可以不同。

    （   ）

16．解决同一个问题的不同算法虽然结果相同，但是可能使用的资源不同，要根据实际情况选择合适的算法。   （   ）

17．画流程图非常耗时，而且流程图很难更新。   （   ）

18．在设计一个算法时，只要能解决问题就行，不需要考虑其他因素。   （   ）

19．缩进在 Python 中没有意义，写程序时可以随意使用缩进。   （   ）

20．画流程图时，可以无限地使用流程线，只要能将算法表示清楚即可。   （   ）

21．流程图循环结构中的直到型结构是先判断条件是否成立，再执行某些操作。

    （   ）

22～30 题为简答题。

22．算法有哪些特征？

23. 一般用哪些指标评价一个算法？

24. 算法的表示方法有哪些？

25. 流程图有哪几种结构？

26. N-S图有哪几种结构？

27. 简述自顶向下的程序设计思想。

28. 程序开发周期中的核心步骤是什么？

29. 结构化编程过程中尽量使用哪些控制结构？

30. 常见的程序错误有哪几种？

参考文献

[1] 裘宗燕. 数据结构与算法[M]. 北京: 机械工业出版社, 2016.

[2] CORMEN T H,LEISERSON C E, RIVEST R L, et al. 算法导论[M]. 殷建平, 徐云, 王刚, 等译. 3 版. 北京: 机械工业出版社, 2013: 23-28.

[3] 刘宇宙. Python 3.5 从零开始学[M]. 北京: 清华大学出版社, 2017: 24-25.

第3章 Python 基础数据

Python 具有简练的语法，其所编写的程序可读性强、容易理解，这一切都得益于组成其语言的强大对象类型。

使用 Python 内置对象类型能够出色地完成众多工作，表 3-1 是 Python 的内置对象类型和一些编写常量（Literal）所使用到的语法，即能够生成这些对象的表达式。如果使用过其他语言，或许你会对 Python 中的一些类型非常熟悉。例如，数字和字符串分别表示数值和文本，而文件则提供了处理保存在计算机上文件的接口[1]。

表 3-1　Python 内置对象

对象类型	例子 常量/创建
数字	1234,3.1415, 3+4j, Decimal, Fraction
字符串	'spam' "python"
列表	[0, 1, [2, 'three'], 4]
元组	('book', 4, 'U', 0)
集合	set('abc'), {'c', 'b', 'a'}
字典	{'name': 'python', 'price': 49.9}
文件	myfile = open('test', 'r')
其他类型	None、布尔型
编程单元类型	函数、模块、类（参见后面章节）
与实现相关的类型	编译的代码堆栈跟踪（参见后面章节）

上表所列内容并不完整，因为 Python 程序处理的每样东西都是一种对象。通常把表 3-1 中的对象类型称作是核心数据类型，因为它们在 Python 语言内部高效创建，也就是说，可由一些特定语法快速生成。本章将逐一介绍这些数据类型。

本章知识点：
- ❏ Python 的编码规则
- ❏ 变量和常量的定义和使用
- ❏ Python 的基本输入输出
- ❏ 数值类型、运算符和优先级
- ❏ 字符串的定义和操作
- ❏ 格式化字符串和数字
- ❏ 正则表达式的语法
- ❏ 序列的含义

- 列表、元组、字典和集合的创建和使用
- 列表和元组的推导式
- 集合的运算
- 字典特性

3.1 Python 编码规范

在学习 Python 时需要了解它的语法特点，包括命名规则、代码缩进、注释空行和语句分隔等。本节将先行介绍 Python 中常用的一些规则。

3.1.1 命名规则

在代码编写过程中，命名规则格外重要。命名规则并不是规定，只是一种习惯性用法。虽然不遵循命名规则，程序也可以正常运行，但命名规则易于他人理解代码所代表的含义。命名不仅包含字母、数字和下画线，值得注意到是，其还可以包含汉字字符。

常见的命名方式有两种：驼峰命名法和下画线命名法。驼峰命名法除一个单词外，其他单词第一个字母大写，例如：applePie、firstBook、theGoodBoy。下画线命名法单词的首字母小写，使用下画线间隔单词，例如 apple_pie、first_book、the_1_road。

1．模块名

模块名通常采用小写字母命名，首字母保持小写，尽量不要用下画线（除非多个单词，且数量不多的情况）。

```
1   #正确的模块名
2   import decoder
3   import game_users
4   #不推荐的模块名
5   import Decode
```

2．类名

类名使用驼峰命名风格，首字母大写，私有类可用一个下画线开头。将相关的类和顶级函数放在同一个模块中。

```
1   class Zoo():
2       pass
3   class AnimalZoo(Zoo):
4       pass
5   class _PrivateZoo(Zoo):
6       pass
```

3．函数名

函数和类方法的命名规则同模块名类似，也是全部使用小写字母，但是多个单词之间用下画线分隔。私有函数在函数前面加一个下画线。

```
1   def run():                        #小写字母
```

```
2        pass
3    def run_with_env():              #使用下画线
4        pass
5    class Person():
6        def _private_function():       #私有函数加下画线
7            pass
```

4．变量名

变量使用小写字母，如果一个名字包含几个单词，将这几个单词连接在一起构成一个变量名，第一个单词要小写，而后续的每个单词的第一个字母大写，例如 number Of Students。

除了驼峰命名法，也可以采用下画线隔开的方式。但是在编写代码时，推荐尽量使用同一种风格。

```
1    if __name__ == '__main__':
2        count = 0
3        schoolName = ''                #驼峰法
4        school_name = ''               #下画线法
```

5．常量

常量命名时全部使用大写字母，如果有多个单词，使用下画线隔开。

```
MAX_CLIENT = 100
MAX_CONNECTION = 1000
CONNECTION_TIMEOUT = 600
```

3.1.2 代码缩进与冒号

对于 Python 而言，代码缩进是一种语法。代码缩进是指通过在每行代码前输入空格或者制表符的方式表示每行代码之间的层次关系。Python 没有明确的开始（Begin）或者结束（End），也没有用大括号来标记函数从哪里开始到哪里停止，而是采用代码缩进和冒号来区分代码之间的层次。

缩进的空白数量可变，但是所有代码块语句必须包含相同的缩进空白，这个必须严格执行。Python 程序使用代码缩进区分不同层次的代码块，缩进层次越多，代码块嵌套层级越深，缩进一般 4 个空格。一般函数、类、控制结构都需要深度缩进，区分不同层次代码块。例如：

```
1    ifTrue:
2        print("Hello girl!")           #缩进一个 tab 的占位
3    else:#与 if 对齐
4        print("Hello boy!")            #缩进一个 tab 的占位
```

Python 对代码的缩进要求非常严格。如果代码缩进不合理，程序将抛出 SyntaxError 异常。

```
1   def f():
2       print("这是第一层嵌套")
3       def f2():
4           print("这是第二层嵌套")
5       f2()
6   f()
```

f()运行该段代码将会抛出异常。错误表明，第 4 行的第二层嵌套应该缩进 8 个空格占位，调整好缩进后该段代码才能正确运行。

📖 说明　缩进可以使用空格或者〈Tab〉键实现。其中，使用空格时，通常情况下采用 4 个空格作为一个缩进量，而是用〈Tab〉键时，则采用一个〈Tab〉键作为缩进量。通常情况下建议采用空格进行缩进。

在 Python 中，对于类定义、函数定义、流程控制语句、异常处理语句等，行尾的冒号和下一行的缩进表示一个代码块的开始，而缩进结束，则表示一个代码块的结束。缩进相同的一组语句构成一个代码块，称之为代码组，像 if、while、def 和 class 这样的复合语句，首字母以关键字开始，以冒号（:）结束，该行之后的一行或多行代码构成代码组，可见代码清单 3-1 中的示例。

代码清单 3-1　冒号分割函数

```
1   def colon_func():
2       print("用冒号分割函数头和函数体")
3
4   colon_func()
5   #冒号分割类体
6   class ColonClass():
7       def __init__(self):
8           print("冒号分割类头和类体")
9
10  cc = ColonClass()
11  #冒号分割 if 选择语句
12  if True:
13      print("冒号分割 if 选择语句头和语句体")
14  #冒号分割循环控制结构
15  count=1
16  while count==1:
17      print("冒号分割 while 循环语句头和语句体")
18      count -= 1
19  for index in [1]:
20      print("冒号分割 for 循环语句头和语句体")
```

运行结果：

```
用冒号分割函数头和函数体
冒号分割类头和类体
冒号分割 if 选择语句头和语句体
```

冒号分割 while 循环语句头和语句体

冒号分割 for 循环语句头和语句体

3.1.3 模块导入语法

模块是类或函数的集合，用于处理一类问题。模块的导入和 Java 中的包的导入概念类似，都使用 import 语句。在 Python 中，如果需要在程序中调用标准库或第三方库，需要先使用 import 或 from…import…语句导入相关的模块。

1．import 语句

下面这段代码使用 import 语句导入 sys 模块，并打印相关内容。

```
>>> import sys              #导入 sys 模块
>>> print(sys.path)         #调用 sys 模块中的 path 变量
```

2．from…import…语句

使用 from…import…语句导入与使用 import 语句导入有所不同，区别是前者只是导入模块中的一部分内容，并在当前的命名控件中创建导入对象的引用；而后者在当前程序的命名空间中创建导入模块的引用，从而可以使用 "sys.path" 的方式调用 sys 模块中的内容。

```
>>> from sys import path
>>> print(path)
```

以这种方式导入的情况下，若程序复杂，导入模块较多，阅读程序时将无法辨别 path 来自哪个模块，而通过 sys.path 的写法可以清楚 path 来自于 sys 模块。

📖 提示 在用 import 语句导入模块时最好按照这样的顺序：（1）Python 标准库模块；（2）Python 第三方模块；（3）自定义模块。

3.1.4 空行分割代码

函数之间或类的方法之间用空行分隔，表示一段新代码的开始。类和函数入口之间也用一行空行分隔，以突出函数入口的开始。

空行与代码缩进不同，空行并不是 Python 语法的一部分。书写时不插入空行，Python 解析器运行也不会报错。但是空行的作用在于分隔两段不同功能或含义的代码，便于日后代码的维护或重构。记住，空行也是程序代码的一部分。示例见代码清单 3-2。

代码清单 3-2 空行分割函数

```
1    #类定义区
2    class Dog():
3        def __init__(self, name, age):
4            self.name = name;
5            self.age = age
6
7        def get_name(self):
```

```
8          return self.name;
9
10      def get_age(self):
11          return self.age;
12
13  #函数定义区
14  def adopt_a_dog(name, age):
15      d = Dog(name, age)
16      print("小狗的名字是:", d.get_name())
17      print("小狗年龄:", d.get_age())
18
19  #主程序区
20  adopt_a_dog("旺财", 1)
```

运行结果:

```
小狗的名字是: 旺财
小狗年龄: 1
```

在类定义的第 6 和第 9 行插入了空行,表示区分类属性和方法之间的间隔,第 12 行和第 18 行也是一个空行,第 12 行下面的代码定义了一个函数,第 18 行下面的代码调用主函数。

3.1.5 注释和续行

注释(Comment)起解释说明作用,常用来标注该程序的用途及构建方式。帮助理解代码实现的功能、采用的算法、代码的编写者以及代码创建和修改的时间等信息。

在 Python 中如果只对单行代码注释,则从井号"#"开始到行末结束的内容都是注释。多行注释可以用三个单引号 ''' 或者三个双引号 """ 将注释内容包裹起来。

```
1   # 这是一个注释
2   print("Hello, World!")
3   '''
4   三对引号,python 多行注释
5   三对引号,python 多行注释
6   三对引号,python 多行注释
7   '''
8   print("Hello, World!")
```

上面的这段代码 Python 会忽略注释行的内容,执行后面的内容。

Python 语句中一般以新行作为语句的结束符。一个长的语句可以通过在行尾使用反斜杠"\"将一行的语句分为多行显示。

```
>>> num1 = 1
>>> num2 = 2
>>> num3 = 3
>>> total = num1 + \
```

```
... num2 + \
... num3
>>> print("total is : %d"%total)
total is : 6
```

若语句中包含[]、{} 或 ()，那么就无需使用多行连接符，见如下示例。

```
>>> days = ['Monday', 'Tuesday', 'Wednesday',
...         'Thursday', 'Friday']
>>> print(days)
['Monday', 'Tuesday', 'Wednesday', 'Thursday', 'Friday']
```

Python 代码中一行只能有一个语句，以新行作为语句的结束符。如果一行含有多个语句将会抛出异常。代码清单 3-3 展示了注释和续行的作用。

代码清单 3-3　注释和续行

```
1   ##字符串续行，续行符后面不能有空格
2   statement = "This is a very long sentence."
3   print(statement)
4   statement = "This is a very" + \
5       "long sentence."
6   print(statement)
7   ##表达式续行
8   a = \
9   1+3
10  print(a)
11  a = 1 + \
12  3
13  print(a)
```

运行结果：

```
This is a very long sentence.
This is a verylong sentence.
This is a verylong sentence.
4
4
```

3.1.6　语句分割

分号是 C、Java 等语言中标识语句结束的标志。Python 也支持分号，同样可以用分号作为一行语句的结束标识。但在 Python 中分号的作用已经不像在 C、Java 中那么重要了，可以省略，而语句结束通过换行来识别。例如下面两行代码是等价的。

```
print("你好")            #通过换行分割语句
print("世界")
```

但如果在一行中书写多个语句，就必须使用分号分隔，否则 Python 无法识别语句间隔。

```
>>> x = 1; y = 2; z = 3                    #使用分号间隔语句
>>> print(x, y, z)
1 2 3
```

代码中 3 条赋值语句之间需要用分号隔开，否则 Python 解析器不能正确解析，会提示语法错误 SyntaxError。

📖 注意　分号并不是 Python 推荐使用的符号，Python 倾向于使用换行作为每条语句的分隔。简单直白是 Python 语法的特点，通常一行只写一条语句，这样便于阅读和理解程序。一行写多条语句的方式是不好的编程风格。

3.2　变量和常量

变量用于引用在程序中可能会变化的值。本节将介绍 Python 中的变量和常量，以及 Python 中的关键字。

3.2.1　变量命名

在计算机程序中，需要处理大量带有数值的数据，回想在求解数学问题时，通常会选取合适的名字来表示这些量值。在程序中，若需要对两个或多个数据求和，则需要先把这些数据存储起来，然后再进行累加。在 Python 中，存储一个数据需要利用变量（Variable），示例如下。

```
number1 = 25 #number1 就是一个变量
number2 = 100#number2 也是一个变量
result = number1 + number2#把 number1 和 number2 中存储的数据累加起来，然后放到新的 result
变量中。
```

在大多数编程语言中，这一过程被称为"把值存储在变量中"，即存储在计算机内存中的某个位置。事实上，往往只需记住存储变量时所用的名字，并直接调用这个名字即可，不需要知道这些信息被存储在内存中的具体位置。

📖 注意　在 Python 中，不需要先声明变量名及其类型，直接赋值即可创建各种类型的变量，因为 Python 会通过赋值给变量来自动判定数据类型。

Python 中的变量指向存储在内存中某个值，可以理解为标签。变量应尽量选择描述性的名字（Descriptive Name）命名，而不是用像 x 和 y 这样的名字：如用 radius 作为半径值的变量，而用 area 作为面积值的变量。

变量命名由数字或字符的任意长度的字符串组成，必须以字母开头。在 Python3 中，汉字也可以出现在变量名中。Python 对大小写敏感，虽然可以以大写字母命名，但对于变量名还是推荐使用小写字母。交互模式输入如下。

```
>>>name = 'abc'
>>> NAME = 'XYZ'
>>>变量 1 = '123'
>>> print(name)
name
>>> print(NAME)
XYZ
>>> print(变量 1)
123
```

下画线 "_" 可以出现在变量名中，常用于连接多个词组，如 i_agree_with，变量_2 后面将会讲到以下画线开头的标识符具有特殊意义。

如果给变量取非法名称，解释器会提示语法错误，示例如下。

```
>>> 2texts = 'happy study'              #第一个字符不能是数字
SyntaxError: invalid syntax
>>>xiaozhang@xiaoming = 'perfect'       #只能由字母、下画线和数字组成
SyntaxError: EOL while scanning string literal
```

📖 注意　因为 Python 区分大小写，所以 number、Number 和 NUMBER 是不同的标识符。

另外 Python 不允许使用关键字作为变量名，Python 中共有 33 个关键字不能作为变量名使用。同时，Python 中的关键字是区分大小写的，表 3-2 列举了 Python 中的关键字。

表 3-2　Python 中的关键字

and	as	assert	break	class
continue	def	del	elif	else
except	finally	for	from	False
global	if	import	in	is
lambda	nonlocal	not	None	or
pass	raise	return	try	True
while	with	yield	—	—

📖 提示　描述性标识符可以使程序阅读性更强。尽量避免使用简写的标识符，完整的单词更具描述性，例如：numberOfStudents 比 numStuds、numOfStuds 或 numOfStudents 更好。本书完整的程序中使用描述性的变量名。然而，也会偶尔为了简洁起见在代码段中使用像 i、j、k、x 和 y 这样的名字。在易于理解的前提下，这些简洁的名字也为代码段提供了一种风格。

3.2.2　变量赋值

赋值语句将一个值指定给一个变量，在 Python 中赋值语句可以作为一个表达式，将等号 "=" 作为赋值操作符（Assignment Operator）。赋值语句语法如下所示。

```
variable = expression    (变量 =表达式)
```

表达式（Expression）表示涉及值、变量和操作符的一个运算，它们组合在一起表达一个新值。并且，表达式只有在赋值语句中才会计算得到结果。在 Python 中，没有显式变量声明，直接变量赋值即可。

```
>>> xiaoming = 'XiaoMing'              #字符串变量的赋值
>>> print(xiaoming)
XiaoMing
>>> x = 5 * (3 / 2)                     #表达式赋值
>>> print(x)
7.5
```

若要给变量赋值，变量名必须在赋值操作符的左边。因此，下面语句有误。

```
>>> 1 = y
SyntaxError: can't assign to literal
```

3.2.3 局部变量

变量的作用域决定程序代码片段能否访问到该变量，若超出该区域，访问会出错。程序一般会根据变量定义时所在的位置，将其分为"全局变量"和"局部变量"。

局部变量（Local Variable）是指定义在函数体内并限定在当前函数内使用，而不能被其他函数直接访问的变量。不同的函数中，可以定义相同名字的局部变量，并且不会相互影响。

在图 3-1 中，可见局部变量从函数内被调用时被分配内存，函数调用结束后释放占用的内存空间。局部变量的使用既能提高内存利用率，也能提高变量数据的安全性。为了临时保存数据需要在函数中定义变量来进行存储，这就是局部变量的作用。

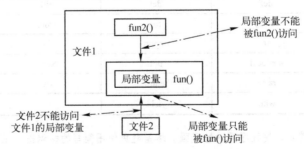

图 3-1　局部变量的作用范围

代码清单 3-4　局部变量

```
1    def test1():
2        a = 300                        #局部变量
3        print('——test1—修改前—a=%d'%a)
4        a = 200                        #局部变量
5        print('——test1—修改后—a=%d'%a)
6    def test2():
```

```
7          a = 400                                    #局部变量
8          print('——test2——a=%d'%a)
9   # 调用函数
10   test1()
11   test2()
```

运行结果：

```
——test1—修改前--a=300
——test1—修改后--a=200
——test2——a=400
```

在代码清单 3-4 中，虽然两个函数都定义了相同的变量 a，但是可以看出，在同一个函数体内，重新给局部变量赋值是会改变其值的。而在不同的函数体中，可以定义相同名字的局部变量，那么同名变量的作用域会被限定在这个函数体中。

📖 提示 在函数外部使用函数内部定义的变量，就会抛出 NameError 异常。

3.2.4   全局变量

全局变量（Global Variable）是指在函数外部定义的变量。全局变量从被定义后就被分配内存，在定义位置之后的所有函数都能调用，直至源文件结束而释放内存。

全局变量与局部变量的本质区别在于作用域，全局变量的作用域是整个文件，局部变量的作用域是整个函数，但是不包括类似函数中的函数等其他作用域。在图 3-2 中可见，在Python 中，全局变量在整个文件中定义，且在定义位置之后的全局范围内都可访问；局部变量在函数中定义，且只能在该函数中定义位置之后的范围内被调用。

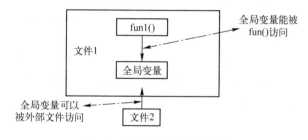

图 3-2   全局变量的作用范围

在 Python 中，若要在函数内部访问全局变量，则需要在函数内部使用 global 关键字声明函数内部同名变量指向全局变量；若要在内层函数中访问外层函数变量，则需要在内层函数中使用 nonlocal 关键字声明内层函数同名变量指向外层变量。global 用于在函数内调用全局变量；nonlocal 用于在函数或其他作用域中访问外层变量（不包含全局变量），其是Python 3.0 新增关键字，在低于 3.0 的版本中不被支持。详细内容可见 3.2.6 节关键字部分。使用方法见代码清单 3-5。

代码清单 3-5　全局变量

```
1    y = 4                              #全局变量
2    def fun():                         #定义一个函数
3        global y                       #使用关键词访问全局变量 y
4        print("函数内访问全局变量 y：", y)
5        y = 6                          #定义局部变量 y
6        x = 14
7        print("函数内访问局部变量 x：", x)
8        def fun1():                        #函数体内定义一个新函数
9            nonlocal x
10           print("函数内的函数访问局部变量 x：", x)
11           x = 16
12       fun1()
13       print("被函数内的函数修改后的局部变量 x：", x)
14   fun()
15   print("被函数内修改后的全局变量 y：", y)
```

运行结果：

```
函数内访问全局变量 y：    4
函数内访问局部变量 x：    14
函数内的函数访问局部变量 x：    14
被函数内的函数修改后的局部变量 x：    16
被函数内修改后的全局变量 y：    6
```

使用 global 关键字修饰函数中的全局变量（第 3 行），可以在函数中访问全局变量（第 4 行），在函数内修改全局变量（第 5 行），但不影响函数体外被修改（第 15 行）；使用 nonlocal 关键字修饰外层变量 x 后在内层函数中可以访问（8～10 行），同样在内层函数中修改该值后外层的局部变量也随之改变（第 11 行）。

全局变量 y 在使用关键字 global 时可以被任意函数调用，而局部变量 x 只能在所在函数内被调用。如果变量 x 要在函数内的函数或其他作用域中被调用，则需要使用关键字 nonlocal。当全局变量的值不会被函数内修改时，可以省略关键字 global，这样局部作用域中的变量会覆盖全局作用域中的同名变量，此时只有局部作用域中的变量可被操作。在 Python 程序开发时，不建议函数内的局部变量和全局变量使用相同的变量名，也尽量少用全局变量。

3.2.5　常量

变量的值在程序执行的过程中可能会被改变，但是常量代表永远不会变的固定数据。与 C/C++等编程语言不同，Python 中没有表示常量的特殊语法，如 const，但是在 Python 中有一些约定俗成的使用规范：为了区分常量和变量，全部使用大写字母来命名常量，并且在使用过程中不再更改，如 PI、STATUS 等。当然，对于自定义的常量，本质上值可以被修改，但一般不会。把它们当作常量来使用，是一种默认的编程习惯。

Python 中有 6 个内置常量：True、False、None、NotImplemented、Ellipsis 和

__debug__，下面将介绍这 6 个常量的含义。

（1）True：表示真值的常量，bool 类型，对它进行任何赋值操作都会出现语法错误。类型：

```
>>> type(True)
<class 'bool'>
```

若对其赋值：

```
>>> True = 1
SyntaxError: can't assign to keyword
```

（2）False：表示假值的常量，bool 类型，对它进行任何赋值操作都会出现语法错误。类型：

```
>>> type(False)
<class 'bool'>
```

若对其赋值：

```
>>> False = 2
SyntaxError: can't assign to keyword
```

（3）None：一个特殊的常量，nonetype 类型，不能和其他类型数据进行比较，可以将它赋值给任何对象，但不能对它进行赋值，如果函数没有 return 语句，则返回 none。类型：

```
>>> type(None)
<class 'NoneType'>
```

若对其赋值：

```
>>> None = 0
SyntaxError: can't assign to keyword
```

没有 return 语句的函数：

```
>>> def add(a):
        b = a + 3
>>> print(add(2))
None
```

有 return 语句的函数：

```
>>> def add(a):
        b=a+3
        return b
>>> add(2)
5
```

（4）NotImplemented：一个真值常量，具有 NotImplemented type 类型。若对它重新赋

值、甚至改变它的属性名称，编译器都不会报错，因此它不是一个绝对的常量。一般不会对它进行重新赋值，因为这有可能会影响程序的运行结果。

用 bool 测试常量值：

```
>>> bool(NotImplemented)
True
```

类型：

```
>>> type(NotImplemented)
<class 'NotImplementedType'>
```

若对其赋值：

```
>>> NotImplemented=10
>>> print(NotImplemented)
10
```

（5）Ellipsis：一个真值常量，ellipsis 类型，与 NotImplemented 类似，对它重新赋值，编译器不会报错，因此它不是一个绝对的常量。一般不会对它进行重新赋值，因为这有可能会影响程序的运行结果。

用 bool 测试常量值：

```
>>> bool(Ellipsis)
True
```

类型：

```
>>> type(Ellipsis)
<class 'ellipsis'>
```

若对其赋值：

```
>>> Ellipsis=1
>>> print(Ellipsis)
1
```

（6）__debug__：bool 类型值。若 Python 没有使用-O 选项启动，它是真值常量，否则，它是假值常量。对它进行任何赋值操作都会出现语法错误。

用 bool 测试常量值（没有使用-O 选项启动）：

```
>>> bool(__debug__)
True
```

类型：

```
>>> type(__debug__)
```

```
<class 'bool'>
```

若对其赋值：

```
>>> __debug__=1
SyntaxError: assignment to keyword
```

📖 提示 常量和变量一定要区分大小写！

3.2.6 关键字

关键字是预先保留的标识符，每个关键字都有特殊含义。编程语言众多，但每种语言都有相应的关键字，Python 也不例外。Python 自带了一个 keyword 模块，用于检测关键字。

可通过导入 keyword 模块，执行 keyword.kwlist 命令获取关键字列表。

```
>>> import keyword
>>> keyword.kwlist
['False', 'None', 'True', 'and', 'as', 'assert', 'break', 'class', 'continue', 'def', 'del', 'elif', 'else', 'except', 'finally',
'for', 'from', 'global', 'if', 'import', 'in', 'is', 'lambda', 'nonlocal', 'not', 'or', 'pass', 'raise', 'return', 'try', 'while', 'with', 'yield']
```

Python 共有 33 个关键字，表 3-3 列举了不同关键字及其含义。

表 3-3 Python 关键字及其含义

关键字	描述	关键字	描述
and	用于表达式运算，逻辑与操作	as	用于类型转换
assert	断言，用于判断变量或者条件表达式的值是否为真	break	中断循环语句的执行
class	用于定义类	continue	跳出本次循环，执行下一次循环
del	删除变量或序列的值	def	用于定义函数或方法
else	条件语句，与 if、elif 结合使用。也可用于异常和循环语句	except	except 包含捕获异常后的操作代码块，与 try、finally 结合使用
elif	条件语句，与 if、else 结合使用	False	布尔类型的值，表示假，与 True 相反
finally	用于异常语句，出现异常后，始终要执行 finally 包含的代码块。与 try、except 结合使用	for	for 循环语句
from	用于导入模块，与 import 结合使用	global	定义全局变量
if	条件语句，与 else、elif 结合使用	import	用于导入模块，与 from 结合使用
in	判断变量是否在序列中	is	判断变量是否为某个类的实例
lambda	定义匿名函数	None	表示什么也没有，它有自己的数据类型 NoneType
nonlocal	用于标识外部作用域的变量	not	用于表达式运算，逻辑非操作
or	用于表达式运算，逻辑或操作	pass	空的类、方法或函数的占位符

关键字	描　述	关键字	描　述
raise	异常抛出操作	return	用于从函数返回计算结果
True	布尔类型的值，表示真，与 False 相反	try	try 包含可能会出现异常的语句，与 except、finally 结合使用
with	简化 Python 的语句	while	while 循环语句
yield	用于从函数依次返回值	—	—

3.3　基本输入输出

在第 1 章的一个简单的 Python 程序中，就已经接触过 Python 的输出功能。本节将正式介绍 Python 的基本输入输出。程序需要两个最基本的要素：数据和逻辑。在程序中，控制语句实现程序的逻辑，即数据的导向和对数据的操作。然而，这并不意味着程序中的数据的行为只能通过控制语句来实现。在交互式的环境中，Python 提供了输入输出语句，简单来说就是从标准输入中获取数据和将数据打印到标准输出。

3.3.1　获取用户输入

前面提到，编写程序时无需知道变量的值就可以使用它们。当然，解析器最终必须知道变量的值。但是，解析器不只知道我们已告知它的内容。

当编写的程序会被其他人使用时，我们无法预测用户会向程序提供什么样的值。但 Python 作为动态类型的语言，可以很方便地赋值给一个新变量。在此介绍一个很有用的函数 input，其基本使用语法如下。

```
inputString = input("提示字符串")
```

提示字符串作用是要求用户做出相对应的响应，示例如下。

```
>>> name = input('what are you learning: ')        #运行完之后等待输入
what are you learning: python programming           #提示后，输入课程名
>>> print(name)                                     #name 变量被赋予该输入值
python programming
```

这里在交互式解释器中执行了第一行 input(...)语句，它打印字符串"what are you learning:"，提示用户输入相应的信息，再输入 pythonprogramming 并按〈Enter〉键。这个字符串被 input 赋值给 name 这个变量。

input 函数支持表达式、数字类型、字符串类型，接受为表达式时，只返回其执行结果。

需要注意，inptut 以文本或字符串的方式返回。

```
>>> inputStr = input("请输入一个数值：")
请输入一个数值：25
>>> print("输入的数据类型是：",type(inputStr))
输入的数据类型是：<class 'str'>
```

用户在提示下输入整数 25，而 inputStr 变量类型为字符串。

可以使用 eval 函数来求值并转换为一个数值。例如："eval("12.3")" 返回的是 12.3，"eval("12 + 3")" 返回的是 15。

```
radius = eval(input("请输入半径值："))
```

上面的语句提示用户输入一个值（以字符串的形式）然后转化为一个数字，这个过程等价于：

```
s = input("请输入半径值：")
radius = eval(s)
```

在用户输入一个数字并按下〈Enter〉键后，这个数字就被读取并赋给 radius。

3.3.2 基本输出

Python 的基本输出语句使用的是 print()函数，其基本输出语法如下。

```
print(数据对象 1,数据对象 2, …,数据对象 N)
```

基本输出中的数据对象可以是数值、字符串，也可以是列表、元组、字典或者是集合。输出时会将逗号间的内容用空格分隔开。

```
>>> print(1,3.14,"abc",[1,2,3],(1,2,3),set([1,2,3]),{1:2,3:4})
1 3.14 abc [1, 2, 3] (1, 2, 3) {1, 2, 3} {1: 2, 3: 4}
```

print 函数会触发一个换行操作，下一个 print 函数的输出将从新的一行开始。

1．print 的可选参数 sep

print 函数默认使用一个空格分隔各个输出对象，也即默认分隔符为空格字符。我们可以通过 sep 参数将分隔符改变为我们需要的任意字符串，语法如下。

```
print(数据对象 1,数据对象 2, …,数据对象 N, sep=sepString)
```

举例如下。

```
>>> print('hello','world',sep='##')
hello##world
>>> print('hello','world!',sep='')
helloworld!
```

2．print 的可选参数 end

同样还可以自定义结束字符串，以替代默认的换行符。例如，可以将结束字符串制定为空字符串，以后就可以继续打印到当前行。我们通过 end 参数将结束操作进行改变，语法如下。

```
print(数据对象 1,数据对象 2, …,数据对象 N, end=endString)
```

下面给出一些使用 end 参数的代码。

```
print("Good", end="   ")
print("job!")
上述代码打印 Good   job!
```

3.4　数值

在本章开头提到了 Python 的几种内置数据类型，有数字、字符串、列表、元组、集合和字典。数据类型是编程语言的语法基础。计算机所处理的大量数据中均含有数值。在编程术语中，数值称为数字字面常量（Number Literal）。本节将介绍数值显示的方式以及对数值的各种操作。

3.4.1　基本数值：整型和浮点型

Python3 的数字类型分为整形（Integer）、浮点型（Floating Point）、布尔型、分数类型、复数类型。我们多次提到，使用 Python 编写程序时，不需要声明变量的类型。由 Python 内置的基本类型来管理变量，在程序的后台实现数值与类型的关联，以及类型转换等操作。Python 根据变量的值自动判断变量的类型，只需知道创建的变量放了一个数，以后的工作都是对这个数进行操作。

Python 支持整型和浮点型数值。无任何类型声明可用于区分，Python 通过是否有小数点来分辨它们。一个没有小数点的数值称为整型，一个带有小数点的数字称为浮点型。

```
>>> type(1)
<class 'int'>
>>> isinstance(1,int)
True
>>> 1 + 1
2
>>> 1 + 1.0
2.0
>>> type(2.0)
<class 'float'>
```

Python 定义的 type 类可以查看变量的类型。type 是 Python 内联模块__buildin__模块的一个类，该类能返回变量的类型。内联模块不需要 import 语句，由 Python 解释器自动导入。

例如，1 为 int 类型。同样，还可使用 isinstance()函数判断某个值或变量是否为给定某个类型。将一个 int 与一个 int 相加将得到一个 int，将一个 int 与一个 float 相加将得到一个 float。Python 把 int 强制转换为 float 以进行加法运算，然后返回一个 float 类型的结果。

```
>>> print(2018)                         #整型数值
```

```
>>>print(2E3)          #科学计数法 2000
>>>print(3e2)          #科学计数法 300
>>> print(3.14)        #浮点型数值
>>>print(0.1E-5)       #科学计数法:0.1 乘以 10 的-5 次幂
```

Python 里面的整数类型可正可负，不像其他的语言，Python 的整数并没有取值范围的限制。

Python 中除了十进制，其他进制的数据只能用字符串来表示，可以将二进制、八进制、十六进制转换成十进制整型。二进制以 0b 或 0B 开头，八进制以 0o 或 0O 开头，十六进制以 0x 或 0X 开头。不同进制的使用见代码清单 3-6。

代码清单 3-6　不同进制的表示

```
1   #二进制表示整数
2   print("0b111=7", 0b111)
3   #八进制表示整数
4   print("0o121=81", 0o121)
5   #十六进制表示整数
6   print("0xab=171", 0xab)
7   #十进制转换成二进制
8   print("十进制 10 的二进制表示:", bin(10))
9   #十进制转换成八进制
10  print("十进制 100 的八进制表示:", oct(100))
11  #十进制转换成十六进制
12  print("十进制 100 的十六进制表示:", hex(100))
```

运行结果：

```
0b111=7 7
0o121=81 81
0xab=171 171
十进制 10 的二进制表示: 0b1010
十进制 100 的八进制表示: 0o144
十进制 100 的十六进制表示: 0x64
```

3.4.2　算术运算符

5 种基本的算术运算符加、减、乘、除和幂运算对数值进行各种运算。Python 中加、减、除的运算符分别使用标准的符号+、–、/来表示，用于表示乘法和幂运算的运算符略有不同，分别为*和**。

```
>>> 11 / 2
5.5
```

"/"运算符执行浮点除法，即便分子和分母都是 int，它也返回一个 float 类型的浮点数。

```
>>> 11 // 2
```

```
5
>>> -11 // 2
-6
>>> 11.0 // 2
5.0
```

"//"运算符执行整数除法。如果结果为正数，可将其视为朝向小数位取整（不是四舍五入），但是要小心这一点；当整数除以负数，//运算符将结果朝着最近的整数"向上"四舍五入。从数学角度来说，由于-6 比-5 要小，它是"向下"四舍五入，如果期望将结果取整为-5，它将会误导你。//运算符并非总是返回整数结果。如果分子或者分母是 float，它仍将朝着最近的整数进行四舍五入，但实际返回的值将会是 float 类型。

```
>>> 11 ** 2
121
```

"**"运算符的意思是"计算幂"，11^2 结果为 121。

```
>>> 11 % 2
1
```

"%"运算符给出了进行整除之后的余数。11 除以 2 结果为 5 以及余数 1，因此此处的结果为 1。

📖 **注意**　与其他编程语言不同，Python 不支持自增运算符和自减运算符，如 k++、i--是错误的语法。

经常会出现变量的当前使用值被使用、修改、然后重新赋值给同一变量的情况。例如，下面的语句就是给变量 count 加 1。

```
count = count + 1
```

Python 允许使用便捷（或合成）运算符将赋值运算和加法运算符结合在一起。例如，前面的语句可以写作：

```
count += 1
```

运算符+=被称作加法赋值运算符。所有的增强型运算符都在表 3-4 中给出。需要注意的是，增强运算符中间没有空格。

表 3-4　增强型赋值运算符

运　算　符	名　　称	示　　例	等　　式
+=	Addition Assignment	i += 8	i = i + 8
-=	Subtraction Assignment	i -= 8	i = i - 8
*=	Multiplication Assignment	i *= 8	i = i * 8
/=	Float Division Assignment	i /= 8	i = i / 8
//=	Integer Division Assignment	i //= 8	i = i // 8

运 算 符	名 称	示 例	等 式
%=	Remainder Assignment	i %= 8	i = i % 8
**=	Exponent Assignment	i **= 8	i = i ** 8

3.4.3 数值变量

数值表达式中也可以使用变量，表达式的计算需要依次将每个变量替换为其值后再进行算术运算。

变量是一个名称，对应着存储在内存中的一个数据。当变量第一次出现在赋值语句的左边时，该变量即被创建，以后对该变量的赋值语句只是为这个变量赋予不同的值。每个变量均指向了一个存储其数值的内存地址。在表达式使用变量之前，该变量必须被赋值。

```
>>> radius = 1.0
>>> area = radius * radius * 3.14159
>>> print(area)
3.14159
```

赋值语句本质上就是计算出一个值并将它赋给操作符左边变量的一个表达式。

3.4.4 括号与优先级

Python 表达式的求值和数学表达式求值是一样的。用 Python 编写数值表达式就是使用 Python 操作符对算术表达式进行直接翻译。例如，算术表达式

$$\frac{3+4x}{5} - \frac{10(y-5)(a+b+c)}{x} + 9\left(\frac{4}{x} + \frac{9+x}{y}\right)$$

可以翻译成如下所示的 Python 表达式。

(3 + 4 * x) / 5 - 10 * (y - 5) * (a + b + c) / x + 9 * (4 / x + (9 + x) / y)

尽管 Python 有自己在后台计算表达式的方法，但是，Python 表达式的结果和它对应的算术表达式的结果是一样的。因此，可以放心地将算术运算规则应用在计算 Python 表达式上。首先执行的是包括在圆括号里的运算。圆括号可以嵌套，嵌套时先计算内层括号。当一个表达式中有多于一个的操作符时，以下操作符的优先级规则用于确定计算的次序。

（1）乘法、除法和求余运算首先计算。如果表达式中包含若干个乘法、除法和求余操作符，可按照从左到右的顺序执行。

（2）最后执行加法和减法运算。如果表达式中包含若干个加法和减法操作符，则按照从左到右的顺序执行。

下面是一个如何计算表达式的例子。

3 + 4 × 4 + 5 × (4 + 3) − 1

1）圆括号里的先计算

$$3 + 4 \times 4 + 5 \times 7 - 1$$

→ 2）乘法

$$3 + 16 + 5 \times 7 - 1$$

→ 3）乘法

$$3 + 16 + 35 - 1$$

→ 4）加法

$$19 + 35 - 1$$

→ 5）加法

$$54 - 1$$

→ 6）减法

$$53$$

📖 提示 好的编程习惯应该尽可能多地使用括号，这样就不需要刻意记忆优先级的规则。例如，将 2×3 + 4 写为(2×3)+4。

3.4.5 内存中的数字对象

Python 支持多种数字类型：整型、长整型、布尔型、双精度浮点型、十进制浮点型和复数。数字提供了标量存储和直接访问，它是不可更改类型，也就是说变更数字的值会生成新的对象。创建数值对象和给变量赋值一样简单。

```
anInt= 1
aLong=-9999999999L
aFloat= 3.14159265358979323846
aComplex= 1.23 + 4.56j
```

通过给数字对象（重新）赋值，可以"更新"一个数字对象。实际上并没有更新该对象的原始数值，这是因为数值对象是不可改变对象。这里的更新实际上是生成了一个新的数值对象，并得到它的引用。

在学习编程的过程中，我们一直被灌输这样的观念：变量就像一个盒子，里面装着变量的值。在 Python 中，变量更像是一个指针指向装变量值的盒子。对不可改变类型来说，你无法改变盒子中的内容，但是可以将指针指向一个新的盒子。每次将另外的数字赋给变量的时候，实际上是创建了一个新的对象并把它赋给变量（不仅仅是数字，对于所有的不可变类型，都是如此）。

```
number = 10
number = 100
```

图 3-3 中展示了在内存中这两行代码被执行时内存的变化情况。内存中首先分配一块内存保存数字 10，当执行第二段代码时，Python 又分配了一个新的内存地址保存数值 100，并将变量 number 重新指向新的内存地址。而内存中的数字 10 最终会被垃圾回收进程处理，并解除占用的内存空间。

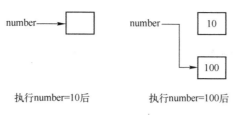

执行number=10后　　　　执行number=100后

图 3-3　内存中的数值对象

3.4.6　常见的数值函数

Python 现在拥有一系列针对数字类型的内建函数。一些函数用于数字类型转换，另一些则执行一些常用运算。

1. 转换工厂函数

```
>>> int(4.25555)
4
>>> float(4)
4.0
```

int 函数将字符串或者数值对象转换为整型，float 函数将字符串转换为浮点型（float 函数也可以将整型转换为浮点型）。

```
>>> complex(4)
(4+0j)
>>> complex(2.4, -8)
(2.4-8j)
>>> complex(2.3e-10, 45.3e4)
(2.3e-10+453000j)
```

complex 函数返回一个字符串的复数表示，或者根据给定的实数（及一个可选的虚数部分）生成一个复数对象。

2. 功能函数

```
>>> abs(-1)
1
>>> abs(10.)
10.0
>>> abs(1.2 - 2.1j)
2.4186773244895647
```

abs 返回给定参数的绝对值。如果参数是一个复数，那么就返回 $math.sqrt(num.real^2 + num.imag^2)$。

```
>>> pow (2, 5)
32
>>> pow(1+1j, 3)
```

```
(-2+2j)
```

函数 pow()和双星号**操作符都可以进行指数运算。

```
>>> round(2.7)
3
>>> round(2.317,2)
2.32
```

round(n,r)函数的结果是四舍五入保留数值 n 的小数点后 r 位，参数 r 可选。

3.5 字符串

本节将介绍 Python 中字符串和正则表达式的一些重要概念。字符串是计算机科学的基础，字符串的处理是实际应用中常见的任务[2]。Python 支持处理字符串表达式的操作，例如，索引（通过偏移获取）、分片（抽取一部分）、合并（组合字符串）等。Python 提供了许多功能强大的函数，用于解决常见程序设计任务，本节将详细介绍字符串模块中函数的使用。Python 还拥有用于执行如模式匹配这样的高级文本处理的任务模块，用来查找具有复杂规则的字符串，简化字符串的处理程序。最后将介绍字符串函数和正则表达式的应用场合。

因为 Python 中所有的数据都是对象，所以有必要早点引进对象，这样就可以开始用它们来开发有用的程序。Python 内置了强大的对象类型（或者叫作数据结构）作为语言的核心部分，让编程变得更简单和高效。本节只是简单地介绍了对象和字符串；本书将在第 8 章里进一步介绍对象。

3.5.1 字符和字符串

字符串（String）是 Python 处理的最为常见的数据类型之一。在日常生活中，所接触到典型的字符串有字母、单词、短语、句子、姓名、住址、门牌号等。字符串出现在几乎所有 Python 程序中，主要用途是存储和表现基于文本的信息。

Python 没有字符数据类型，一个字符的字符串代表一个字符，空字符串用一对引号（单引号或双引号）括起来，其中什么都没有。Python 处理字符和字符串的方式是一样的。

1. ASCII 码

计算机内部使用二进制数。一个字符在计算机中是以 0 和 1 构成的序列形式来存储的。将字符映射成它对应的二进制形式的过程称为字符编码。字符有很多种编码的方式，编码表定义该如何编码每个字符。

大多数计算机采用 ASCII 码（美国信息交换标准代码），它是表示所有大小写字母、数字、标点符号和控制字符的 8 位编码表。ASCII 码用 0～127 来编码这些字符。附录 A 中给出了 ASCII 码表示的字符。

2. 统一码

Python 支持 Unicode 码（统一码）。统一码是一种编码表，它能表示国际字符。统一码是由 Unicode 协会建立的一种编码方案，它支持使用世界各种语言所书写的文本的交换、处理和显示。统一码最初被设计为 16 位的字符编码。一个 16 位的编码所能产生的字符只有 65536 个，它是不足以表示全世界所有字符的。因此，Unicode 标准被扩展为 1112064 个字符。这些字符都远远超过了原来 16 位的限制，它们称为补充字符（Supplementary Character）。对补充字符的处理和表示介绍超过了本书的范围，在此不做深入讨论。

一个统一码以"\u"开始，后面紧跟 4 个十六进制数字，它们从"\u0000"到"\uFFFF"。ASCII 码是统一码的子集。Unicode 码包括 ASCII 码，从"\u0000"到"\u007F"对应 128 个 ASCII 字符。

3. 函数 ord 和 chr

Python 提供 ord(ch)函数来返回字符 ch 的 ASCII 码，用 chr(code)函数返回 code 所代表的字符，如下所示。

```
>>> ch = 'a'
>>> ord(ch)
97
>>> chr(97)
'a'
```

3.5.2 字符串字面值

1. 创建字符串

和数字一样，字符串也是值，例如：

```
>>> "Hello, world!"
'Hello, world!'
```

这个示例使用的是双引号，而 Python 打印字符串时，用单引号将其括起，这其实没有任何差别，如下所示。

```
>>> 'Hello, world!'
'Hello, world!'
```

这里使用的是单引号，结果完全相同，事实上，Python 是同时支持单引号和双引号的。

还可以使用 str()函数来构造字符串，如下所示。

```
strName = str()                #创建空字符串对象
strName = str("字符串内容")      #括号内为字符串
```

上例中的"Hello, world!"，这种由字符构成的一个整体，被称为字符串字面常量。在 Python 程序中，字符串字面常量可以表示为单引号或者双引号包围的一个字符序列。字符串中的字符可以是键盘上能够找到的任意字符（如英文字母、数字、标点符号和空格等）以及其他的特殊字符。

起始和结尾的引号必须是一致的（要么是两个双引号，要么是两个单引号）。当字符串使用双引号定义时，单引号可以直接出现在字符串中，但是双引号不可以。相似的，由单引号定义的字符串可以包含双引号，但是不能直接使用单引号。

```
>>> "Let's start!"
"Let's start!"
>>> 'Let's start!'
SyntaxError: invalid syntax
```

在这里，字符串为'Let'，因此 Python 不知道如何处理当前行余下的内容。可以使用反斜杠\对引号进行转义，如下所示。

```
>>> 'Let\'s go!'
"Let's go!"
```

这样 Python 将明白中间的引号是字符串的一部分，而不是字符串结束的标志。同样也可以用转义字符处理双引号。

```
>>> "\"Hello, world!\", you heard."
'"Hello, world!", you heard.'
```

像这样对引号进行转义很有用，而且在有些情况下必须这样做。例如，在字符串同时包含单引号和双引号（如'Let\'s say "Hello, world!"'）时，如果不使用反斜杠进行转义，该如何处理？这种情况，Python 为我们提供了原始字符串的表示方法。

📖 提示　在本节后面还会详细介绍转义字符的相关内容。

2．长字符串和原始字符串

有一些独特而有用的字符串表示方式。例如，有一种独特的语法可用于表示包含换行符或反斜杠的字符串（长字符串和原始字符串）。

（1）长字符串

要表示很长的字符串（跨越多行的字符串），可使用三引号（而不是普通引号）。例如，下面的 print 语句内输出一个长字符串。

```
print('''This is a very very long string. It needs
more lines to print. And it'll be OVER
soon. "Hello world again!" End''')
```

同样，还可使用三个双引号，如"""like this"""。请注意，三个引号让解释器能够识别表示字符串开始和结束的位置，因此字符串本身可包含单引号和双引号，无需使用反斜杠进行转义。

（2）原始字符串

原始字符串不以特殊方式处理反斜杠，因此在有些情况下很有用（编写正则表达式时，原始字符串很有用）。在常规字符串中，反斜杠扮演着特殊角色：它对字符进行转义，让你能够在字符串中包含原本无法包含的字符。例如，你已经看到可使用\n 表示换行符，从而像下面这样在字符串中包含换行符。

```
>>> print('Hello,\nworld!')
```

```
Hello,
world!
```

在这样的情况下，原始字符串可派上用场，因为它们根本不会对反斜杠做特殊处理，而是让字符串包含的每个字符都保持原样。原始字符串除在字符串的第一个引号前加上字母"r"（可以大小写）以外，与普通字符串有着几乎完全相同的语法。

```
>>> print(r'Hello,\nworld!')
Hello,\nworld!
```

看起来可在原始字符串中包含任何字符，这大致是正确的。一个例外是，引号需要像通常那样进行转义，但这意味着用于执行转义的反斜杠也将包含在最终的字符串中。

```
>>> print(r"This is not right \")
SyntaxError: EOL while scanning string literal
```

但如果要指定以反斜杠结尾的原始字符串（如以反斜杠结尾的路径），基本技巧是将反斜杠单独作为一个字符串，下面是一个简单的示例。

```
>>> print(r'C:\Program Files\python\test'"\\')
C:\Program Files\python\test\
```

3.5.3　索引和切片

本节将介绍另一个新的概念：数据结构。数据结构是以某种方式（如通过编号）组合起来的数据元素（如数、字符乃至其他数据结构）集合。在 Python 中，最基本的数据结构为序列（Sequence）。序列中的每个元素都有编号，及其位置或索引，其中第一个元素的索引为 0，第二个元素的索引为 1，以此类推，从 0 开始指出元素相对于序列开头的偏移量，而最后一个字符的索引是-1。

回到本节，像任意字符的集合一样，字符串是单个字符的字符串序列，其他类型的序列还包括列表和元组（稍后将介绍）。严格地说，Python 字符串被划分为不可变序列这一类别，意味着这些字符串所包含字符存在从左到右的位置顺序，并且它们不可以在原处修改。实际上，字符串是我们将学习的从属于稍大一些的对象类别——序列的第一个代表。请留意本节所介绍的序列操作，因为它在后面要学习的其他序列类型（如列表和元组）中同样适用。

字符串即是字符序列，字符串中字符所在的位置或索引也是使用 0、1、2、3…来标识的。字符序列中的所有元素都有编号（从 0 开始递增）。可以像下面这样使用编号来访问各个元素。

```
>>> words = 'Hello'
>>> words[0]
'H'
```

📖 **注意** 字符串就是由字符组成的序列。索引 0 指向第一个元素，这里为字母 H。不同于其他一些语言，Python 没有专门用于表示字符的类型，因此一个字符就是只包含一个元素的字符串。

使用编号来访问元素称为索引（Indexing），它可以用来获取元素，这种索引方式适用于所有序列。当使用负数索引时，Python 将从右（即从最后一个元素）开始往左数，因此 -1 是最后一个元素的位置。

```
>>> words[-1]
'o'
```

对于字符串字面量（以及其他的序列字面量），可直接对其执行索引操作，无需先将其赋给变量。这与先赋给变量再对变量执行索引操作的效果是一样的。

```
>>> 'Hello'[1]
'e'
```

除使用索引来访问单个元素外，还可使用切片（Slicing）来访问特定范围内的元素。为此，可使用两个索引，并用冒号分隔。

```
>>> lan = 'python programming'
>>> lan[0:6]
'python'
>>> lan[7:-4]
'program'
```

切片适用于提取序列的一部分，其中的编号非常重要：第一个索引是包含的第一个元素的编号，但第二个索引是切片后余下的第一个元素的编号，请看下面的示例。

```
>>> numbers = [1, 2, 3, 4, 5, 6, 7, 8, 9, 10]
>>> numbers[3:6] 输出：[4, 5, 6]
>>> numbers[0:1] 输出：[1]
```

简而言之，提供两个索引来指定切片的边界，其中第一个索引指定的元素包含在切片内，但第二个索引指定的元素不包含在切片内。代码清单 3-7 给出了一个索引和切片操作的示例。

代码清单 3-7　索引和切片操作

```
1    strVal = "index andslice"
2    print("'indexandslice'一共有%d 个字符，序号从 0 到 10."%len(strVal))
3    print("'indexandslice'第 3 个字符是：", 'indexandslice'[5])
4    print("'indexandslice'从第 2 个到第 8 个字符(不包含)的子串是:", strVal[2:8])
5    # 不写 m 和 n 表示整个字符串
6    print("'indexandslice'所有字符是:", strVal[:])
7    # 后索引不写，表示是最后
8    print("'indexandslice'从第 6 个字符开始：", strVal[5:])
9    # 前索引不写表示是 0
```

```
10  print("'indexandslice'从 0 到第 5 个字符开始: ", strVal[:5])
```

运行结果:

```
'indexandslice'一共有 13 个字符，序号从 0 到 10.
'indexandslice'第 3 个字符是: a
'indexandslice'从第 2 个到第 8 个字符(不包含)的子串是: dexand
'indexandslice'所有字符是: indexandslice
'indexandslice'从第 6 个字符开始: andslice
'indexandslice'从 0 到第 5 个字符开始: index
```

3.5.4 反向索引

上文讨论的索引是按照字符串自左向右而确定的。如果要从列表末尾开始数，也可以使用负数索引。通过反向索引，最右端的字符索引值为-1，它左边的一个字符索引值为-2，以此类推。

```
>>> numbers = [1, 2, 3, 4, 5, 6, 7, 8, 9, 10]
>>> numbers[-3:-1]
[8, 9]
```

然而，这样好像无法包含最后一个元素。如果使用索引 0，即到达列表末尾后再前一步所处的位置，结果将如何呢？

```
>>> numbers[-3:0]
[]
```

结果并不是你想要的。事实上，执行切片操作时，如果第一个索引指定的元素位于第二个索引指定的元素后面（在这里，倒数第 3 个元素位于第 1 个元素后面），结果就为空序列。好在你能使用一种简写：如果切片结束于序列末尾，可省略第二个索引。

```
>>> numbers[-3:]
[8, 9, 10]
```

同样，如果切片始于序列开头，可省略第一个索引。

```
>>> numbers[:3]
[1, 2, 3]
```

实际上，要复制整个序列，可将两个索引都省略。

```
>>> numbers[:]
[1, 2, 3, 4, 5, 6, 7, 8, 9, 10]
```

程序清单 3-8 给出了一个字符串反向索引的示例。

代码清单 3-8 反向索引示例

```
1  # 定义一个字符串
```

```
 2    strVar = "front & back"
 3    print("'spam & eggs' 一共有%d 个字符, 字符负索引从右向左是-1 到-%d" % (len(strVar),
len(strVar)))
 4    # 反向切片单一字符
 5    print("'spam & eggs'中位置是-4 的字符是:", strVar[-4])
 6    # 反向索引子串
 7    print("'spam & eggs'中从-4 到-1 的子串是:", strVar[-4:-1])
 8    # 同时使用
 9    print("'spam & eggs'中从-3 到 11 的子串是:", strVar[-3:11])
10    print("'spam & eggs'中从 8 到 11 的子串是:", strVar[8:11])
```

运行结果：

```
'spam & eggs' 一共有 12 个字符, 字符负索引从右向左是-1 到-12
'spam & eggs'中位置是-4 的字符是: b
'spam & eggs'中从-4 到-1 的子串是: bac
'spam & eggs'中从-3 到 11 的子串是: ac
'spam & eggs'中从 8 到 11 的子串是: bac
```

3.5.5 切片的默认边界

在表达式 strName[m:n]中，其中一个或者两个边界都是可以忽略的。在这种情况下，左边边界 m 的默认值为 0，右边边界的默认值是字符串的长度。也就是，strName[:n]包括了从字符串首字符到 strName[n-1]之间的所有字符，strName[m:]包括从 strName[m]到字符串末尾的所有字符。切片 strName[:]正好表示整个字符串 strName。而切片 strName[m:n]可以理解为数学中的开闭区间[m, n)。用法可见代码清单 3-9。

代码清单 3-9   默认边界示例

```
 1    strVal = "machine@learning"
 2    #当前索引是正数，省略后索引
 3    print("'spam & eggs'[3 : ]是", strVal[7 : ])
 4    #当前索引是负数，省略后索引
 5    print("'spam & eggs'[-3 : ]是", strVal[-3 : ])
 6    #当后索引是正数，省略前索引
 7    print("'spam & eggs'[ : 4]是", strVal[ : 4])
 8    #当前索引是 f 负数，省略后索引
 9    print("'spam & eggs'[ : -2]是", strVal[ : -2])
10    #两个同时省略
11    print("'spam & eggs'[ : ]是", strVal[ : ])
```

运行结果：

```
'spam & eggs'[3 : ]是 @learning
'spam & eggs'[-3 : ]是 ing
'spam & eggs'[ : 4]是 mach
'spam & eggs'[ : -2]是 machine@learni
```

'spam & eggs'[:]是 machine@learning

3.5.6 索引和切片越界

Python 中不允许序列中的单个元素的索引越界，程序中字符串序列越界，编译器会报 IndexError 的错误。例如：

```
>>> print("'Python'[10]=","Python"[10])
IndexError: string index out of range
```

但是在切片中可以允许索引越界。如果切片的左边索引过小，切片会从序列的第一项开始，如果切片的右边索引过大，切片会一直到序列的最后一项。

```
>>> print("'Python'[10]=","Python"[-2:10])
'Python'[10]= on
```

📖 提示 在负数作为索引值时是从-1 开始的，而不是从 0 开始的，即最后一个元素的下标为-1，这是为了避免和第一个元素产生冲突。

3.5.7 字符串拼接

两个字符串可以拼接起来组成一个新的字符串。可使用加法运算符"+"来拼接字符串。

```
>>> "Hello" + " world!"
'Hello world!'
```

由字符串、标点符号、函数和方法构成的一个可运算字符串称为字符串表达式。需要注意，字符串不允许直接与其他类型的数据拼接。下面的语句将会报 TypeError 的错误。

```
>>> str1 = "这本 Python 入门书籍有"
>>> num1 = 300
>>> str2 = "页"
>>> print(str1 + num1 + str2)
TypeError: must be str, not int
```

解决上述问题，可以用 str()函数将整数转换成字符串，然后以拼接字符串的方法输出该内容，将 print 输出改为如下语句。

```
>>> print(str1 + str(num1) + str2)
这本 Python 入门书籍有 300 页
```

如果重复连接一个字符串可以使用星号操作符，将字符串与数 *x* 相乘时，将重复这个字符串 *x* 次来创建一个新的字符串。

```
>>> 'python' * 5
'pythonpythonpythonpythonpython'
```

3.5.8　常见字符串函数

字符串的函数有很多，其很多方法都是从模块 string 那里"继承"而来的。字符串函数操作将字符串作为输入并返回相应的值，使用方法的一般表达形式为：

> stringName.methodName()

字符串是一种常见的数据类型，我们经常会面临各式各样的字符串处理问题，那么，这就要求我们必须掌握一些常用的字符串处理函数。下面对 Python 中常用的字符串操作方法进行介绍。

1．搜索子字符串

在 Python 中，字符串对象提供了很多用于查找字符串的方法，这里主要介绍以下几种方法。

（1）find()方法

该方法用于检索是否包含指定的子字符串。如果包含特定字符串，则返回开始的索引；否则，返回-1。其语法格式如下。

> str.find(sub[,start[,end]])

使用方法如下。

- str：表示原始字符串。
- sub：表示待检索的子字符串。
- start：可选参数，表示检索范围的起始索引，若不指定，则从头查找。
- end：可选参数，表示检索范围的结束索引，若不指定，则检索到结尾停止。

用法见如下示例。

```
>>> str1 = 'hello world'
>>> print(str1.find('wo'))
6
>>> print(str1.find('wc'))
-1
```

📖　说明　Python 还提供了 rfind()方法，其作用与 find()方法类似，只是字符串从右边开始查找，返回字符串的最高下标。

（2）index()方法

index()方法和 find()方法类似。也适用于检测字符串是否包含指定字符，如果包含，则返回开始的索引值；否则，抛出异常。其语法格式如下。

> str.index(sub[, start[, end]])

使用方法如下。

- str：表示原字符串。
- sub：表示待检索的子字符串。

- start：可选参数，表示检索范围的起始索引，若不指定，则从头查找。
- end：可选参数，表示检索范围的结束索引，若不指定，则检索到结尾停止。

用法见如下示例。

```
>>> str2 = 'hello world'
>>> print(str2.index('wo'))
6
>>> print(str2.index('wc'))
ValueError: substring not found
```

📖 说明　Python 的字符串还提供了从右边开始查找的 reindex()方法，返回这个字符串的最高下标。

（3）count()方法

该方法用于检索指定字符串在另一个字符串中出现的次数。如果返回值为 0，则说明检索的字符串不存在。其语法格式如下。

```
str.count(sub[, start[, end]])
```

使用方法如下。
- str：表示原字符串。
- sub：表示要检索的子字符串。
- start：可选参数，表示检索范围的起始索引，若不指定，则从头查找。
- end：可选参数，表示检索范围的结束索引，若不指定，则检索到结尾停止。

用法见如下示例。

```
>>> str3 = 'hello world'
>>> print(str3.count('l'))
3
>>> print(str3.count('l', 5, len(str3)))
1
```

（4）startwith()方法

该方法用于检查字符串是否以指定字符串开头。若是，则返回 True；否则，返回 False。其语法格式如下。

```
str.startwith(prefix[, start[, end]])
```

使用方法如下。
- str：表示原字符串。
- prefix：表示待检索的子字符串前缀。
- start：可选参数，表示检索范围的起始索引，若不指定，则从头查找。
- end：可选参数，表示检索范围的结束索引，若不指定，则检索到结尾停止。

用法见如下示例。

```
>>> str4 = "Hello Walt Smith"
>>> print(str4.startswith("Hello"))
True
```

（5）endwith()方法

该方法用于检查字符串是否以字符串结尾。若是，则返回 True；否则，返回 False。其语法格式如下。

```
str.endwith(suffix[, start[, end]])
```

使用方法如下。

- str：表示原字符串。
- suffix：表示待检索的子字符串前缀。
- start：可选参数，表示检索范围的起始索引，若不指定，则从头查找。
- end：可选参数，表示检索范围的结束索引，若不指定，则检索到结尾停止。

用法见如下示例。

```
>>> str5 = "Hello Walt Smith"
>>> print(str5.endswith("Smith"))
True
```

2. 转换字符串

（1）lower()方法

lower()方法用于将字符串中的所有字母转换为小写。lower()方法的语法格式如下。

```
str.lower()
```

其中，str 为要进行转换的字符串，示例如下。

```
>>> str1 = "Hello Will Smith"
>>> print(str1.lower())
hello will smith
```

（2）upper()方法

upper()方法将字符串的所有字母转换为大写。upper()方法的语法格式如下。

```
str.upper()
```

其中，str 为要进行转换的字符串，使用方法如下。

```
>>> str2 = "Hello Will Smith"
>>> print(str2.upper())
HELLO WILL SMITH
```

（3）capitalize()方法

capitalize()方法将字符串的首字母大写，其余字母全部小写。capitalize()方法的语法格式如下。

```
str.capitalize()
```

其中，str 为要进行转换的字符串，用法如下。

```
>>> str3 = 'I aM wiLl smith'
>>> print(str3.capitalize())
I am will smith
```

（4）title()方法

title()方法将字符串中的所有单词的首字母大写，其余字母全部小写。值得注意的是，这里单词的区分是以任何标点符号区分的，即标点符号的前后都是一个独立的单词，字符串最后一个标点除外。该方法的语法格式如下。

```
str.title()
```

其中，str 为要进行转换的字符串。

```
>>> str4 = "I am will smith!"
>>> print(str4.title())
I Am Will Smith!
>>> str5 = "I'm will-sMith!"
>>> print(str5.title())
I'M Will-Smith!
```

（5）replace()方法

replace()方法返回一个新的字符串，它用一个新字符串替换旧字符串所有出现的地方，其语法格式如下。

```
str.replace(old, new[, max])
```

参数说明如下。
- str：表示原字符串。
- old：将要被替换的旧字符串。
- new：新字符串，用来替换旧的字符串（替换一次或者多次 old）。
- max：用来替换的次数，这里有两种：1）当不将 max 参数传入时，默认将所有 old 字符或者字符串替换为 new 字符或者字符串；2）当我们将 max 参数传入后，则将旧字符串替换为新字符串不超过 max 次，多余的则不进行替换。

用法见如下示例。

```
>>> str6 = 'hello world hello world'
>>> str7 = 'world'
>>> str8 = 'willsmith'
>>> print(str6.replace(str7, str8))
hello willsmith hello willsmith
```

```
>>> print(str6.replace(str7, str8, 1))
hello willsmith hello world
```

3．分割、合并字符串

分割字符串是把字符串分割为列表，而合并字符串是把列表合并为字符串，这两个操作可以看作是互逆的动作。

（1）分割字符串

split()方法可以实现字符串分割，把字符串按照指定的分割符切分为字符串列表。split()方法的语法格式如下。

```
str.split(sep, maxsplit)
```

使用方法如下。

- str：表示要进行分割的字符串。
- sep：用于指明分割符，可以包含多个字符，默认为 None，即所有空字符（包括空格、换行、"\n"、制表符"\t"等）。
- maxsplit：可选参数，用于指定分割的次数，如果不指定或者为-1，则分次数没有限制，返回结果列表的元素个数，个数最多为 maxsplit+ 1。

```
>>> str1 = 'I am a good student!'
>>> print(str1.split(' ', 3))
['I', 'am', 'a', 'good student!']
>>> print(str1.split('o', 2))
['I am a g', '', 'd student!']
```

（2）合并字符串

join()方法可以实现合并字符串，它利用固定的分隔符将多个字符串连接在一起，其语法格式如下。

```
newStr = oldStr.join(sequence)
```

使用方法如下。

- newStr：表示合并后生成的新字符串。
- oldStr：字符串类型，用于指定合并时的分割符。
- sequence：要连接的元素序列、字符串、元组、字典。

比如想让字符串去掉引号，且空一格输出可以采取如下方法。

```
>>> list = ["Practice","makes","perfect"]
>>> list
['Practice', 'makes', 'perfect']
>>> print(' '.join(list))
Practice makes perfect
```

4．删除字符串中的空格

在一些情况下，字符串需要去除空格和特殊字符。

（1）strip()方法

该方法用于去掉字符串左、右两侧的空格和特殊字符，即开头和结果的所有 chars 字符都删除，语法格式如下。

```
str.strip([cahrs])
```

使用方法如下。

- str：为要去除空格的字符串。
- chars：可选参数，用于指定要去除的字符，可以指定多个。如果不指定 chars 参数，默认去除空格、制表符、回车符、换行符等空白字符。

```
>>> str1 = "  Welcome to python\t"
>>> s = str1.strip()
>>> s
'Welcome to python'
```

（2）lstrip()方法

该方法用于去掉字符串左侧的空格和特殊字符串，语法格式如下。

```
str.lstrip([cahrs])
```

使用方法如下。

- str：为要去除空格的字符串。
- chars：可选参数，用于指定要去除的字符，可以指定多个。如果不指定 chars 参数，默认去除空格、制表符、回车符、换行符等空白字符。

```
>>> str2 = "  Welcome to python\t"
>>> s = str2.lstrip()
>>> s
'Welcome to python\t'
```

（3）rstrip()方法

该方法用于去掉字符串右侧的空格和特殊字符，语法格式如下。

```
str.rstrip([cahrs])
```

使用方法如下。

- str：为要去除空格的字符串。
- chars：可选参数，用于指定要去除的字符，可以指定多个。如果不指定 chars 参数，默认去除空格、制表符、回车符、换行符等空白字符。

```
>>> str3 = "  Welcome to python\t"
>>> s = str3.rstrip()
```

```
>>> s
'  Welcome to python'
```

📖 提示　用 strip()方法来删除字符串末尾不需要的字符，这是很好的经验。

5. 其他一些方法

除了前面介绍的一些方法外，还有一些常用的（如计算字符串长度和测试字符串）方法。

（1）计算字符串长度

Python 提供了 len()方法计算字符串的长度，语法格式如下。

```
len(string)
```

如果想打印字符串奇数位置的字符可以使用如下代码。

```
for i in range(0, len(s), 2):
    print(s[i])
```

len()方法返回一个字符串中的字符个数，而 max()和 min()方法返回字符串中的最大和最小字符。

（2）测试字符串

字符串还有很多有用的方法。有一些可以测试字符串中的字符的方法。

isalnum()方法检查字符串是否都是字母或是数字，如果这个字符串中的字符是字母或数字且至少有一个字符，则返回 True。

isalpha()方法检查字符串是否都是字母，如果这个字符串中的字符是字母且至少有一个字符，则返回 True。

isdigit()方法检查字符串是否都是数字，如果这个字符串中的字符只含有数字字符，则返回 True。

isidentifier()方法检查字符串是否可用作 Python 标识符，如果这个字符串中的字符是 Python 标识符，则返回 True。

islower()方法检查字符串中的所有字母是否都是小写的，如果这个字符串中的所有字符全是小写的且至少有一个字符，则返回 True。

isupper()方法检查字符串中的所有字母是否都是大写的，如果这个字符串中的所有字符全是大写的且至少有一个字符，则返回 True。

isspace()方法检查字符串中的字符是否都是空白字符，如果这个字符串只包含空格，则返回 True。

下面是一些使用字符串测试方法的例子。

```
>>> s = "Welcome to python "
>>> s.isalnum()
False
>>> 'welcome'.isalpha()
True
```

```
>>> '2018'.isdigit()
True
>>> 'second row'.isidentifier()
False
>>> s.islower()
False
>>> s.isupper()
False
>>> s.isspace()
False
```

为了帮助大家入门，本书总结并展示了一些最常用方法的代码。表 3-5 概括了 Python3.0 中内置字符串对象的方法及对应的使用模式。

表 3-5　Python3.0 中的字符串方法调用

S.capitilize()	S.ljust(width [, fill])
S.center(width [, fill])	S.lower()
S.count(sub [, start [, end]])	S.lstrip([chars])
S.encode([encoding [, errors]])	S.maketrans(x[, y[, z]])
S.endswith(suffix [, start [, end]])	S.partition(sep)
S.expandtabs([tabsize])	S.replace(old, new [, count])
S.find(sub [, start [, end]])	S.rfind(sub [, start [, end]])
S.format(fmtstr, *args, **kwargs)	S.rindex(sub [, start [, end]])
S.index(sub [, start [, end]])	S.rjust(width [, fill])
S.isalnum()	S.partition(sep)
S.isalpha()	S.rsplit([sep[, maxsplit]])
S.isdecimal()	S.rstrip([chars])
S.isdigit()	S.split([sep [,maxsplit]])
S.isidentifier()	S.split([sep, [, maxsplit]])
S.islower()	S.startswith(prefix [, start [, end]])
S.isnumberic()	S.strip([chars])
S.isprintable()	S.swapcase()
S.isspace()	S.title()
S.istitle()	S.tramslate(map)
S.isupper()	S.upper()
S.join(iterable)	S.zfill(width)

3.5.9　格式化数字和字符串

1. 格式化数字

我们常常希望显示某种格式的数字。例如，下面是计算利息的代码。

```
>>> amount = 12002.85
>>> interestRate = 0.0013
>>> interest = amount * interestRate
>>> print('Interest is', interest)
Interest is 15.603705
```

由于利息是货币数字，我们只希望显示小数点后两位数字。为达到要求，我们将 print() 方法做出如下改动。

```
>>> print('Interest is', round(interest, 2))
Interest is 15.6
```

但是我们希望输出结果为 15.60，而不是 15.6，可以使用 format()方法来修改。将 print() 方法再做出如下修改就能获得我们期望的格式。

```
>>> print('Interest is', format(interest, '.2f'))
Interest is 15.60
```

format()方法的语法格式如下。

```
format(item, format-specifier)
```

其中 item 是数字或者字符串，用说明符（Format-Specifier）指定条目 item 的格式。

（1）格式化浮点数

如图 3-4 所示，如果条目是一个浮点值，可以用"width.precision f"的形式给出格式的宽度和精确度。宽度 width 是指得到的字符串的宽度，精确度 precision 指定小数点后数字的个数，f 被称为转换码，它为浮点数设定格式。例：

```
print(format(56.123456, "10.2f"))
print(format(12345678.123, "10.2f"))
print(format(56.12, "10.2f"))
print(format(56, "10.2f"))
```

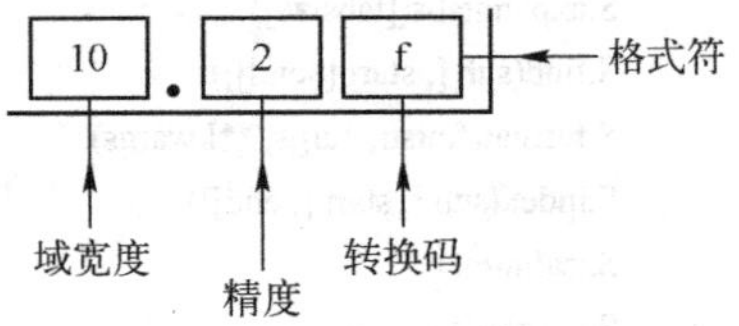

图 3-4　格式化浮点数

结果显示如下。

```
     10
     56.12
12345678.12
     56.12
     56.00
```

format("10.2f")方法将数字格式化成宽度为 10，包括小数点后两位小数的字符串。这个数字被四舍五入到两个小数位。这样，在小数点前面分配 7 个数字。如果在小数点前的数字小于 7 个，则在数字前插入空格。如果小数点前的数字大于 7 个，则数字的宽度将会自动增加。

如果省略宽度符，它就默认为 0，宽度会自动根据格式化这个数所需的宽度自动设置。

```
print(format(56.123456, "10.2f"))
print(format(56.123456, ".2f"))
```

结果显示如下。

```
      56.12
      56.12
```

（2）格式化整数

"d""x""o""b"转换码分别用来格式化十进制整数、十六进制整数、八进制整数和二进制整数，可以指定转换的宽度。

在默认情况下，一个数的格式是向右对齐的。可以将符号"<"放在说明符里指定得到的字符串是以指定的宽度向左对齐的。

```
>>> print(format(23578, "10d"))
     23578
>>> print(format(23578, "<10d"))
23578
>>> print(format(23578, "10x"))
      5c1a
>>> print(format(23578, "<10x"))
5c1a
```

（3）格式化成科学记数法

如果将转换码变成 e，数字将被格式化为科学计数法。

```
>>> print(format(23.1235131, "10.2e"))
  2.31e+01
>>> print(format(0.00000241, "10.2e"))
  2.41e-06
```

符号"+"和"-"被算在宽度里。

（4）格式化成百分数

可以使用转换码"%"将一个数字格式化成百分数。

```
>>> print(format(0.977, "10.2%"))
    97.70%
>>> print(format(0.00345, "10.2%"))
     0.34%
```

符号"%"也被算在宽度里。

2．格式化字符串

格式化字符串是指先制定一个模板，在这个模板中预留几个位置，然后根据需要填上相应的内容。这些需要通过指定的符号标记（也叫占位符），而这些符号还不会显示出来。Python 中，有两种方法格式化字符串。

（1）使用"%"操作符

在 Python 中，要实现格式化字符串，可以使用"%"操作符，语法格式如下。

```
'[-][+][0][m][.n]格式化字符串'%exp
```

使用方法如下。

- –：可选参数，用于指定左对齐，正数前方无符号，负数前方加负号。
- +：可选参数，用于指定右对齐，正数前方无符号，负数前方加负号。
- 0：可选参数，表示右对齐，正数前方无符号，负数前方加负号，用 0 填充空白处（一般与 m 参数一起使用）。
- m：可选参数表示占有宽度。
- n：可选参数，表示小数点后保留的位数。
- 格式化字符串：用于指定类型。详情见表 3-6。
- exp：要转换的项。如果要指定多个项，需要通过元组进行指定，但不能通过列表。

表 3-6　常用格式化字符

格式化字符	意　义	格式化字符	意　义
%s	字符串（或任何对象）	%X	x，但打印大写
%r	s，但是使用 repr，而不是 str	%e	浮点指数
%c	字符	%E	e，但打印大写
%d	十进制（整数）	%f	浮点十进制
%i	整数	%F	浮点十进制
%u	无符号（整数）	%g	浮点 e 或 f
%o	八进制整数	%G	浮点 E 或 F
%x	十六进制整数	%%	常量%

```
>>> format = "Hello, %s. %s enough for you?"
>>> values = ('world', 'Hot')
>>> format % values
'Hello, world. Hot enough for you?'
```

上述格式字符串中的"%s"称为转换说明符，指出了要将值插入什么地方。另外，请记住格式化总是返回新的字符串作为结果而不是对左侧的字符串进行修改；由于字符串是不可变的，所以只能这样操作。如果需要的话，可以分配一个变量名来保存结果。

　　说明　由于使用%操作符是早期 Python 中提供的方法，自从 Python2.6 版本开始，字符串提供了 format()方法对字符串进行格式化。Python 社区现在推荐使用这种方法。

（2）使用 format()方法

字符串对象提供了 format()方法用于进行字符串格式化，语法格式如下。

    str.format(args)

使用方法如下。

- format：用于指定字符串的显示样式（即模板）。
- args：用于指定要转换的项，如果有多项，则用逗号进行分隔。

下面重点介绍创建模版。在创建模版时，需要使用"{}"和"："指定占位符，语法格式如下。

> {[index][: [[fill]align][sign][#][width][.precision][type]}

使用方法如下。

- index：可选参数，用于指定要设置格式的对象在参数列表中的索引位置，索引值从 0 开始。如果省略，则根据值的先后顺序自动分配。
- fill：可选参数，用于指定空白处填充的字符。
- align：可选参数，用于指定对齐方式（值为"<"时表示内容左对齐；值为">"时表示内容右对齐；值为"="时表示内容右对齐，将符号放在填充内容的最左侧，且只对数字生效；值为"^"时表示内容居中），需要配合 width 一起使用。
- sign：可选参数，用于指定有无符号数字（值为"+"表示整数加正号，负数加负号；值为"-"表示正数不变，负数加负号，值为空格表示正数加空格，负数加负号）。
- #：可选参数，对于二进制、八进制、和十六进制，如果加上#号，表示会显示 0b/0o/0x 前缀，否则不显示。
- width：可选参数，用于指定所占宽度。
- precision：可选参数，用于指定保留的小数位数。
- type：可选参数，用于指定类型。

format()方法中常用的格式化字符见表 3-7。

表 3-7　format()方法中常用的格式化字符

格式化字符	意　义	格式化字符	意　义
s	字符串（或任何对象）	X	x，但打印大写
r	s，但是使用 repr，而不是 str	e	浮点指数
c	字符	E	e，但打印大写
d	十进制（整数）	f	浮点十进制，默认小数点后保留 6 位
i	整数	F	浮点十进制
u	无符号（整数）	g	浮点 e 或 f
o	八进制整数	G	浮点 E 或 F
x	十六进制整数	%	显示百分比，默认显示小数点后 6 位

下面是一些示例。

```
>>> print('hello {0} i am {1}'.format('world','python'))
hello world i am python
>>> print('hello {} i am {}'.format('world','python') )
hello world i am python
>>> "The number is {num}".format(num=58)
'The number is 58'
>>> "The number is {num:f}".format(num=42)
```

```
'The number is 42.000000'
```

字符串格式设置涉及的内容很多，因此即便是这里的完整版也无法全面探索所有的细节，而只是介绍主要的组成部分。这里的基本思想是对字符串调用方法 format，并提供要设置其格式的值。

3.5.10 正则表达式

我们经常需要编写代码来验证用户输入，比如检测输入是否是一个数字，或者是否是一个全部小写字母的字符串，或者是否是一个社会安全号。如何编写这类代码呢？一个简单有效完成该任务的方法是使用正则表达式。

正则表达式（Regular Expression）（缩写 regex）是一个字符串，用于描述匹配一个字符串集的模式[3]。可以通过指定某个模式来匹配、替换或分隔一个字符串。这是一种非常有用且功能强大的特性。

所有的现代编程语言都有内建字符串处理函数。在 Python 里查找、替换字符串的方法是 index()、find()、split()、count()、replace()等。但这些方法都只是最简单的字符串处理。比如，用 index()方法查找单个子字符串，而且查找总是区分大小写的。为了使用不区分大小写的查找，可以使用 s.lower()或者 s.upper()，但要确认你查找的字符串的大小写是匹配的。replace()和 split()方法有相同的限制。

如果使用 string 的方法就可以达到你的目的，那么你就使用它们，因为它们速度快又简单，并且很容易阅读。但是如果你发现自己要使用大量的 if 语句，以及很多字符串函数来处理一些特例，或者说你需要组合调用 split()和 join()来切片、合并你的字符串，你就应该使用正则表达式。

1．行定位符

行定位符就是用来描述字符串的边界，"^"表示行的开始，"$"表示行的结尾。如：

```
^td
```

该表达式表示要匹配的字符串 td 的开始位置是行头，如可以匹配"td means today"，但是不可以匹配"today shorts for td"。

但如果使用"td&"，则可以匹配后者。

2．元字符

正则表达式里有很多元字符，这些有特殊字符是构成正则表达式的要素，见表 3-8。

表 3-8　常用元字符

代　　码	描　　述	代　　码	描　　述
.	匹配除换行符以外的任意字符	\b	匹配单词的开始或结束
\w	匹配字母或数字或下画线或汉字	^	匹配字符串的开始
\s	匹配任意的空白符	$	匹配字符串的结束
\d	匹配数字	—	—

比如：

```
\bte\w*\b
```

匹配以字母 te 开头的单词，先是从某个单词开始处(\b)，然后匹配字母 te，接着是任意数量字母或数字(\w*)，最后是单词结束处(\b)。该表达式可以匹配"tenserflow""tense123"等。

3. 限定符

如果要匹配电话号码，需要形式如"\d\d\d-\d\d\d\d\d\d\d"这样的正则表达式。其中出现了 11 次"\d"，表达方式烦琐。而且有些地区的电话号码是 8 位数字，区号也有可能是 3 位或者 4 位数字，因此这个正则表达式就失去了作用。但是提供了如"*"这样的符号可以对某个部分多次匹配，这些字符被称为限定符。

常见的限定符见表 3-9。

表3-9　常用限定符

限定符	描　　述	限定符	描　　述
?	匹配前面的字符零次或者一次	{n}	匹配前面的字符 n 次
+	匹配前面的字符一次或多次	{n,}	匹配前面的字符最少 n 次
*	匹配前面的字符零次或多次	{n,m}	匹配前面的字符最少 n 次，最多 m 次

借助限定符可以利用下面的形式表示电话号码。

```
\d{3}-\d{6} |\d{4}-\d{7}
```

4. 字符类

正则表达式查找数字和字母是很简单的，因为已经有了对应这些字符集合的元字符，但是如果要匹配没有预定义元字符的字符集合，只需要在方括号中列出它们就行了。表 3-10 总结了特殊字符的表示方法。

表3-10　特殊字符表示方法

符　　号	描　　述	符　　号	描　　述
[m]	匹配单个字符串	[m-n]	匹配 m 到 n 区间内的数字、字母
[m1m2...n]	匹配多个字符串	[^m]	匹配除 m 之外的数字

比如，[.?!]匹配标点符号（"."".""?""!"）；[0-9]匹配 0～9 的数字和"\d"的含义是一样的。

5. 排除字符

如果想要匹配不符合指定字符串集合的字符串，可以利用正则表达式提供的"^"字符。放在方括号中不再表示行开始的意思，而是表示排除的意思。例如：

```
[^a-zA-Z]
```

表示不是一个字母的字符。

6. 选择字符

如果要选择匹配多个条件，就要使用选择字符"|"来实现。该字符可以理解为"或"，匹配身份证时身份证长度为 15 位或者 18 位。如果为 15 位，则全为数字；如果为 18 位，前17 位为数字，最后一位为校验位，可能为数字也可能为 X。匹配身份证的表达式也可以写成如下方式。

(^\d{15}$)|(^\d{18}$)|(^\d{17}(\d|X|x)$)

该表达式的意思是可以匹配 15 位数字，或者 18 位数字，或者 17 位数字和最后一位。最后一位可以是数字，也可以是 X 或者 x。

7. 转义字符

正则表达式中的转义字符"\"和 Python 中的没有区别，作用都是将特殊的字符变成普通的字符。例如，在正则表达式中"."表示匹配任意的字符，在使用"."时需要使用转义字符"\"。所以 IP 地址的正则表达式就可以用如下方法表示。

[1-9]{1,3}\.[1-9]{1,3}\.[1-9]{1,3}\.[1-9]{1,3}\.

该表达式可以匹配比如"192.168.1.1"格式的 IP 地址。

8. 分组

正则表达式中使用小括号分组，改变限定符的作用范围。比如上面的 IP 地址就可以改写成：

([1-9]{1,3}\.){4}

加上括号之后就变成了对（[1-9]{1,3}\.）重复操作，也即括号里是一个子表达式。

9. 在 Python 中使用正则表达式语法

在 Python 中使用正则表达式时，是将其作为模式字符串使用的。例如将匹配不是字母的一个字符串的正则表达式表示为模式字符串，可以使用下面的方法。

'[^a-zA-Z]'

而如果字符串中包含有转义字符需要将其转义，这样的话会可能包含大量的特殊字符和反斜杠，所以需要使用原生字符串，在模式字符串前面加 r 或者 R。

比如：

'\bm\w*\b'

转义后的结果为：

'\\bm\\w*\\b'

而使用原生字符串后表达为：

r'\bm\w*\b'

为了编写方便，推荐使用正则表达式使用原生字符串。

3.5.11 使用 re 模块实现正则表达式

Python 中的 re 模块支持正则表达式的匹配功能。re 提供了一些根据正则表达式进行查找、替换、分隔字符串的函数。表 3-11 描述了其中一些重要的函数。

re 模块在使用的时候需要先用 import 语句引入，语法格式如下。

```
import re
```

表 3-11 模块 re 中一些重要的函数

函　　数	描　　述
compile(pattern[,flags])	创建包含正则表达式字符串的模式对象
match(pattern, string[, flags])	在字符串开头匹配模式
search(pattern, string[, flags])	在字符串中搜索模式
split(pattern, string[, maxsplit])	根据模式来分割字符串
findall(pattern, string[, flags])	返回一个列表，包含所有与模式匹配的子串
sub(pattern, repl, string[, count])	将字符串中与模式 pat 匹配的子串都换成 repl

这些函数使用一个正则表达式作为第一个参数，re 模块的一些函数都有一个 flags 参数，该参数用于设置匹配的附加选项，如是否忽略大小写、是否支持多行匹配等。表 3-12 列出了 re 模块的规则选项。

表 3-12 re 模块的规则选项

规　　则	描　　述
A 或 ASCII	对\w、\W、\b、\B、\d、\D、\s 和\S 只进行 ASCII 匹配（仅适用于 Python3）
I 或 IGNORECASE	执行不区分字母大小写的匹配
L 或 LOCALE	字符集本地化，用于多语言环境
M 或 MUTILINE	多行匹配，将^和$用于包括整个字符串开始和结尾的每一行
S 或 DOTALL	使用 "." 匹配包括 "\n" 在内的所有字符
X 或 VERBOSE	忽略正则表达式中未转义的空格和注释
U 或 UNICODE	\w、\W、\b、\B、\d、\D、\s 和\S 都将使用 Unicode

compile()方法将用字符串表示的正则表达式转换为模式对象，以提高匹配效率。调用 search、match 等方法时，如果提供的是用字符串表示的正则表达式，都必须在内部将它们转换为模式对象。通过使用函数 compile 对正则表达式进行转换后，每次使用它时都无需再进行转换。

这样就可以将那些经常使用的正则表达式编译成正则表达式对象，可以提高一定的效率。如：一句话包含 5 个英文单词，长度不一定，用空格分割，请把 5 个单词匹配出来。

```
>>> s = "this   is    a python test"
```

```
>>> p = re.compile('\w+') #编译正则表达式，获得其对象
>>> res = p.findall(s)
>>> print(res)
['this', 'is', 'a', 'python', 'test']
```

模式对象也有搜索/匹配方法，因此 re.search(pat, string)（其中 pat 是一个使用字符串表示的正则表达式）等价于 pat.search(string)（其中 pat 是使用 compile 创建的模式对象）。编译后的正则表达式对象也可用于模块 re 中的普通函数中。

1. 匹配字符串

匹配字符串可以使用 re 模块中提供的 match()、search() 和 findall() 方法。

（1）使用 match() 方法进行匹配

match() 方法用于从字符串的开始处匹配，如果在起始位置匹配成功，则返回 Match 对象。否则返回 None。其语法格式如下。

```
re.match(pattern,string, [flags])
```

使用方法如下。

● pattern：表示匹配的正则表达式。

● string：要匹配的字符串。

● flags：标志位，用于控制正则表达式的匹配方式。如是否区分大小写、是否多行匹配等。

例如，匹配字符串是否以"bupt_"开头，不区分大小写字母，如代码清单 3-10 所示。

代码清单 3-10　匹配字符串示例 1

```
1    import re
2    pattern = r'bupt_\w+'                        #模式字符串
3    string1 = 'BUPT_CS bupt_cs'                  #要匹配的字符串
4    match1 = re.match(pattern, string1, re.I)    #匹配的字符串，不区分大小写
5    if match1 is not None:                       #匹配成功
6        print(match1.group())                   #获取给定模式（编组）匹配的子串
7    else:                                        #匹配失败#
8        print(match1)输出值为 None
9
10   string2 = '课程名称 BUPT_CS bupt_cs'
11   match2 = re.match(pattern, string2, re.I)
12   if match2 is not None:
13       print(match2.group())
14   else:
15       print(match2)
```

运行结果：

```
BUPT_CS
None
```

从上面的执行结果来看，字符串"BUPT_CS"以"bupt_"开头，将返回一个 Match 对象，而字符串"课程名称 BUPT_CS bupt_cs"没有以"bupt_"开头，将返回 None。这是因为 match()方法从字符串的开始位置开始匹配，当第一个字母不符合条件时，则不再进行匹配，直接返回 None。

在模块 re 中，查找与模式匹配的子串的函数都在找到时返回 MatchObject 对象。这种对象包含与模式匹配的子串的信息，还包含模式的那部分与子串的那部分匹配的信息。这些子串部分被称为编组。

编组就是放在圆括号内的子模式，它们是根据左边的括号数编号的，其中编组 0 指的是整个模式。因此，在下面的模式中：

> 'Always (be (prepared) and (diligent)). Then you will (always be happy).'

包含下面的编组：

0　　Always be prepared and diligent. Then you will always be happy.
1　　be prepared and diligent
2　　prepared
3　　diligent
4　　always be happy

通常，编组包含诸如通配符和重复运算符等特殊字符，因此你可能想知道与给定编组匹配的内容。表 3-13 概括了 re 匹配对象的一些重要方法。

表 3-13　描述了 re 匹配对象的一些重要方法

方　　法	描　　述
group([group1, …])	获取与给定子模式（编组）匹配的子串
start([group])	返回与给定编组匹配的子串的起始位置
end([group])	返回与给定编组匹配的子串的终止位置（与切片一样，不包括终止位置）
span([group])	返回与给定编组匹配的子串的起始位置和终止位置

group()返回与模式中给定编组匹配的子串。如果没有指定编组号，则默认为 0。如果只指定了一个编组号（或使用默认值 0），将只返回一个字符串；否则返回一个元组，其中包含与给定编组匹配的子串。

start()方法返回与给定编组（默认为 0，即整个模式）匹配的子串的起始索引。

end()方法类似于 start，但返回终止索引加 1。

span()方法返回一个元组，其中包含与给定编组（默认为 0，即整个模式）匹配的子串的起始索引和终止索引。

代码清单 3-11 说明了方法的工作原理。

代码清单 3-11　匹配字符串示例 2

```
1    import re
2    pattern = r'bupt_\w+'
```

```
3    string = 'BUPT_CS bupt_cs'
4    match = re.match(pattern, string, re.I)
5    print('匹配值的起始位置：',match.start())
6    print('匹配值的结束位置：',match.end())
7    print('匹配值的元组：',match.span())
8    print('匹配值的字符串：',match.string)
9    print('匹配数据：',match.group())
```

运行结果：

```
匹配值的起始位置：0
匹配值的结束位置：7
匹配值的元组：(0, 7)
匹配值的字符串：BUPT_CS bupt_cs
匹配数据：BUPT_CS
```

（2）使用 search()方法进行匹配

search()方法在给定字符串中查找一个预指定正则表达式匹配的子串。如果找到这样的子串，将返回 MathObject（结果为真），否则返回 None（结果为假）。search()方法的语法格式如下。

```
re.search(pattern, string, [flags])
```

使用方法如下。

● pattern：表示匹配的正则表达式。

● string：要匹配的字符串。

● flags：标志位，用于控制正则表达式的匹配方式。如是否区分大小写、是否多行匹配等。

代码清单 3-12 给出了搜索字符串的示例。

代码清单 3-12　搜索字符串示例

```
1     import re
2
3     pattern = r'bupt_'
4     string1 = 'BUPT_CS bupt_cs'
5     match1 = re.search(pattern, string1, re.I)
6     print(match1)
7
8     string2 = '课程名称 BUPT_CS bupt_cs'
9     match2 = re.search(pattern, string2, re.I)
10    print(match2)
```

运行结果：

```
<_sre.SRE_Match object; span=(0, 5), match='BUPT_'>
<_sre.SRE_Match object; span=(4, 9), match='BUPT_'>
```

从上面的运行结果可以看到，search()方法不仅是在字符串的起始位置搜索，其他位置有符合的匹配也可以进行搜索。

鉴于回值的这种特征，可以在条件语句中使用这个函数，如下所示。

```
if re.search(pat, string):
    print('查找成功！')
```

（3）使用 findall()方法进行匹配

find()方法用于整个字符串中搜索所有符合正则表达式的字符串，并以列表的形式返回。如果匹配成功，则返回包含匹配结构的列表，否则返回空列表。findall()语法的格式如下。

```
re.findall(pattern, string, [flags])
```

使用方法如下。

- pattern：表示匹配的正则表达式。
- string：要匹配的字符串。
- flags：标志位，用于控制正则表达式的匹配方式。如是否区分大小写、是否多行匹配等。

代码清单 3-13　全局搜索子字符串

```
1    import re
2
3    pattern = r'bupt_\w+'
4    string1 = 'BUPT_CS bupt_cs'
5    match1 = re.findall(pattern, string1, re.I)
6    print(match1)
7
8    string2 = '课程名称 BUPT_CS bupt_cs'
9    match2 = re.findall(pattern, string2)
```

运行结果：

```
['BUPT_CS', 'bupt_cs']
['bupt_cs']
```

从代码清单 3-13 中可以看出，findall()方法返回一个列表，其中包含所有给定模式匹配的子串。例如要找出字符串包含的所有单词，可以进行如下操作。

```
>>> pat = '[a-zA-ZA-Z]+'
>>> text = '"Degree comfirmation is the most important moment \
        for graduating students.", the president said'
>>> re.findall(pat, text)
['Degree', 'comfirmation', 'is', 'the', 'most', 'important', 'moment', 'for', 'graduating', 'students', 'the', 'president', 'said']
```

要查找所有的标点符号，可以进行如下操作。

```
>>> pat = r'[.?\-",]+'
>>> re.findall(pat, text)
['"', '.', ';']
```

2. 替换字符串

前面介绍了 replaze()方法实现字符串的替换，同时可以使用 re 模块提供的 sub()方法用于实现字符串替换，语法格式如下。

```
re.sub(pattern,repl, string, count, flags)
```

使用方法如下。

- pattern：表示匹配的正则表达式。
- repel：表示替换的字符串。
- string：表示要被查找替换的原始字符串。
- count：可选参数，表示模式匹配后替换的最大次数，默认值为 0，表示替换所有的匹配。
- flags：可选参数，表示标志位，用于控制匹配方式，如是否区分大小写。

代码清单 3-14　替换子字符串

```
1    import re
2
3    s = 'Hello World!'
4    print(re.sub('Hello', 'hi', s))
5    print(re.sub('Hello', 'hi', s[-5:]))
6    print(re.sub('Hello', 'hi', s))
7    print(re.sub('World', 'China', s[-6:]))
```

运行结果：

```
hi World!
orld!
hi World!
China!
```

在代码清单 3-14 中，第 5 行代码在分片 s[-5:]范围内替换"Hello"，即在字符串"orld!"中替换"Hello"。由于没有找到匹配的子串，所以 sub()返回 s[-4:]。输出结果为"orld!"。第 6 行代码在分片 s[-6:]范围内替换"World"，即把字符串"World!"替换为"China!"。

sub()方法先创建变量 s 的复制，然后在复制中替换字符串，并不会改变变量 s 的内容。例如，下面的例子，将代码后的注释信息去掉。

```
>>> re.sub('#.*$',", 'num = 0 #a number')
```

```
'num = 0 '
```

下面的代码将手机号后 4 位替换成 0。

```
>>> re.sub('\d{4}$','0000','15312345678')
'15312340000'
```

3. 分割字符串

split()方法用于实现根据正则表达式分割字符串，并以列表形式返回。其作用同字符串对象的 split()方法类似，所不同的是分割字符串由模式字符串指定。split()方法的语法格式如下。

```
re,split(pattern, string, [maxsplit], [flags])
```

使用方法如下。

- pattern：表示匹配的正则表达式。
- repel：表示替换的字符串。
- string：表示要被查找替换的原始字符串。
- maxsplit：可选参数，表示最大的拆分次数。
- flags：可选参数，表示标志位，用于控制匹配方式，如是否区分大小写。

例如，使用字符串方法 split()时，可以以字符串","为分隔符来分割字符串，但使用 re.split()时，可以以逗号和空格作为分隔符来分割字符串。

```
>>> import re
>>> text = 'think, carefully,,,before     you act'
>>> list = re.split('[, ]+', text)
>>> print(" ".join(list))
think carefully before you act
```

这个例子可以看出，返回值为子串列表。参数 maxsplit 指定最多分割多少次。

```
>>> text = 'think, carefully,,,before     you act'
>>> re.split('[, ]+', text, maxsplit=2)
['think', 'carefully', 'before     you act']
```

3.6 列表和元组

本节继续介绍 Python 内置对象——列表和元组。在 Python 中序列是最基本的数据结构，它是一块用于存放多个值的连续内存空间[4]。本节首先对序列进行概述，然后介绍一些适用于所有序列（包括列表和元组）的操作。在讨论这些基本知识后，将着手介绍 Python 中最具灵活性的有序集合对象类型——列表，然后讨论跟列表类似的数据结构——元组。最后通过具体的例子阐述列表、元组和序列之间的关系，描述了列表和元组的区别。

内置数据结构是 Python 语言的精华，合理使用数据结构才能写出优秀的代码[5]。列表和元组都是其他对象的集合，在一些场景中能条理清晰地存储和组织数据。

3.6.1 通用序列操作

有几种操作适用于所有序列，包括索引、切片、相加、相乘和成员资格检查。Python
还提供了一些内置函数，用于确定序列的长度以及找出序列中最大和最小元素。

1. 索引

图 3-5 可见序列的正数索引的使用方法，可使用索引来获取元素，序列中的所有元素
都有编号（从 0 开始递增），这种索引方式适用于所有序列。使用负数索引时，Python 将从
右（即从最后一个元素）开始往左数，因此-1 是最后一个元素的位置。图 3-6 可见序列的
负数索引使用方法。

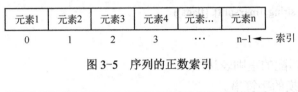

图 3-5　序列的正数索引

图 3-6　序列的负数索引

如果函数调用返回一个序列，可直接对其执行索引操作。例如，如果你只想获取用户
输入的年份的第 4 位，可进行如下操作。

```
>>> fourth = input('Year:')[3]
Year:2018
>>> fourth
'8'
```

2. 切片

切片是访问序列元素的另一种方法。切片可以访问一定范围内的元素，使用两个索
引，并用冒号分隔，生成一个新的序列。

```
>>> a_list = ['a', 'b', 'program', 'l', 'example']
>>> a_list
['a', 'b', 'program', 'l', 'example']
>>> a_list[1: 3]
['b', 'program']
>>> a_list[1:-1]
['b', 'program', 'l']
```

切片操作的语法格式如下。

```
sequence[start: end: step]
```

使用方法如下。

- start：表示切片的开始位置，包含该位置，如果不指定默认为 0。
- end：表示切片的截止位置，不包含该位置，如果不指定默认为序列的长度。
- step：表示切片的步长，如果省略，默认为 1，省略步长时冒号也可以同时省略。

📖 提示　如果同时省略 start 和 end 两个参数，只保留冒号，可以复制整个序列。

3. 序列相加

可使用加法运算符来拼接序列。

```
>>> [1, 2, 3] + [4, 5, 6]
[1, 2, 3, 4, 5, 6]
>>> 'Hello,' + 'world!'
'Hello, world!'
>>> [1, 2, 3] + 'world!'
TypeError: can only concatenate list (not "string") to list
```

从错误消息可知，不能拼接列表和字符串，虽然它们都是序列。一般而言，不能拼接不同类型的序列。

4. 序列乘法

将序列与数 x 相乘时，将重复这个序列 x 次来创建一个新序列。

```
>>> 'python' * 5
'pythonpythonpythonpythonpython'
>>> [42] * 10
[42, 42, 42, 42, 42, 42, 42, 42, 42, 42]
```

5. 成员资格

要检查特定的值是否包含在序列中，可使用运算符 in。这个运算符与前面讨论的运算符（如乘法或加法运算符）稍有不同。它检查是否满足指定的条件，并返回相应的值：满足时返回 True，不满足时返回 False。这样的运算符称为布尔运算符，而前述真值称为布尔值。

下面是一些 in 运算符的使用示例。

```
>>> greeting = "hello, world!"
>>> 'w' in greeting
True
>>> 'w' not in greeting
False
>>> 1 in [1,2,3]
True
>>> 2 not in (2,3,4)
False
```

6. 列表长度、最大值和最小值

内置函数 len、min 和 max 很有用，其中函数 len 返回序列包含的元素个数，而 min 和

max 分别返回序列中最小和最大的元素。

```
>>> numbers = [100, 34, 678]
>>> len(numbers)
3
>>> max(numbers)
678
>>> min(numbers)
34
>>> max(2, 3)
3
>>> min(9, 3, 2, 5)
2
```

基于前面的解释，这些代码应该很容易理解，但最后两个表达式可能例外。在这两个表达式中，调用 max 和 min 时指定的实参并不是序列，而直接将数作为实参。

除了上面介绍的 3 个内置函数之外，Python 还提供了表 3-14 所示的内置函数。

表 3-14　Python 提供的内置函数及其描述

函　　数	描　　述	函　　数	描　　述
list()	将序列转换成列表	sorted()	对元素进行排序
str()	将序列转换成字符串	reversed()	将序列中的元素反转
sum()	计算元素的和	enumerated()	将序列组合成一个索引数列

3.6.2　列表

列表是一个任意类型的对象的位置相关的有序集合，它没有固定的大小。像字符串类型一样，列表类型也是序列式的数据类型，可以通过下标或者切片操作访问某一个或者某一连续的元素。

然而，相同点仅如此，字符串使之能由字符组成，而且是不可变的，而列表则是能保留任意数目的 Python 对象的灵活容器。与字符串不同的是，列表可以包含任何种类的对象：数字、字符串甚至其他列表。同样，与字符串不同，列表是可变对象，支持在原处修改的操作，可以通过指定的偏移值和分片、列表方法调用、删除语句等方法来实现。

列表不仅可以包含 Python 的标准数据类型，而且还可以用用户自定义的对象作为自己的元素。列表可以包含不同类型的对象，而且要比 C 或者 Python 自己的数组类型（包含在 array 扩展包中）都要灵活，因为数组类型所有的元素只能是一种类型。列表可以添加或者删除元素，还可以跟其他的列表结合或者拆分成若干个。

1．列表的创建和删除

列表的创建非常轻松，使用中括号包裹一系列以逗号分隔的值即可。

（1）使用赋值运算符直接创建列表

使用赋值操作符"="直接将一个列表赋值给变量。例如下面这些合法的列表。

```
listVar1 = [1,2,3,4,5]
```

```
listVar2 = ["欢迎", "来学习", "Python", 2, 8, 16]
listVar3 = [1,2,3,[4,5,6]]
```

在使用列表时，可以将不同数据放到同一个列表当中，个数没有限制，只要是 Python 支持的数据类型就可以。

在 Python 中，可以使用 list()函数直接将 range()函数循环出来的结果直接转换成列表。

```
>>> list(range(1, 10, 2))
[1, 3, 5, 7, 9]
```

（2）创建空列表

创建空列表的方法很简单，可以直接使用中括号[ ]，例如下面的代码。

```
>>> emptyList = []
>>> emptyList
[]
```

2. 访问列表元素

列表的切片操作和前面字符串中相同，切片操作符[]配合索引值或索引范围值一起使用。

```
>>> aList = [123, 'abc', 4.56, ['inner', 'list'], 1+2j]
>>> aList[0]
123
>>> aList[2:4]
[4.56, ['inner', 'list']]
>>> aList[3:]
[['inner', 'list'], (1+2j)]
>>> aList[3][0]
'inner'
```

3. 遍历列表

鉴于迭代（也就是遍历）特定范围内的数是一种常见的任务，在遍历的过程中可以完成查询、处理等功能。下面介绍在 Python 中两种常用的方法。

（1）直接使用 for 循环

直接使用 for 循环遍历列表，只能输出元素的值，语法格式如下。

```
foriter_var innameList:
sen_to_repeat
```

每次循环，iter_var 迭代变量在 sen_to_repeat 语句块使用。这种方法没有迭代元素，而是通过列表的索引迭代。

可以使用下面的 for 语句。

```
1    words = ['this', 'is', 'a', 'simple', 'test']
2    for word in words:
3        print(word)
```

或者

```
1   numbers = [0, 1, 2, 3, 4, 5, 6, 7, 8, 9]
2   for number in numbers:
3       print(number, end = ' ')
```

（2）使用 for 循环和 enumerate()函数

使用 for 循环和 enumerate()函数可以实现同时迭代项和索引，是一个两全其美的方法。

```
for index, item in enumerate(nameList):
    sen_to_repeat
```

这个函数让你能够迭代索引值对，其中索引值是自动提供的。例如：

```
1   nameList = ['小明', '小红', '小华', '大壮', '老白']
2   for idx, item in enumerate(nameList):
3       print("%d 欢迎你，%s!"%(idx+1, item))
```

上面的代码输出结果如下。

```
1   欢迎你，小明!
2   欢迎你，小红!
3   欢迎你，小华!
4   欢迎你，大壮!
5   欢迎你，老白!
```

4. 添加、修改和删除列表元素

添加、修改和删除列表元素也称为更新列表。

（1）添加元素

有 4 种方法可用于向列表中添加元素。

```
>>> a_list = ['a']
```

通过“+”运算符连接列表创建一个新列表。列表可包含任何数量的元素，没有大小限制（除了可用内存的限制）。列表可包含任何数据类型的元素，单个列表中的元素无须全为同一类型。下面的列表中包含一个字符串、一个浮点数和一个整数。

```
>>> a_list = a_list + [2.0, 3]        #方法 1
>>> a_list
['a', 2.0, 3]
```

append()方法向列表的尾部添加一个新的元素（现在列表中有 4 种不同数据类型）。

```
>>> a_list.append(True)               #方法 2
>>> a_list
['a', 2.0, 3, True]
```

96

列表是以类的形式实现的。"创建"列表实际上是将一个类实例化。因此，列表有多种方法可以操作。extend() 方法只接受一个列表作为参数，并将该参数的每个元素都添加到原有的列表中。

```
>>> a_list.extend(['four', '#'])        #方法 3
>>> a_list
['a', 2.0, 3, True, 'four', '#']
```

insert()方法将单个元素插入到列表中。第一个参数是列表中将被顶离原位的第一个元素的位置索引。列表中的元素并不一定要是唯一的，比如说：现有两个各自独立的元素，其值均为"#"，第一个元素 a_list[0] 以及最后一个元素 a_list[6] 。

```
>>> a_list.insert(0, '#')               #方法 4
>>> a_list
['#', 'a', 2.0, 3, True, 'four', '#']
```

（2）修改元素

修改列表很容易，只需使用普通赋值语句即可，但不是使用类似于 x=2 这样的赋值语句，而是使用索引表示法给特定位置的元素赋值，如 x[1]=2。

```
>>> x = [1, 1, 1]
>>> x[1] = 3
>>> x
[1, 3, 1]
```

（3）删除元素

列表永远不会有缝隙。列表可以自动拓展或者收缩。已经介绍了拓展部分，也有几种方法可从列表中删除元素。删除元素主要有两种情况，一种是根据索引删除，另一种是根据元素值删除。

可使用 del 语句从列表中删除某个特定元素。

```
>>> a_list = ['a', 'b', 'new', 'world']
>>> a_list[1]
'b'
>>> del a_list[1]
>>> a_list[1]
'new'
```

删除索引 1 之后再访问索引 1 将不会导致错误。被删除元素之后的所有元素将移动它们的位置以"填补"被删除元素所产生的"缝隙"。

如果想要删除一个不确定其位置的元素，可以通过值而不是索引删除元素。

```
>>> a_list
['a', 'new', 'world']
>>> a_list.remove('new')
```

```
>>> a_list
['a', 'world']
```

remove()方法接受一个 value 参数，并删除列表中第一次出现的该值。同样，被删除元素之后的所有元素会将索引位置下移，以"填补缝隙"。列表永远不会有"缝隙"。如果试图删除列表中不存在的元素，将引发一个例外。

5. 列表的查找、排序、反转

前面已经提到，list 列表可以进行添加、删除操作，此外 list 列表还提供了查找元素的方法。List 列表的查找提供了两种方式，一种是使用 index()方法返回元素在列表中首次出现的位置，另一种是使用关键字"in"来判断元素是否在列表当中。

```
>>> list = ["banana", "apple", "grape", "orange"]
>>> list.index("grape")
2
>>> "orange" in list
True
```

列表对象还提供了 sort()方法对原列表中的元素进行排序。排序后原列表中的元素顺序将发生改变。列表对象的 sort()方法的语法格式如下。

```
listname.sort(key=None, reverse=False)
```

使用方法如下。

- key：表示指定从每个元素中提取一个用于比较的键（例如，设置"key=str.lower"表示在排序时不区分字母大小写）。
- reeverse：可选参数，如果指定为 True，则表示降序排序；默认为升序排序。

```
>>> list = ["banana", "apple", "grape", "orange"]
>>> list.sort()
>>> list
['apple', 'banana', 'grape', 'orange']
>>> list.reverse()
>>> list
['orange', 'grape', 'banana', 'apple']
```

6. 列表推导式

如前所述，Python 内置函数 ord 会返回一个单字符的 ASCII 整数编码。

```
>>> ord('s')
115
```

现在，我们希望收集整个字符串中的所有字符的 ASCII 编码，可以进行如下操作。

```
>>> res = [ord(x) for x in 'spam']
>>> res
[115, 112, 97, 109]
```

列表推导在一个序列的值上引用一个任意表达式，将其结果收集到一个新的列表中并返回。从语法上说，列表推导（也叫列表解析）是由中括号封装起来的（为了提醒你它构造了一个列表）。它的简单形式是在方括号中编写一个表达式，其中的变量，在后面跟随着的看起来就像一个 for 循环的头部一样的语句，有着相同变量名的变量。Python 之后将这个表达式的应用循环中每次迭代的结果收集起来，语法格式如下。

```
newlist = [expression for var in list if condition]
```

使用方法如下。

- newlist：表示生成的新的列表名称。
- expression：用于计算新列表元素的表达式。
- var：变量名，为后面列表中对应的变量。
- list：用于生成新列表的原列表。
- condition：条件表达式用于筛选元素。

```
>>> [x**2 for x in range(10) if x % 2 == 0]
[0, 4, 16, 36, 64]
```

这样收集了 0~9 的偶数的平方。若在右边的 if 中得到的是假的话，for 循环就会跳过这些数字，并且用左边的表达式计算值。

7. 二维列表的使用

二维列表是将其他列表作为它的元素的列表。可以将二维列表理解为一个由行组成的列表。而每一行又是一个由值组成的列表。二维列表的每一行可以使用下标访问，为了方便称为行下标。每一行的值可以通过另一个下标访问，称为列下标。一个命名为 matrix 的二维列表如图 3-7 所示。

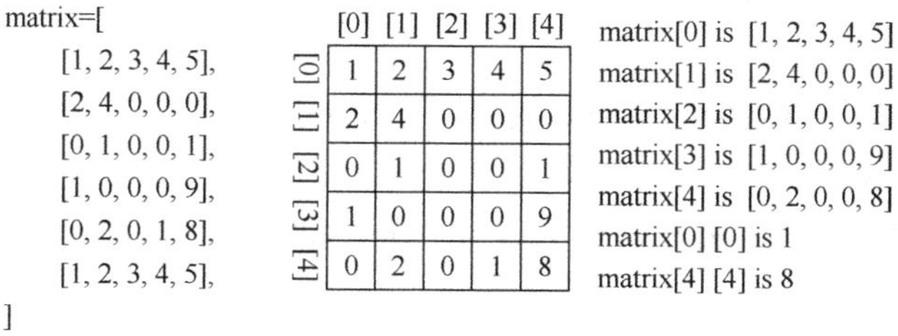

图 3-7　二维列表中的值可以通过行下标和列下标来访问

矩阵中的每个值都可以用 matrxi[i][j]来访问，这里 i 和 j 分别是行下标和列下标。下面列举出两种常用的列表创建的方法。

（1）使用嵌套 for 循环创建

创建二维列表可以直接定义，也可以直接使用嵌套的 for 循环来实现。例如创建一个 3 行 4 列的二维列表，可以用下面的代码。

```
1    matrix = []
2    for i in range(3):
3        matrix.append([])
```

```
4    for j in range(4):
5        matrix[i].append(j)
```

在代码执行后输出以下二维列表。

```
[[0, 1, 2, 3], [0, 1, 2, 3], [0, 1, 2, 3]]
```

（2）使用列表推导式创建

使用列表推导式创建二维列表的方法比较简洁，例如下面的代码。

```
matrix = [[j for j in range(4)] for i in range(3)]
```

上述代码以 for 循环中的代码创建了一个二维列表。

一个多维列表的每个元素是其他列表的列表。具体来说，一个三维列表是由二维列表组成的列表，而一个二维列表是由一维列表组成的列表。一维列表可以用来存储线性的元素集合，二维列表可以用来存储二维数据，例如矩阵或表格。

3.6.3　元组

元组对象（Tuple）基本上就像一个不可改变的列表。

与列表一样，元组也是序列，元组的元素都有确定的顺序，元组的索引也是以零为基点的。两者看似不同的一点是元组用的是圆括号而列表是方括号，唯一的差别在于元组是不能修改的（字符串也是不能修改的）。

元组类型在很多操作上都跟列表一样，许多列表上的例子在元组上同样适用。元组的大部分执行操作在介绍字符串和列表的时候我们就已经学过了。元组由简单的对象构成，通常情况下，元组用于保存程序中不可修改的内容。所以那些用于更新列表的操作，比如用切片操作来更新一部分元素的操作，对元组来说就不适用。

1．元组的创建与删除

在 Python 中提供了多种创建元组的方法，下面分别介绍。

（1）赋值操作符创建

元组的语法很简单，只要将一些值用逗号分隔，就能自动创建一个元组。

```
>>> 1, 2, 3
(1, 2, 3)
```

但通常的做法是用圆括号包括起来。

```
>>> (1, 2, 3)
(1, 2, 3)
```

与其他类型的变量一样，创建元组时，也使用赋值操作符 "=" 直接将一个元组赋值给变量，语法格式如下。

```
tuplename=(item1, item2, item3, …, itemn)
```

创建一个元组并给它赋值实际上跟创建一个列表并给它赋值完全一样，除了一点，只有一个元素的元组需要在元组分隔符里面加一个逗号"，"以防止跟普通的分组操作符混淆。

```
>>> (42)
42
>>> (42,)
(42,)
```

这两个示例中第一个根本没有创建元组。因此逗号至关重要，仅将值用圆括号括起来不可用。元组用两个不包含任何内容的圆括号表示。

```
>>> ()
0
```

📖 提示　空元组可以应用在为一个函数传递一个控制或返回空值时。例如，定义一个函数必须传递一个元组类型的值，而我们想为它传递一组数据，那么就可以创建一个空元组传递给它。

对于已经创建的元组不再使用时，可以使用 del 语句将其删除。

```
delaTuple
```

但是大多时候，我们不需要显式地用 del 删除一个对象，一出它的作用域它就会被析构，Python 编程里面用到显式删除元组的情况非常少。

（2）创建数值元组

Python 提供了 tuple()函数可以将 range()函数循环出来的结果转换成数值元组。

```
>>> tuple(range(1, 10, 2))
(1, 3, 5, 7, 9)
```

元组可转换成列表，反之亦然。内建的 tuple()函数接受一个列表参数，并返回一个包含同样元素的元组，而 list()函数接受一个元组参数并返回一个列表。从效果上看，tuple()冻结列表，而 list()融化元组。

2．访问元组元素

元组的切片操作跟列表一样，用方括号作为切片操作符，里面写上索引或者索引范围。

```
>>> aTuple = (123, 'abc', 4.56, ['inner', 'tuple'], 1-2j)
>>> aTuple[1:4]
('abc', 4.56, ['inner', 'tuple'])
>>> aTuple[:3]
(123, 'abc', 4.56)
>>> aTuple[3][1]
'tuple'
```

3. 修改元组元素

跟数字和字符串一样，元组也是不可变类型，就是说不能更新或者改变元组的元素。无法向元组添加元素，元组没有 append() 或 extend() 方法。不能从元组中删除元素，元组没有 remove() 或 pop() 方法。

```
>>> aTuple.append("new")
AttributeError: 'tuple' object has no attribute 'append'
>>> aTuple.remove(123)
AttributeError: 'tuple' object has no attribute 'remove'
```

但是我们可以对元组进行重新赋值。例如，下面的代码是允许的。

```
>>> aTuple = aTuple[0], aTuple[1], aTuple[-1]
>>> aTuple
(123, 'abc', (1-2j))
```

另外，还可以对元组进行连接组合。

```
>>> tup1 = (12, 34, 56)
>>> tup2 = ('abc', 'efg')
>>> tup3 = tup1 + tup2
>>> tup3
(12, 34, 56, 'abc', 'efg')
```

📖 **注意** 在元组连接时，连接的内容必须都是元组，不能将元组和字符串或者列表进行连接。如果要连接的元组只有一个元素时，一定不要忘了后面的逗号。

4. 元组推导式

使用元组推导式可以快速生成一个元组，它的表现形式和列表推导式类似，只是将列表推导式中的 "[]" 修改为 "()"。例如，我们可以使用下面的代码生成一个包含 10 个随机数的元组。

```
>>> rndNumber = (random.randint(10, 100) for i in range(10))
>>> print("生成的随机数：", rndNumber)
生成的随机数： <generator object <genexpr> at 0x000001DB025690A0>
```

从上面的执行结果来看，元组推导式生成的结果并不是元组，而是一个生成器对象。要使用该生成器对象可以将其转换成元组或者列表。其中，转换成元组使用 tuple() 函数，而转换成列表使用 list() 函数。

```
>>> print("转换后：", tuple(rndNumber))
转换后： (38, 71, 85, 61, 58, 38, 77, 22, 100, 53)
```

代码清单 3-15 元组示例程序

```
1    tuple1 = ("green", "red", "blue")              # 用字符串创建元组
```

```
2    print(tuple1)
3    tuple2 = tuple([7, 1, 2, 23, 4, 5])              # 从列表创建元组
4    print(tuple2)
5    print("length is", len(tuple2))                  # 使用 len()方法
6    print("max is", max(tuple2))                     # 使用 max()方法
7    print("min is", min(tuple2))                     # 使用 min()方法
8    print("sum is", sum(tuple2))                     # 使用 sum()方法
9    print("The first element is", tuple2[0])         # 使用索引
10
11   tuple3 = tuple1 + tuple2                          # 连接两个元组
12   print(tuple3)
13   tuple3 = 2 * tuple1                               # 使用*操作符
14   print(tuple3)
15
16   print(tuple2[2 : 4])                             # 切片运算符
17   print(tuple1[-1])
18   print(2 in tuple2)                               # in 运算符
19
20   for v in tuple1:
21       print(v, end = " ")
22   print()
23
24   list1 = list(tuple2)                             # 从元组获取列表
25   list1.sort()
26   tuple4 = tuple(list1)
27   tuple5 = tuple(list1)
28   print(tuple4)
29   print(tuple4 == tuple5)                          # 比较两个元组是否相等
```

运行结果:

```
('green', 'red', 'blue')
(7, 1, 2, 23, 4, 5)
length is 6
max is 23
min is 1
sum is 42
The first element is 7
('green', 'red', 'blue', 7, 1, 2, 23, 4, 5)
('green', 'red', 'blue', 'green', 'red', 'blue')
(2, 23)
blue
True
green red blue
(1, 2, 4, 5, 7, 23)
True
```

在代码清单 3-15 中，程序利用字符串创建元组 tuple1，利用列表创建元组 tuple2。对 tuple2 使用了 len、max、min 和 sum 函数，可以使用下标运算符访问元组中的一个元素，+ 运算符被用来合并两个元组，*运算符被用来赋值一个元组，而切片运算符用来截取元组的一部分。可以使用 in 运算符来判断某个指定元素是否在一个元组中，使用 for 循环遍历一个元组中的元素。

程序创建了一个列表，对这个列表进行排序，然后从这个列表创建了两个元组，使用比较操作符==对元组进行比较。

📖 说明　元组的元素固定，是指不能给一个元组添加、删除和替换元素以及打乱元组中的元素。因此重新分配一个新元组给变量 tuple3 是不会报错的。

3.6.4　列表与元组的区别

元组和列表都属于序列，而且它们都可以按照特定顺序存放一组元素，类型又不受限制。一个经常被问到的问题是，"为什么我们要区分元组和列表变量？"这个问题也可以被表述为"我们真的需要两个相似的序列类型吗？"，那么它们之间有什么区别呢？

列表和元组的区别主要体现在以下几个方面。

● 列表属于可变序列，它的元素可以随时修改或者删除；元组属于不可变序列，其中的元素不可修改，除非整体替换。

● 列表可以使用 append()、extend()、insert()、remove()和 pop()等方法实现添加和修改列表，而元组没有这些属性方法，所以不能向元组中添加、修改和删除元素。

● 列表可以使用切片访问和修改列表中的元素。元组也支持切片，但是它只能通过切片访问元组中的元素，不支持修改。

● 元组比列表的访问和处理速度快，所以当只是需要对其中的元素进行访问，而不进行任何修改时，建议使用元组。

● 列表不能作为字典的键，而元组可以。

那么，为什么我们要使用一种类似列表这样的类型，尽管它支持的操作很少？列表和元组的主要不同在于，列表是可以修改的，而元组是不可变更的。坦白地说，元组在实际中往往并不像列表这样常用，因为它的关键是不可变性。如果在程序中以列表的形式传递一个对象的集合，它可能在任何地方改变；如果使用元组的话，则禁止修改该序列。也就是说，元组提供了一种完整性的约束，这对于我们这里所编写的更大型的程序来说是方便的。

3.7　集合

本节将介绍一个无序存储容器——集合。如果不关心元素的顺序，集合存储和访问元素的效率更高。不同于列表，集合中的元素是不重复且不是按任何特定顺序放置的。

集合有两种不同的类型，可变集合（Set）和不可变集合（Frozenset）。可变集合可以添加和删除元素，对不可变集合则不允许这么做。本节所要介绍的可变集合是无序可变序列，而不可变集合在本书中不做介绍。集合最常用的操作就是创建集合，以及集合的添加、删除、交集和差集等运算，本节将介绍如何使用集合。

3.7.1 集合的创建

可以通过将元素用一对花括号{}括起来以创建一个元素集合。集合中的元素用逗号分隔。可以创建一个空集，或者从列表和一个元组创建一个集合，如下面的例子所示。

```
s1 = set()                          #创建空集
s2 = {2, 4, 6}                      #创建数值结合
s3 = set((1, 3, 5))                 #从元组创建集合
s4 = set([x * 2 for x in range(1, 10)])   #从列表创建集合
```

同样的，可以通过使用 list(set)或 tuple(set)从集合创建一个列表或元组。

也可以从一个字符串创建一个集合。字符串中的每一个字符就成为集合中的元素。例如：

```
s5 = set("abca")    # s5 为 {'b', 'a', 'c'}
```

一个集合可以包含类型相同或不同的元素。例如：

```
s = {1, 2, 3, "one", "two", "three"}
```

上面的集合同时包含数字和字符串。集合中的每个元素必须是散列的（Hashable）。Python 中的每一个对象都有一个散列值，而且如果在对象的生命周期里，对象的散列值从未改变，那么这个对象是散列的。目前所介绍的所有类型对象除了列表之外都是散列的。

> 📖 注意 集合可以容纳数值、字符串、元组和布尔变量。但是，集合不可以容纳列表或者其他集合。

3.7.2 集合的添加和删除

集合是可变序列，所以在创建集合后，还可以对其添加或者删除元素。

向集合添加元素可以使用 add()方法实现，语法格式如下。

```
setName.add(element)
```

要添加的元素内容，只能使用字符串、数字及布尔类型的 True 和 False 等，不能使用列表、元组等可迭代对象。

```
>>> s1 = {1, 2, 3}
>>> s1.add(9)
>>> s1
{1, 2, 3, 9}
```

在 Python 中，可以使用 del 命令删除整个集合，也可以使用集合的 pop()方法或者remove()方法删除一个元素，或者使用集合对象的 clear()方法清空集合，即删除所有的元素。

```
>>> s1.remove(3)
```

```
>>> s1
{1, 2, 9}
```

📖 注意 如果删除一个集合中不存在的元素，remove()方法将抛出一个 KeyError 异常。

3.7.3 集合推导

和列表一样，集合也可以使用推导来创建。例如：

```
>>> {i ** 2 for i in range(1, 5)}
{16, 1, 4, 9}
```

3.7.4 集合运算

Python 提供了求并集、交集和差集的运算方法。

两个集合的并集是一个包含这两个集合所有元素的集合。可以使用 union 方法或者 "|" 运算符来实现这个操作。例如：

```
>>> s1 = {2, 4, 1}
>>> s2 = {3, 5, 1}
>>> s1.union(s2)
{1, 2, 3, 4, 5}
>>> s1 | s2
{1, 2, 3, 4, 5}
```

两个集合的交集是一个包含了两个集合共同元素的集合。可以使用 intersection 方法或者 "&" 运算符来实现这个操作。例如：

```
>>> s1 = {2, 4, 1}
>>> s2 = {3, 5, 1}
>>> s1.intersection(s2)
{1}
>>> s1 & s2
{1}
```

进行差集运算时使用 difference 方法或者 "–" 运算符来实现这个操作，set1 和 set2 之间的差集是一个包含了出现在 set1 但不出现在 set2 的元素的集合。例如：

```
>>> s1 = {2, 4, 1}
>>> s2 = {3, 5, 1}
>>> s1.difference(s2)
{2, 4}
>>> s1 – s2
{2, 4}
```

3.8　字典

从前面几节知道，需要将一系列值组合成数据结构并通过编号来访问各个值时，列表很有用。在本节中，将介绍可通过名称来访问其各个值的数据结构，这种数据结构称为映射（Mapping）。Python 语言中唯一的内置映射类型是字典（Dictionary）。本节将介绍字典的定义、访问、排序等功能。

3.8.1　字典的创建

字典的创建非常简单。语法与集合类似，但应当指定"键值对"的条目而不是值。可以通过一对花括号{}将这些条目括起来以后创建一个字典。每一个条目都有一个关键字，然后跟着一个冒号，再跟着一个值。每一个条目都用逗号分隔开。例如：

```
dict = {'name':'earth', 'port':10}
```

创建一个两条目的字典，字典中的每一条目的形式都是 key：value。可以用下面的语法创建一个空字典。

```
dictionary = {}            #创建一个空字典
dictionary =dict()         #创建一个空字典
```

> 📖　提示　Python 使用花括号创建集合和字典。语法{}被用来表示一个空字典，为了创建一个空集合，使用 set()。

dict()方法除了可以创建一个空字典外，还可以通过已有数据快速创建字典。主要有以下两种形式。

1．通过映射函数创建字典

通过映射函数创建字典的语法如下。

```
dictName=dict(zip(list1,list2))
```

使用方法如下。
- zip()函数：用于将多个列表或元组对应位置的元素组合为元组，并返回包含这些内容的 zip 对象。如果想获取元组，可以将 zip 对象使用 tuple()函数转换成元组；如果想获取列表，可以使用 list()函数将其转换成列表。
- list1：列表，指定要生成字典的键。
- list2：列表，指定要生成字典的值。如果 list1 和 list2 列表长度不同，则与最短的列表长度相同。

代码示例：

```
1    name = ["David", "Lily"]
2    gender = ["male", "female"]
3    dictionary = dict(zip(name, gender))
```

```
4    print(dictionary)
```

上面的代码创建字典如下。

```
{'David': 'male', 'Lily': 'female'}
```

2．通过给定的"键–值对"创建字典

通过给定键值对创建字典的语法如下。

```
dictName=dict(key1=value1, key2=value2,…,keyn=valuen)
```

使用方法如下。
- key：表示元素的值，必须唯一，并且不可变。
- value：表示元素的值，可以是任何数据类型，不必是唯一的。

代码示例：

```
1    dictionary = dict(David='female', Lily='male')
2    print(dictionary)
```

上面的代码创建字典如下。

```
{'David': 'male', 'Lily': 'female'}
```

注意　关键字参数中的关键字不能是表达式，即关键字不能写成'David'，会报错：Syntax Error: keyword can't be an expression。

在 Python 中，还可以使用 dict 对象的 fromkeys()方法创建值为空的字典，语法如下。

```
dictName=dict.fromkeys(list1)
```

使用方法如下。

list1：作为字典的键的列表。

例如，创建一个只包括名字的字典。

```
1    name = ['David', 'Lily', 'Tom']
2    dictionary = dict.fromkeys(name)
3    print(dictionary)
```

上面的代码输出结果是：

```
{'David': None, 'Lily': None, 'Tom': None}
```

同列表和元组一样，为了从字典删除一个条目，使用如下语法。

```
del dictNmae[key]
```

3. 字典推导式

使用字典推导式可以快速生成一个字典，它的表现形式和列表推导式类似。例如，可以使用下面的代码生成一个包含 4 个随机数的字典，其中字典的键使用数字表示。

```
>>> import random
>>> rndDict = {i:random.randint(10, 100) for i in range(1, 5)}
>>> print(rndDict)
{1: 98, 2: 27, 3: 54, 4: 42}
```

另外，字典推导式也可以根据列表生成字典，代码如下。

```
>>> name = ['David', 'Lily']
>>> gender = ['female', 'male']
>>> dict = {i:j for i,j in zip(name,gender)}
>>> print(dict)
{'David': 'female', 'Lily': 'male'}
```

3.8.2 字典的访问

字典的访问与元组、列表有所不同，元组和列表通过数字索引来获取对应的值，而字典则通过 key 值获取相应的 value 值，访问字典元素的格式如下。

```
value = dict[key]
```

字典的添加、删除和修改非常简单，添加或修改操作只需编写一条赋值操作，例如：

```
dict['v'] = "value"
```

如果索引"v"不在字典 dict 的 key 列表中，字典 dict 将添加一条新的映射；如果索引"v"在字典 dict 的 key 列表中，字典 dict 将直接修改索引"v"对应的 value 值。

使用 dict[key]的方法获得这个键对应的值时，如果指定的键不在列表中时，会抛出 KeyError 的异常。我们可以使用 if 语句对不存在的情况进行处理，尽量避免该异常的产生。例如：

```
>>> dict = {'David':'female', 'Lily':'male'}
>>> dict['Tom']
KeyError: 'Tom'
>>> print("Tom's gender is",dict['Tom'] if '' in dict else 'NOT IN')
Tom's gender is NOT IN
```

另外，Python 推荐使用字典对象的 get()方法获取指定键的值，语法格式如下。

```
dictName.get(key, [default])
```

使用方法如下。

● key：指定的键。

● default：可选项，用于当指定的键不存在时，返回默认值，如果省略，则返回 None。

> >>> print("Tom's gender is",dict.get('Tom', 'NOT IN'))
> Tom's gender is NOT IN

📖 说明　为了解决在获取指定的键时，因不存在该键而导致抛出异常，可以为 get() 方法设置默认值，这样当指定的键不存在时，得到的结果就是默认值。

3.8.3 字典的方法

前面已经使用了一些字典的方法，本节将详细介绍字典的常用方法，使用这些常用方法可以极大地提高编程效率。表 3-15 总结了字典的一些常用方法。

表 3-15　字典的常用方法

方法名	描述	方法名	描述
items()	返回(key,value)元组组成的列表	keys()	返回字典中 key 的列表
iteritems()	返回指向字典的遍历器	values()	返回字典中 value 的列表
setdefault()	创建新的元素并设置默认值	update(E)	把字典 E 中的数据扩展到原字典
pop(k)	移除索引 k 对应的 value 值，并返回该值	copy()	复制一个字典中的所有数据
get(k)	返回索引 k 对应 value 值	—	—

keys()和 values()分别返回字典的 key 列表和 value 列表。下面的代码演示了这两个方法的使用。

> >>> dict = {'Name': 'Zara', 'Age': 7, 'Class': 'First'}
> >>> dict.keys()
> dict_keys(['Name', 'Age', 'Class'])
> >>> dict.values()
> dict_values(['Zara', 7, 'First'])

如果要添加新的元素到已经存在的字典中，可以调用字典的 update()方法。update()方法把一个字典中的 key 和 value 值全部复制到另一个字典中，update()相当于一个合并函数。

代码清单 3-16 给出了一些使用这些方法的示例。

代码清单 3-16　字典方法示例程序

```
1    students = {"111-222-333":"Tom", "444-555-666":"Jack"}
2    print(tuple(students.keys()))
3    print(tuple(students.values()))
4    print(tuple(students.items()))
5    print(students.get("111-222-333"))
6    students.pop("111-222-333")
7    print(students)
```

```
8    students.clear()
9    print(students)
```

运行结果：

```
('111-222-333', '444-555-666')
('Tom', 'Jack')
(('111-222-333', 'Tom'), ('444-555-666', 'Jack'))
Tom
{'444-555-666': 'Jack'}
{}
```

students 字典在第一行被创建，students.keys()将返回字典中的关键值，students.values()返回字典中的值，students.items()将字典中的条目作为元组返回。调用 students.get("111-222-333")返回关键字 111-222-333 对应的学生姓名；调用 students.pop("111-222-333")来删除关键字 111-222-333 对应的字典中的条目；students.clear()删除字典中的所有条目。

setdefault()方法有点像 get()方法，因为它也获取与指定键相关联的值，但除此之外，setdefault ()方法还在字典不包含指定的键时，在字典中添加指定的键-值对。

```
>>> d = {}
>>> d.setdefault('name', 'N/A')
'N/A'
>>> d
{'name': 'N/A'}
>>> d['name'] = 'Gumby'
>>> d.setdefault('name', 'N/A')
'Gumby'
>>> d
{'name': 'Gumby'}
```

当指定的键不存在时，setdefault()方法返回指定的值并相应地更新字典。如果指定的键存在，就返回其值，并保持字典不变。与 get()方法一样，值是可选的；如果没有指定，默认为 None。

```
>>> d = {}
>>> print(d.setdefault('name'))
None
>>> d
{'name': None}
```

3.9　小结

本章首先讲解了 Python 的基础语法和基本概念，包括 Python 编码规则、变量等基础知识。其中，重点讲解了 Python 的编码规则、命名规则、缩进的写法、注释、变量和常量等。

其次，介绍了 Python 中的数值类型以及运算符和表达式，并展示了用于基本输入输出的函数使用方法。

最后，介绍了几种重要的 Python 数据类型，其中列表、字符串和字典最为重要。对于字符串，讲解了包括字符串的格式化、合并、截取、比较、查找、替换等操作，还介绍了正则表达式的语法以及 Python 中的 re 模块。介绍列表和元组时，讲解了包括索引、切片等通用序列操作，通过具体的例子展示了列表、元组之间的联系与区别。集合作为无序的存储容器也经常被使用，字典可以说是 Python 最灵活的内置数据结构类型之一，通过键值对来存取。

1．Python 编码规范

（1）命名规则并不是规定，只是一种习惯性用法，命名规则易于他人读懂代码所代表的含义。

（2）代码缩进是指通过在每行代码前输入空格或者制表符的方式，表示每行代码之间的层次关系。

（3）Python 中使用 import 或 from…import…语句导入相关的模块。

（4）空行分隔两段不同功能或含义的代码，便于日后代码的维护或重构。

（5）注释是一个以#字符开始的语句，多行注释用三个单引号 ''' 或者三个双引号"""将注释括起来。

（6）可以使用括号或者行延续符反斜杠"\"，将一行的语句分为多行显示。

2．变量和常量

（1）标识符是程序中使用的元素的名字。

（2）标识符是由任意长度的英文字母、数字、下画线和星号构成的字符序列。标识符必须以英文字母、下画线开头，不能以数字开头。标识符不能是关键字。

（3）在程序中变量的作用是存储数据。

（4）等号"="的作用是赋值运算符。

（5）使用一个变量前必须对它赋值。

（6）局部变量定义在函数体内并限定在当前函数内使用，不能被其他函数直接访问。

（7）全局变量定义在函数外部，在定义位置之后的所有函数都能调用。

（8）常量和变量一定要区分大小写。

（9）保留字不可作为变量名。

（10）Python 区分大小写。

3．基本输入输出

（1）可以使用 input 函数来获取输入，使用 eval 函数将字符串转化为数值。

（2）Print（数据对象 1,数据对象 2, …,数据对象 N，sep=str1,end=str2）显示使用 str1 分割，以 str2 结尾的 N 个值。参数 sep 和参数 end 是可选的，并且默认值分别是" "和"\n"。

4．数值

（1）Python 有两种数值数据类型：整数和实数。整数型（简写为 int）适用于整数，而实数型（又称浮点型）适用于有小数点的数字。

（2）Python 提供执行数值运算的运算符：+（加法）、-（减法）、*（乘法）、/（除法）、//（整数除法）、%（求余）和**（指数运算）。

（3）Python 表达式中数字运算符的运算法则与算术表达式一样。

（4）Python 提供增强型赋值运算符：+=（加法赋值）、-=（减法赋值）、*=（乘法赋值）、/=（浮点数除法赋值）、//=（整数除法赋值）和%=（求余赋值）。这些运算符由+、-、*、/、//、%和**与赋值运算符=组合在一起构成增强运算符。

（5）在计算既有整型又有浮点型值的表达式时，Python 会自动将整型转化为浮点型。

（6）可以使用 int(value)将浮点型转换为整型。

（7）数学函数 abs(value)求绝对值，pow(a,b)求 a 的 b 次幂，round(value)求数的近似值。

5．字符串

（1）字符串是不可变的，不可改变它的内容。

（2）由于字符串表达式可以通过字面常量、变量、函数、方法以及操作符的任意组合来产生字符串，单个字符串或变量也是表达式的一种特殊形式。

（3）字符序列中的所有元素都有编号——从 0 开始递增，这称为索引（Indexing）。可以使用下标运算符[ ]来指定字符串中的单独字符。

（4）子字符串或切片是字符串中连续字符的一个序列。切片可以用来访问特定范围内的元素。

（5）可以使用连接运算符"+"来连接两个字符串，使用复制运算符"*"来复制一个字符串多次，使用截取运算符"[:]"来截取子串，而是用运算符"in"和"not in"来判断一个字符是否在一个字符串中。

（6）可以使用 Python 函数 len、max 和 min 来返回字符串的长度、最大元素和最小元素。

（7）字符串对象提供了搜索、转换、分割、合并、删除字符串等一些方法。

（8）可以使用"%"操作符和 format()方法格式化一个数字或字符串，然后返回一个字符串的结果。

（9）正则表达式是文本匹配的工具，通常用于对规则数据的验证，例如电话号码、电子邮件地址等。

（10）re 模块提供了 sub()、findall()、search()、compile()等方法对正则表达式解析，结合 pattern 对象、match 对象可以更好地处理和控制正则表达式和匹配结果。

6．列表和元组

（1）列表是元素的一个有序序列。元素可以通过它们从左到右由 0 开始的位置进行引用（称为索引），或者从右到左由-1 开始的位置进行引用。列表切片定义和字符串列表几乎一样。

（2）列表函数：del、len、max、min、sum。

列表方法：append、clear、count、extend、insert、remove。

（3）元组是与列表类似的一个序列，但是元组不能原地修改。

7．集合

本节展示了集合的操作和使用方法。许多列表和元组的操作（比如 in、len、max、min 和 sum）以及用 for 语句来遍历元素的方法，在集合中同样适用。集合最好的应用就是去掉重复元素，因为集合中的每一个元素都是唯一的。

8. 字典

在映射类型对象中，散列值（键，key）和指向的对象（值，value）是一对多的关系。字典类型和序列类型（列表、元组）的区别是存储和访问数据的方式不同。

序列只用数字类型的键（从序列的开始起按数值顺序索引）。映射类型可以用其他对象类型做键，键可能是数值、字符串或元组。和序列的键不同，映射类型的键直接或间接地和存储的数据值相关联。但因为在映射类型中，我们不再用"序列化排序"的键，所以映射类型中的数据是无序排列的。

字典可以说是 Python 最灵活的内置数据结构类型之一。字典当中的元素是通过键值对来存取的，而不是通过偏移存取。字典也具有可变性——可以就地改变，并可以随需求增大或减小，就像列表那样。

字典的主要特征如下。

（1）通过键而不是索引来读取。字典也被称作关联数组或者散列表，在散列表中存储的每一条数据叫作一个值，是根据它相关的一个被称作键的数据项进行存储的。

（2）字典是任意对象的无序集合。字典各项是从左到右随机排序的，即字典中的项没有特定的顺序。

（3）字典是可变的，并且任意嵌套。字典可以在原处增长或者缩短，并且支持任意深度的嵌套。

（4）字典中的键必须唯一。一个键只允许出现一次，如果出现两次，后出现的值覆盖前面的。

（5）字典中的键必须不可变。字典中的键不可变是非常重要的特性，所以只能使用数字、字符串或者元组，不能使用列表。

实践问题 3

实践问题 3.1（以下问题针对本书 3.1 节～3.3 节内容）

1. 为什么 Python 中不需要变量名和变量类型声明？

2. 显示下面代码的打印输出。

```
weidth = 5.5
height = 2
print('area is', width * height)
```

3. 下面哪些标识符是无效的？哪些是 Python 关键字？

```
miles, Test, a+b, b-a, 4#R, $4, #44, apps
if, elif, x, y, radius
```

4. 如何编写一条语句提示用户输入一个数值？

5. 下面的表达正确吗？如果正确，请给出它们的结果。

```
value = 4.5
```

```
print(int(value))
print(round(value))
print(eval("4 * 5 + 2"))
print(int("04"))
print(int("4.9"))
print(eval("04"))
```

实践问题 3.2（以下问题针对本书 3.4 节内容）

6．计算 $4 + 4 \times 10$。

7．说明下面两个赋值语句的不同。

```
value1 = value2
value2 = value1
```

8．25/4 的结果是多少？

如果你希望结果是整数应该怎么改写？

9．如何使用 Python 编写下面的算术表达式？

$$\frac{4}{3(r+34)} - 9(a+bc) + \frac{3+d(2+a)}{a+bd}$$

10．假设 a=1，下面的每个表达式都是独立的。那么下面的表达式的结果分别是什么？

```
a += 4
a −= 4
a *= 4
a /= 4
a //= 4
a %= 4
a = 56 * a + 6
```

实践问题 3.3（以下问题针对本书 3.5 节内容）

11．使用 ord 函数找出 1、A、B、a 的 ASCII 码，使用 chr 函数找出十进制数 40、59、78、85 和 91 所对应的字符。

12．假如运行下面程序的时候输入 A，那么输出什么？

```
x = input("Enter a character: ")
ch = chr(ord(x) + 3)
print(ch)
```

13．下面的代码错在哪里？请改成正确的。

```
title = "Chapter " + 3
```

14．显示下面代码的结果。

```
sum = 2 + 5
print(sum)
```

```
s = '2' + '5'
print(s)
```

15. 假设给定如下 s1、s2、s3 和 s4 四个字符串：

```
s1 = "Welcome to Python"
s2 = s1
s3 = "Welcome to Python"
s4 = "to"
```

下面表达式的结果是什么？

a. s1 == s2

b. s2.count('o')

c. id(s1) == id(s2)

d. id(s1) == id(s3)

e. s1 <= s4

f. s2 >= s4

g. s1 != s4

h. s1.upper()

i. s1.find(s4)

j. s1[4]

k. s1[4:8]

l. 4 * s4

m. len(s1)

n. max(s1)

o. min(s1)

p. s1[-4]

q. s1.lower()

r. s1.rfind('o')

s. s1.startwith('o')

t. s1.endwith("o")

u. s1.isalpha()

v. s1 + s1

16. 假设 s1 和 s2 是两个字符串，下面哪个语句或表达式是错误的？

```
s1 = "python progamming"
s2 = "programming is fun"
s3 = s1 + s2
s4 = s1 - s2
s1 == s2
s1 >= s2
i = len(s1)
c = s1[0]
t = s1[:5]
t = s1[5:]
```

17. 下面代码输出内容是什么？

```
s1 = "Welcome to python"
s2 = s1.replace("o", "abc")
print(s1)
print(s2)
```

18. 假设 s1 是 "Python" 而 s2 是 "python"，编写下面语句的代码。

（1）检查 s1 和 s2 是否相等，并且将结果赋值给布尔变量 isEqual。

（2）检查 s1 和 s2 是否相等，忽略大小写，并且将结果赋值给布尔变量 isEqual。

（3）检查 s1 是否有前缀 ABC，并且将结果赋值给布尔变量 b。

（4）检查 s1 是否有后缀 ABC，并且将结果赋值给布尔变量 b。

（5）将 s1 的长度赋值给变量 x。

（6）将 s1 的首字母赋值给变量 x。

（7）将 s1 和 s2 组合在一起创建一个新字符串 s3。

（8）创建一个从下标 1 开始的子串 s1。

（9）创建一个从下标 1 到下标 4 的子串 s1。

（10）创建一个从 s1 中的字母转换成小写的新字符串 s3。

（11）创建一个从 s1 中的字母转换成大写的新字符串 s3。

（12）创建一个删除字符串 s1 两端空白字符的新字符串 s3。

（13）用 X 替换字符串 s1 中的 P。

（14）将字母 o 在字符串 s1 中第一次出现的下标赋值给变量 x。

（15）将字符串 abc 在字符串中最后一次出现的下标赋值给变量 x。

19．给出下面代码的输出结果。

```
print("{0:s} and {1:s}".format("first", "second"))
```

20．给出下面代码的输出结果。

```
str1 = "Ask not what {0:s} {1:s} you, ask what you {1:s} {0:s}"
print(str1.format("your country", "can do for"))
```

21．显示下面语句的输出。

```
print(format(54.7, "10.2f"))
print(format(54.7, "10.2e))
print(format(6789.3, ">9.2f"))
print(format(0.45713289, "<9.3f"))
print(format(54, "<5x"))
```

22．显示下面语句的输出结果。

```
print(format("Programming is fun", "25s"))
print(format("Programming is fun", "<25s"))
print(format("Programming is fun", ">25s"))
```

23．由数字、26 个英文字母组成字符串。

24．验证输入只能是汉字的正则表达式。

25．验证字符串的组成规则，第一个须为数字，后面可以是字母、数字、下画线，总长度为 5～20 位。

实践问题 3.4（以下问题针对本书 3.6 节内容）

26．假设 lst = [30, 1, 2, 1, 0]，下面语句的返回值是什么？

```
[x for x in lst if x > 1]
```

```
[x for x in range(0, 10, 2)]
[x for x in range(10, 0, -2)]
```

27. 执行完下面的代码之后 list1 和 list2 是什么？

```
list1 = [1, 43]
list2 = [x for x in list1]
list1[0] = 22
```

28. 下面代码的输出是什么？

```
lst = [1, 2, 3, 4, 5, 6]
for i in range(1, 6):
    lst[i] = lst[i - 1]
print(lst)
```

29. 下面代码的输出是什么？

```
list1 = list(range(1, 10, 2))
list2 = [] + list1
list1[0] = 111
print(list1)
print(list2)
```

30. 下面代码的输出是什么？

```
matrix = []
matrix.append(3 * [1])
matrix.append(3 * [1])
matrix.append(3 * [1])
matrix[0][0] = 3
print(matrix)
```

31. 下面代码的错误是什么？

```
t = (1, 2, 3)
t.append(4)
t.remove(0)
t[0] = 1
```

32. 给出下面代码的输出。

```
t = (1, 2, 3, 7, 9, 0, 5)
print(t)
print(t[0])
print(t[1: 3])
```

```
print(t[-1])
print(t[ : -1])
print(t[1: -1])
```

实践问题 3.5（以下问题针对本书 3.7 节内容）

33. 下面哪个集合是被正确创建的？

```
s = {1, 3, 5}
s = {{1, 2}, {3, 4}}
s = {[1, 2], [3, 4]}
s = {(1, 2), (3, 4)}
```

34. 列表和集合的区别是什么？如何从列表创建集合？如何从集合创建列表？如何从集合创建元组？

35. 给出下面代码的输出。

```
num = {6, 4, 5, 1}
print(len(num))
print(max(num))
print(min(num))
print(sum(num))
```

实践问题 3.6（以下问题针对本书 3.8 节内容）

36. 下面哪个字典是被正确创建的？

```
d = {1:[1, 2]. 2:[3, 4]}
d = {[1, 2]:1, [3, 4]:3}
d = {(1, 2):1, (3, 4):3}
d = {1:"tom", 2:"jerry"}
d = {"tom":1, "jerry":2}
```

37. 字典中每个条目都有两个部分。它们被称作什么？

38. 给出下面代码的输出。

```
def main():
    d = {}
    d["susan"] = 50
    d["jim"] = 45
    d["joan"] = 54
    d["susan"] = 51
    d["john"] = 53
    print(len(d))
main()
```

39. 详细说说 tuple、list、dict 的用法以及它们的特点。

习题 3

习题 3.1（以下问题针对本书 3.4 节内容）

1. 在下题中，确定哪个是合法的变量名。

> years.2018   wall&Door   gOOd_1024   1040Bytes
> expensive?   INCOME 2018

2. 在下题中，当 a=2、b=3、c=4 时，计算数值表达式的值。

> $(a + b) * c$ $a * (b + c)$ $(1 + b) * c$ $a ** c$
> $b ** (c - a)$ $(c - a) ** b$

3. 根据给出的代码确定输出结果。

```
x = 2
y = x ** 4
print(x + y)
```

4. 下面代码的输出结果是什么？

```
count = 10
count += 1
print(count - 1, count + 1)
```

5. 下面代码的输出结果是什么？

```
income = 8000
tax = (income - 5000) * 0.1
print(tax)
```

6. 下面代码的输出结果是什么？

```
totalSeconds = 1000
currentSecond = totalSeconds % 60
totalMinutes = totalSeconds // 60
currentMinute = totalMinutes % 60
print(currentSecond,currentMinute)
```

7. 当 a = 3、b = 5 时，下面表达式的结果是什么？

表达式	结果	表达式	结果
int(-b / 2) int(a * 0.5) abs(4 - b)		abs(a - 3)) round(b / a) round(b + 0.5)	

8. 用增强运算符改写下面的语句。

1）price = price * 0.8   2）sum = sum / 2   3）count = count % 2

4）cost = cost + 10　　　5）seconds = seconds − 10　　　6）num = num // 6

9．将磅转换为千克　编写一个将磅转换为千克的程序。这个程序提示用户输入磅数，转换为千克并显示结果。一磅等于 0.454 千克。下面是一个示例运行。

```
Enter a number in pounds: 111
111 pounds is 50.394 kilograms
```

10．对一个整数中的各位数字求和　编写一个程序，读取一个 0～1000 之间的整数并计算它各位数字之和。（提示：使用%来提取数字，使用//运算符来去除掉被提取的数字。）下面是一个运行示例。

```
Enter an integer between 0 and 1000: 999
The sum of all digits in 999 is 27
```

11．几何学：五边形的面积　五边形的面积可以使用下面的公式计算（s 是边长）。

$$Area = \frac{n \times s^2}{4 \times \tan\left(\frac{\pi}{4}\right)}$$

这里的 s 是边长。编写一个程序，提示用户输入边数以及正多边形的边长，然后显示它的面积。下面是一个示例运行。

```
Enter the side: 5.5
The area of the pentagon is 52.044441367816255
```

12．计算天数和年数　编写一个程序，提示用户输入分钟数（例如：1000 000），然后将分钟转换为年数和天数并显示。为了简便，假定一年有 365 天。下面是一个示例运行。

```
Enter the number between 0 and 1000:1000000000
1000000000 minutes is approximately 1902 years and 214 days
```

习题 3.2（以下问题针对本书 3.5 节内容）

13．下面代码的输出结果是什么？

```
print('one', 'two', 'three', sep = ',')
```

14．给出下面表达式的值。

（1）"Python"[4]　　　　　　　　（2）"Python"[−3]

（3）"Python"[0:3]　　　　　　　（4）"Python"[:2]

（5）"Python"[−3: −2]　　　　　　（6）"Python"[2: −2]

（7）"Python"[:]　　　　　　　　（8）"Python".find("tho")

（9）"Python".rfind("no")　　　　　（10）"Hello World".count('o')

（11）"Ball Course".upper()　　　　（12）len("natual language"[:7].rstrip())

（13）"the book".title()　　　　　　（14）"Python".upper().find("tho")

（15）"for good ".title().find('G')　　（16）"Alibaba".lower().count('a')

15. 写出表达式：（1）丢弃字符串的第一个字符；（2）丢弃字符串的最后一个字符。

16. 下面语句的输出结果是什么？

```
print("0123456789")
print("{0:10.2%}".format(.123))
print("{0:^10.1%}".format(1.23))
print("{0:<10,.2%}".format(12.3))
```

17. 写出下面语句的输出结果。

```
print("plan {0:s}, code {1:s}".format("first", "later"))
print("{0:s}{1:s}{0:s}".format("abc","AAA"))
```

18. 写出符合要求的正则表达式，长度为 8～10 的用户密码（以字母开头、数字、下画线）。

19. **单词替换** 编写一个程序，要求输入一个句子，以及此句子中的一个单词和另外一个单词，然后显示用第二个单词替换第一个单词后的输出结果。下面是一个运行实例。

```
Enter a sentence: hello world
Enter word to replace: world
Enter replacement word: china
hello china
```

20. **找出 ASCII 码的字符** 编写一个程序，接收一个 ASCII 码值（一个 0～127 之间的整数），然后显示它对应的字符。例如：如果用户输入 97，程序中显示字符 a。下面是一个实例运行。

```
Enter an ASCII code: 78
The character for ASCII code 78 is N
```

21. **检测子串** 可以使用 str 类中的 find 方法检测一个字符串是否是另一个字符串的子串。编写出你自己的函数实现 find 类。编写一个程序提示用户输入两个字符串，然后检索第一个字符串是否是第二个字符串的子串。

22. **二进制转换成十进制** 编写一个测试程序，提示用户输入一个二进制数，然后显示相对应的十进制整数。下面是一个示例。

```
Enter a binary number string: 1010
The decimal value is 10
```

23. **十进制转换成二进制** 编写一个测试程序，提示用户输入一个十进制数，然后显示相对应的二进制整数。下面是一个示例。

```
Enter an integer: 12
The binary value is 1100
```

24. **显示字符** 写一个函数打印 ch1 到 ch2 之间的字符，按每行指定数目来打印。编写一个测试程序，打印"1"到"Z"的字符，每行打印 10 个，可以用如下函数头。

```
def printChars(ch1, ch2, numberPerLine):
```

25. 格式化一个整型数 使用下面的函数头编写一个函数格式化整数为指定宽度。

```
def format(number, width)
```

这个函数返回一个前缀为多个 0 的数字。字符串的大小就是宽度。例如：format(25,6) 返回"000025"。如果数字比指定宽度要长，那么，函数就返回表示这个数的字符串。例如：format(25,1)返回"25"。编写一个程序，提示用户输入一个数以及它的宽度，并显示从调用函数 format(number,width)返回的字符串。下面是一个示例运行。

```
Enter an integer: 234
Enter the width: 6
The formatted number is 000234
```

26. 编写一个程序，分析用户输入的句子中单词的个数。下面是一个示例输出。

```
Enter a sentence: 123 YOU hello
Number of words: 3
```

27. 编写一个程序，显示由用户输入的句子中的起始和结尾单词。下面是一个示例输出。

```
Enter a sentence: It's Never Too LATE.
First word: It's
Last word: LATE
```

习题 3.3（以下问题针对本书 3.6 节内容）

28. 假设 lst = [30, 1, 2, 1, 0]，在应用下面的每条语句之后列表变成了什么？每条语句都是相对独立的。

```
lst.append(40)              lst.insert(1, 43)
lst.extend([1, 43])         lst.remove(1)
lst.pop(1)                  lst.sort()
lst.remove()                random.shuffle(lst)
```

29. 下面代码的输出结果是什么？

```
list1 = list(range(1, 10, 2))
list2 = list1
list1[0] = 111
print(list1)
print(list2)
```

30. 编写程序读取一个整数列表，然后读取它们的逆序顺序显示。下面是一个示例输出。

Enter numbers separated by spaces from one line: 1 7 5 8 3 10 87 64
[64, 87, 10, 3, 8, 5, 7, 1]

31．编写一个程序读取未指定个数的分数，然后决定多少个分数是大于等于平均分数，而多少是低于平均分数的。假设输入数是在一行由空格分隔的。下面是一个示例输出。

Enter the numbers: 89 90 78 66 62 93 74 81
Average is 79.125
Number of scores above or equal to the average 4
Number of scores below the average 4

32．编写一个程序，返回整数列表最小元素的下标。如果这个列表中元素的个数大于1，那么返回其最小的下标。编写测试程序，提示用户输入一个数字列表，调用这个函数返回最小元素的下标并显示下标。下面是一个示例输出。

Enter scores separated by spaces from one line: 3 5 6 12 3 4 8
The index of the smallest element is 0

33．编写一个程序将两个有序列表合并成一个新的有序列表，然后显示合并后的列表。下面是一个示例输出。

Enter list1: 1 3 5 6
Enter list2: 2 4 5 8
The merged list is 1 2 3 4 5 5 6 8

34．编写一个程序生成 6×6 的矩阵，其中的元素填入 0 或者 1，显示这个矩阵，并且检测每一行和每一列是否都有偶数个 1。下面是一个示例输出。

```
1 1 1 0 0 0
0 0 1 0 0 0
0 0 1 1 1 1
0 0 1 0 0 1
0 1 0 1 0 0
1 1 0 1 0 0
Not all rows and columns are even
```

35．编写一个程序提示用户输入一个 3×3 的数字矩阵并且显示一个新的按行排序的矩阵。下面是一个示例输出。

Enter a 3 by 3 matrix row by row:
0.3 0.23 0.74
0.15 0.387 0.625
0.91 0.005 0.78
The row-sorted list is
0.23 0.3 0.74
0.15 0.387 0.625
0.005 0.78 0.91

习题 3.4（以下问题针对本书 3.7 节内容）

36. 给出代码的输出。

```
set1 = {1, 2, 3}
set2 = {3, 4, 5}
set3 = set1 | set2
print(set1, set2, set3)
set3= set1 − set2
print(set1, set2, set3)
set3 = set1 & set2
print(set1, set2, set3)
```

37. 下面程序的输出结果是什么？

```
a = (1, 2, 3)
b = list(a)
b[−1] = 4
a = tuple(b)
print (a)
```

38. 已知元组 a = (1,4,5,6,7)。写出下面操作的代码：（1）检测元素 4 是否在元组里；（2）将元素 5 修改成 8。

习题 3.5（以下问题针对本书 3.8 节内容）

39. 用字典的方式完成下面一个小型的学生管理系统。

（1）学生有下面几个属性：姓名，年龄，考试分数（包括语文，数学，英语得分）。

（2）比如定义 2 个同学。①姓名：张三　年龄：18　分数：语文 80　数学 75，英语 85。②姓名：李四　年龄：29　分数：语文 75，数学 82，英语 78。

（3）给学生添加一门体育课程成绩，张三 60 分，李四 80 分。

（4）把李四的数学成绩由 82 分改成 89 分。

（5）删除其中的年龄数据。

（6）对李四同学的课程分数按照从低到高排序输出。

40. 下面程序的输出是什么？

```
dict = {"k1":"v1","k2":"v2","k3":"v3"}
for k in dict:
        print(dict[k])
```

41. 下面程序的输出是什么？

```
dict = {"k1":"v1","k2":"v2","k3":"v3"}
for k in dict:
print(k,dict[k])
```

42. 下面程序的输出是什么？

```
str1="k:1|k1:2|k2:3|k3:4"
```

```
str_list=str1.split('|')
d={}
for l in str_list:
    key,value=l.split(':')
    d[key]=value
print(d)
```

43. 编写一个程序读取未指定个数的整数，并找出出现次数多的整数。例如：如果输入 1 3 40 3 5 4 −3 3 3 2 0，那么数字 3 出现的次数最多。在同一行里输入所有数字。如果不止一个数字的出现次数最多，那么这些数字都要显示。例如：数字 9 30 3 9 3 24 都出现了 2 次，那么应当把它们都显示出来。下面是一个示例输出。

```
Enter the numbers: 2 3 40 3 5 4 −3 3 3 2 0
The numbers with the most occurrence are 3
Enter the numbers: 9 30 3 9 3 24
The numbers with the most occurrence are 9 3
```

参考文献

[1] CHUN W. Python 核心编程[M]. 孙波翔，李斌，李晗，译. 3 版. 北京：人民邮电出版社, 2016:660.

[2] 比兹利，琼斯. Python Cookbook[M]. 南京：东南大学出版社, 2014:687.

[3] 徐荣飞. Python 正则表达式研究[J]. 电脑编程技巧与维护, 2015(9):47−51.

[4] 董祥和. Python 内置数据结构的分析和应用[J]. 电脑知识与技术, 2013(33)：7593−7595.

[5] 裘宗燕. 基于 Python 的数据结构课程[J]. 计算机教育, 2017(12)：32−35.

第 4 章 Python 控制流结构

本章将介绍 Python 控制流结构的编写。控制流结构语句主要由关系逻辑运算、布尔数据类型、条件判断语句以及循环控制语句组成。这些结构在实际编程应用中十分常用，是一些复杂程序的基础。本章将主要讨论控制流结构，并在读者心中建立结构化编程的知识体系。

本章知识点：

❑ 关系和逻辑运算
❑ 布尔数据类型
❑ 简化条件
❑ 条件判断语句
❑ 循环控制语句

4.1 关系和逻辑运算

4.1.1 关系运算符

对数字、字符串等数据类型进行比较时，使用的符号称为关系运算符（Relation Operator）。

对数字类型进行比较时，给定数轴上两点 m 与 n，若点 n 处于点 m 左侧，则可以认为 m 大于 n。例如：10>3、-1>-5 以及 6.1>0。

当对字符串类型进行排序时，使用 ASCII 表中的字母顺序。比如，众所周知，c 在字母表中排序在 b 后面，则可认为字符串 c 大于字符串 b。对一串字符排序时，规定数字优先于大写字母，大写字母优先于小写字母。因此，比较两个字符串优先级时，通常采用从左到右逐一比较的方式来确定两个字符串的优先级。例如，"rabbit"<"tiger"，"park"<"part"，"kid"<"kids"，"3A"<"sister"，"Dad"<"mom"，以及"iphone_8"<"iphone_x"。这种类型的排序被称为按照字典序排序。表 4-1 展示了不同的关系运算符以及它们的含义。

表 4-1 Python 关系运算符

运 算 符	描　　　述	实例(假设:a=1,b=2)
==	等于：比较对象是否相等	(a == b)返回 False
!=	不等于：比较两个对象是否不相等	(a!=b)返回 True

运　算　符	描　　述	实例(假设:a=1,b=2)
>	大于：返回前者是否大于后者	(a > b)返回 False
<	小于：返回前者是否小于后者	(a < b)返回 True
>=	大于等于：返回前者是否大于等于后者	(a >= b)返回 False
<=	小于等于：返回前者是否小于等于后者	(a <= b)返回 True

📖 **注意**　插入所有比较运算符返回 1 为真，返回 0 为假。这分别对应着特殊的变量 True 和 False。需注意这些变量名的大小写。

下面举例说明关系运算符的使用及输出结果。

```
>>>100 <= 100
    True
>>>2<-9
    False
>>>"son"<"sun"
True
>>>"Sister"<"sister"
True
```

📖 **提示**　将字符串中的字符从左到右进行比较，当遇到相同的情况时，可以后延直至遇到不同的字符再进行比较。其中，字母的比较方式参见 ASCII 中的排序。ASCII 对照表可参见附录 A。

变量、函数和数值运算符也可以用于描述条件。给定条件判断真假，应先计算条件中的数值或字符串表达式的值，再进行比较判断。举例：假设变量 m 和 n 的值分别为 10 和 2，变量 i 和 j 的值为 "mother" 和 "father"，则相关计算及结果如下。

```
>>>m = 10
>>>n = 2
>>>i = "mother"
>>>j = "father"
>>> (m + n) < (4 * n)
True
>>> (len(i) - n) == (m/2)
False
>>>i < ("good" + j)
True
```

对于条件真值的判断，需要依次比较对应元素，直到其中一个序列没有元素或者两个序列中出现两个不同的元素为止。对于没有元素的序列，若它的前几个元素与其比较序列相同，则较短的序列排位较小；对于具有前几个相同字符元素的序列，第一对不同值的元素的比较结果为两个序列比较的最终结果。

值得注意的是，不同类型的数值不可以进行比较，整型数与浮点型数除外，二者可以进行比较。但是，其他类型则不可以，如字符串型不能与数字进行比较。

对于 Python 中常用的列表和元组，也可以使用关系运算符。当两个列表或元组具有相同的长度且相应位置元素值相同时，我们称两个列表或元组相同。

4.1.2　逻辑运算符

在实际的编程应用中，常常涉及很复杂的条件，包含各种逻辑关系。例如，想筛选出长度大于 5 的学生姓名 name 字符串，并且该字符串中包含字母 a。该条件的 Python 表示为：

```
>>>(len(name) > 5) and ("a" in name)
```

上述 Python 表达式中用到的 and 被称为逻辑运算符（Logical Operator）。在 Python 中，将 and、or 和 not 称为三种主要的逻辑运算符。如果某一条件用到了上述运算符，则称该条件为复合条件（Compound Condition）。

复合条件的真假判断方式如下。

假设 A 和 B 是两个条件，对于复合条件 A and B 来说，当且仅当二者均为真时，该复合条件为真，否则，该复合条件为假；对于复合条件 A or B，当二者中有一个（或多个）为真时，该复合条件为真，否则，该复合条件为假；对于复合条件 not A，当 A 为真时，该复合条件为假，否则为真。

表 4-2 展示了不同的逻辑运算符并解释了它们的含义（假设变量 m = 1，n = 2）。

表 4-2　逻辑运算符

运算符	逻辑表达式	描述	实例
and	x and y	布尔"与"。如果 x 为 False，x and y 返回 False，否则返回 y 的计算值	(m and n)返回 2
or	x or y	布尔"或"。如果 x 是非 0，它返回 x 的值，否则它返回 y 的计算值	(m or n)返回 1
not	not x	布尔"非"。如果 x 为 True，返回 False。如果 x 为 False，它返回 True	not(m and n)返回 False

下面来举例说明关于逻辑运算符的应用及输出结果。

```
>>>n = 12
>>>value = "WIN"
>>> (8< n) and (n <16)
True
>>> (8< n) and (n == 16)
False
>>> (8< n) or (n == 16)
True
>>>not (n <16)
False
>>> (value == "WIN") or (value == "win")
```

```
True
>>> (value == "WIN") and (value == "win")
False
>>>not (value == "win")
True
>>> ((8 < n) and (n == 3 + 1)) or (value == "No")
False
>>> ((8< n) and (n == 7)) or (value== "WIN")
True
>>> (n == 12) and ((n == 17) or (value == "win"))
False
```

📖 提示　判别时需要注意括号的必要性，and 表示"一假全假"，or 表示"一真全真"。

4.1.3　短路求值

布尔运算有个有趣的特征：只有在需要求值时才求值。举例说明，假设存在两个条件，条件 A，条件 B。对于复合条件 A and B，Python 会首先对条件 A 求值，若结果为假，则无需计算 B 的结果，自动默认整个复合条件为假；同样道理，对于复合条件 A or B，Python 会首先对 A 求值，若结果为真，则同样无需计算 B 的结果，自动默认整个复合条件为真。这个过程，被称为短路求值（Short-Circuit Evaluation）。

短路求值在实际应用中有很多好处。

首先，短路求值可以避免无用地执行代码，提高程序的性能，常常被作为一种技巧应用。例如，这类短路逻辑可以用来实现 C++ 和 Java 中所谓的三元运算符（或条件运算符），如：

```
>>>a if b else c
```

如果 b 为真，返回 a；否则，返回 c。

其次，短路求值还可以避免一些问题的出现。例如，对于条件

```
>>> (n != 0) and (avg == (sum / n))
```

当 n=0 时，此程序会发生崩溃，并显示错误信息。然而，在 Python 语言中，由于短路求值的存在，这条复合条件将永远不会出现问题。

4.2　布尔数据类型

Python 支持布尔类型的数据，布尔类型只有 True 和 False 两种值。假设实际编程过程中，人为在计算机中输入

```
>>>print(condition)
```

这种形式的语句，结果将会返回 True 或者 False。这里提到的 Ture 对象和 False 对象属于布尔数据类型（Boolean Data Type）。

布尔类型有以下三种运算：与运算、或运算、非运算。

1. 与运算

只有两个布尔值都为 True 时，计算结果才为 True。

```
>>> True and True
True
>>> True and False
False
>>> False and True
False
>>> False and False
False
```

2. 或运算

只要有一个布尔值为 True，计算结果就是 Ture。

```
>>>True or True
True
>>>True or False
True
>>>False or True
True
>>>False or False
False
```

3. 非运算

把 True 变为 False，或者把 False 变为 True。

```
>>>not True
False
>>>not False
True
```

布尔运算在计算机中用来做条件判断，根据计算结果为 True 或者 False，计算机可以自动执行不同的后续代码。

在 Python 中，布尔类型还可以与其他数据类型做 and、or 和 not 运算，请看下面的代码。

```
>>> a = True
>>> print(a) and 'a = T' or 'a = F'
True
'a = F'
```

计算结果不是布尔类型，而是字符串'a = F'，这是因为 Python 把 0、空字符串和 None

看成 False，其他数值和空字符串都看成 True。

上述结果，又应用到在 4.1.3 中提到的知识：短路求值。

（1）在计算 a and b 时，如果 a 是 False，则根据与运算法则，整个结果必定为 False，因此返回 a；如果 a 是 True，则整个计算结果必定取决于 b，因此返回 b。

（2）在计算 a or b 时，如果 a 是 True，则根据或运算法则，整个计算结果必定为 True，因此返回 a；如果 a 是 False，则整个计算结果必定取决于 b，因此返回 b。

当 Python 解析器来做布尔运算时，只要能提前确定计算结果，它就不会往后算了，直接返回结果。

4.3 简化条件

Python 中有特殊的数据结构、列表或元组，一些包含逻辑运算符的长复合条件可以因此被简化。

德·摩根定律（De Morgan's Law）[1]是关于命题逻辑规律的一对法则。在逻辑代数、计算机语言中，分别有不同的表达形式，见表 4-3。

表 4-3　德·摩根定律

逻辑代数表示	计算机语言表示	实　　例
¬(P ∧ Q) ⇔ (¬P) ∨ (¬Q)	not (A and B) 等价于 not (A) or not (B)	(weight> 11) and (weight <= 60) 等价于 11 < weight <= 60
¬(P ∨ Q) ⇔ (¬P) ∧ (¬Q)	not (A or B) 等价于 not (A) and not (B)	(weight <= 60) or (weight > 11) 等价于 not (11 < weight <= 60)

应用德·摩根定律可以简化很多条件，例如，复合条件：

(name == "Amy") or (name == "Nancy") or (name == "Bob") or (name == "Jack")
可以替换为 name in ["Amy","Nancy","Bob","Jack"]。

德·摩根定律可以从左到右使用，也可以从右到左使用。
- 复合条件：not((height >= 160) and (weight <= 50))
- 等价于：(height < 160) or (weight > 50)；
- 复合条件：not(len(name) == 3) and not(name.captitalletter('j'))
- 等价于：not((len(name) == 3) or (captitalletter('j')))。

4.4 条件判断语句

我们将采用判断结构（也称为分支结构）的语句称为条件判断语句。根据特定条件的真假，程序能够执行一些指定的动作。

4.4.1 if 语句

if 语句是用来进行判断的，if-else 语句的 else 部分可以省略。如果省略，当条件为假时，将会继续执行 if 语句块之后的代码。if 的使用格式如下。

> if 条件：
>   条件执行代码

当 Python 程序中有 if 语句时，它的执行流程如图 4-1 所示。

以下是关于使用 if 语句的例子，如代码清单 4-1 和代码清单 4-2 所示。

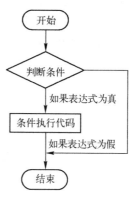

图 4-1　if 流程图

代码清单 4-1　if 语句

```
1   age = 30
2   print ("———if 判断开始———")
3   if age>=18:
4       print ("我已经成年了")
5   print ("———if 判断结束———")
```

运行结果：

```
———if 判断开始———
我已经成年了
———if 判断结束———
```

代码清单 4-2　if 语句不同初始值

```
1   age = 16
2   print ("———if 判断开始———")
3   if age>=18:
4       print ("我已经成年了")
5   print ("———if 判断结束———")
```

运行结果：

```
———if 判断开始———
———if 判断结束———
```

以上两个程序仅仅 age 变量的值不一样，结果却不同。由此可以得出 if 判断语句的作用：即当满足一定条件时才会执行 if 语句块中的代码，否则不执行该代码。

📖　提示　代码的缩进为一个〈Tab〉键，或者 4 个空格！

4.4.2　if-else 语句

if-else 语句的常用形式如下。

> if 条件：
>   条件执行代码 1

```
else:
    条件执行代码 2
```

if-else 语句可根据条件的真假执行不同的语句块，若真，则执行第一块语句；若假，则执行第二块语句。不同的语句块根据缩进来划分（本书始终使用 4 个空格缩进语句块）。注意，因缩进代表语句块的开始和结束，故每行语句应该向右缩进相同大小的距离。

if-else 语句的执行流程如图 4-2 所示。

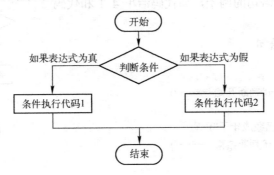

图 4-2　if-else 流程图

下面举例说明 if-else 的使用。

```
if age >= 18:
    print('adult')
```

如果想判断年龄在 18 岁以下时，打印出'teenager'，怎么办？
方法可以是再加一层 if：

```
if age < 18:
    print ('teenager')
```

或者用 not 计算：

```
if not age >= 18:
    print('teenager')
```

这时可以发现，两种条件判断是"非此即彼"的，要么符合条件 1，要么符合条件 2，因此，可以用一个 if-else 语句将二者统一起来，如代码清单 4-3 所示。

代码清单 4-3　if_else 语句

```
1   age = 30;
2   if age >= 18:
3       print ('adult')
4   else:
5       print ('teenager')
```

运行结果：

adult

下面的程序，if-else 与逻辑运算符结合，不同的读者可以复习前面章节提到的逻辑运算符。示例如代码清单 4-4 所示。

代码清单 4-4　if_else 语句输出

```
1    # Obtain answer to question.
2    answer = eval(input("How many centimeters is a decimeter? "))
3    # Evaluate answer.
4    if ( answer == 10):
5        print("Good,",end="")
6    else:
7            print("please guess it once again.")
```

运行结果：

```
How many centimeters is a decimeter? 10
Good
```

4.4.3　多重条件判断 elif 语句

实际编程应用中，常常面临着多于两种可能性的选择，这时，if-else 需要进行扩展。elif 子句就在此时被引入（elif 是"else if"的缩写），并显得尤其重要。一个包含 elif 子句的典型复合语句结构如下所示。

```
if 条件 1:
    条件执行代码 1
elif 条件 2:
    条件执行代码 2
elif 条件 3:
    条件执行代码 3
elif 条件 4:
    条件执行代码 4
```

实际应用时，Python 会先搜寻第一个为真的条件，并执行与它相关联的语句块。如果所有条件都不为真，那么，执行 else 语句块。随后则执行 if-elif-else 语句之后的程序。

if-elif-else 应当被当作段落对待；每一个 if-elif-else 组合的最前面和最后面应空一行便于区分。

多重条件判断 elif 语句的执行流程如图 4-3 所示。

代码清单 4-5 用来判断输入的两个数字的大小，关系包含三种，即大于、小于和等于。

代码清单 4-5　elif 语句

```
1    ## 比较两个数字的大小.
2    # 输入两个将要被比较的数字 num1 和 num2.
3    num1 = eval(input("Enter the first number:"))
```

```
4    num2 = eval(input("Enter the second number:"))
5    #判断并打印较大的数字
6    if num1 > num2:
7    print("The larger number is", str(num1) + ".")
8    elif num2 > num1:
9    print("The larger number is", str(num2) + ".")
10   else:
11   print("The two numbers are equal.")
```

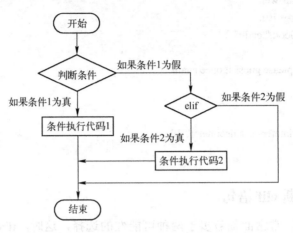

图 4-3　elif 流程图

运行结果：

```
Enter the first number:11
Enter the second number:11
The two numbers are equal.
```

假设北京邮电大学有一批学生即将毕业，编写程序来判断它们是否以优异的成绩毕业。

代码清单 4-6　elif 判断成绩

```
1    ## 判断毕业生成绩是否优异.
2    # 需要成绩平均 gpa.
3    gpa = eval(input("输入你的 gpa: "))
4    # 判定你被授予何种荣誉.
5    if gpa >= 3.9:
6        honors = "优秀."
7    elif gpa >= 3.6:
8        honors = "良好."
9    elif gpa >= 3.3:
10       honors = "一般."
11   else:
12       honors = "不及格"
13   # 得出结果.
```

```
14    print("你的表现" + honors)
```

运行结果：

```
Enter your gpa: 3.9
你的表现优秀.
```

4.4.4　条件判断嵌套

有时，我们需要表达很复杂的嵌套关系，这时在 if-else 和 if 语句的缩进块中，允许包含其他的 if-else 和 if 语句。处于此类情况中的这些语句称为嵌套（Nested）语句。该类型的典型结构如下。

```
if 条件 1:
    条件执行代码 1
if 条件 2:
    条件执行代码 2
elif 条件 3:
    条件执行代码 3
else:
    条件执行代码 4
elif 条件 4:
    条件执行代码 5
else:
    条件执行代码 6
```

代码清单 4-7 和代码清单 4-8 分别为包含嵌套 if-else 语句的实际应用。

在代码清单 4-7 中，假设北京邮电大学即将举办一场运动会，大学一年级到四年级的同学都需要参加，学校给四个学年的学生分别制定了不同颜色的帽子，对应关系如下。

dark red，大一；

shallow red，大二；

dark blue，大三；

shallow blue，大四。

下面的程序输入一种颜色（red 或 blue）和一种深浅度（dark 或 shallow），然后预测出学生的年级。使用嵌套 if-else 来实现。

代码清单 4-7　判断学生年级

```
1    ## 根据帽子颜色判断学生年级.
2    # 获取颜色及深浅度.
3    color = input("输入一种颜色 (red or blue): ")
4    mode = input("输入深浅 (dark or shallow): ")
5    color = color.upper()
6    mode = mode.upper()
7    # 分析结果并预测该学生的年级。
8    result = ""
```

```
9      if color == "red":
10         if mode == "dark":
11             result = "大一."
12         else: # mode is shallow
13             result = "大二."
14     else: # color is blue
15         if mode == "dark":
16             result = "大三."
17         else: # mode is shallow
18             result = "大四."
19     print("该学生处于年级", result)
```

运行结果:

```
Enter a color (blue or red): red
Enter a mode (dark or shallow): shallow
该学生处于年级大二
```

代码清单 4-8 是关于计算每月收支的问题。输入支付宝用户每个月的支出和收入。如果收支平衡，则输出"收支平衡"，否则输出盈利或亏损的数额。

代码清单 4-8　计算收支

```
1      ## 计算收支.
2      # 获取用户收入.
3      costs = eval(input("输入总花费: "))
4      revenue = eval(input("输入总收入:  "))
5      # 判断是盈利还是亏损.
6      if costs == revenue:
7          result = "收支平衡."
8      else:
9          if costs < revenue:
10             profit = revenue – costs
11             result = "盈利 is ￥{0:,.2f}.".format(profit)
12         else:
13             loss = costs – revenue
14             result = "损失 is ￥{0:,.2f}.".format(loss)
15     print(result)
```

运行结果:

```
输入总花费: 9000
输入总收入: 8000
损失 is ￥1,000.00.
```

4.4.5　绝对真和假

任何有真值的对象都可以用作条件。那么，如何判断一个给定条件的绝对真与假呢？

这往往视对象的类型而定。例如，当 True 和 False 本身被视为对象时，对象 True 和 False 的值分别为 True 和 False。当数字用作条件时，所有除 0 之外的数字都被赋值为 True，而 0 则为 False。而对于用作条件的字符串、列表或元组来说，若为空则代表 False，否则，值为 True。

代码清单 4-9 展示了对象的真值。

代码清单 4-9　True 和 False 值

```
1    ## 举例说明真假.
2    if 100:
3        print("输入非 0 数为 true.")
4    else:
5        print("输入 0 为 false.")
6    if []:
7        print("非空的列表为 true.")
8    else:
9        print("空列表为 false.")
10   if ["sister"]:
11       print("非空列表为 true.")
12   else:
13       print("空列表为 false.")
```

运行结果：

```
输入非 0 数为 true.
空列表为 false.
非空列表为 true.
```

在 Python 中，任何对象都可以判断其真假值：True，False。

在 if 条件判断中，下面的情况值为 False：

None、False、数值为 0 的情况、所有空序列、有空 mapping、_bool_()、_len_()。

4.5　循环控制语句

当程序需要重复执行一段代码时，为了提升效率，节省时间，可以使用在程序设计中很重要的一种结构，循环（Loop）。

4.5.1　while 循环控制语句

在 Python 中，while 循环用于重复执行满足特定条件的某一个缩进的语句块，以处理需要重复处理的相同任务，达到提升效率、简化代码的目的，其基本格式如下。

```
while 条件 1:
    条件执行语句
```

以 while 开头的那行代码称为循环的头部，头部中的条件称为循环的继续条件

（Continuation Condition），代码的缩进块称为循环体（Loop Body），每执行一次循环体称为通过该循环的一轮（Pass）。

判断循环是否继续，需要查看循环条件的判断值，等于 True 或 False。注意，语句块中每行的缩进距离可以表明解析器循环的开始与结束，所以需要保证缩进距离的统一。

当 Python 程序中有 while 循环时，它的执行流程如图 4-4 所示。

首先判断 while 语句中的条件真值情况，若表达式为真，则执行循环体代码；若表达式为假，则跳出循环体，并继续执行后续代码。每轮循环执行后，Python 将重新检验判断条件并执行相应的语句，直到条件值为 False 为止。

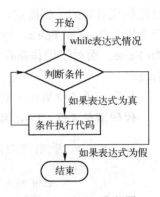

图 4-4　While 流程图

下面举例说明执行 while 循环的流程。代码清单 4-10 是关于数字的 while 循环。

代码清单 4-10　while 语句

```
1    count = 0
2    while (count < 9):
3        print ('The count is:', count)
4        count = count + 1
5    print ("Good bye!")
```

运行结果：

```
The count is: 0
The count is: 1
The count is: 2
The count is: 3
The count is: 4
The count is: 5
The count is: 6
The count is: 7
The count is: 8
Good bye!
```

代码清单 4-11 是关于颜色选择问题。程序需要用户输入 1、2、3 中的任意一个数字，每个数字分别对应不同的颜色。直到用户给出正确的数字，并输出正确的颜色，循环才会停止。

代码清单 4-11　颜色选择问题

```
1    ## 颜色选择问题.
2    print("这个程序是一个颜色选择问题.")
3    responses = ('1', '2', '3')
4    response = '0'
5    while response not in responses:
6        response = input("输入 1, 2, 或 3: ")
```

```
7         if response == '1':
8             print("Red.")
9         elif response == '2':
10            print("Green.")
11        elif response == '3':
12            print("Yellow.")
```

运行结果:

```
这个程序是一个颜色选择问题.
输入 1, 2, 或 3: one
输入 1, 2, 或 3: 5
输入 1, 2, 或 3: 2
Green.
```

代码清单 4-12 求非负数字序列的最大值、最小值和平均值。当用户输入-1 时，程序终止。随着数字的不断输入，循环会不断更新。

代码清单 4-12   求取最大值、最小值和平均值

```
1     ##寻找一组数中的最大值、最小值和平均值
2     count = 0 #  输入非负数字的个数
3     total = 0 #  输入非负数字的和
4     #  获取数字并决定 count、min 和 max
5     print("(输入负数来终止程序)")
6     num = eval(input("输入一个非负数字： "))
7     min = num
8     max = num
9     while num < 0:
10        count += 1
11        total += num
12        if num < min:
13            min = num
14        if num > max:
15            max = num
16        num = eval(input("输入一个非负数字： "))
17    #  输出结果
18    if count > 0:
19        print("最小值: ", min)
20        print("最大值: ", max)
21        print("平均值: ", total/ count)
22    else:
23        print("没有输入非负数字 ")
```

运行结果:

```
(输入负数来终止程序)
输入一个非负数字: 12
```

在上述程序中，我们称变量 count 为计数器变量，变量 total 为累加器变量，数字-10 为标记值（Sentinel Value），循环为具有标记值控制的重复（Sentinel-Controlled Repetition）。在实战中遇到类似的编程问题，可以参考本例解决。

代码清单 4-13 执行与代码清单 4-12 同样的任务，但是选择在列表中存储数字，然后使用 list 方法和函数来判断需要的值。

代码清单 4-13   设置哨兵值

```
1    ##寻找一组数中的最大值、最小值和平均值
2    # 获取一组数字列表.
3    list1 = []
4    print("(输入负数来终止程序.)")
5    num = eval(input("输入一个非负数字: "))
6    while num <0:
7        list1.append(num)
8        num = eval(input("输入一个非负数字：  "))
9    # 输出结果
10   if len(list1) > 0:
11       list1.sort()
12       print("最小值:", list1[0])
13       print("最大值:", list1[-1])
14       print("平均值:", sum(list1)/ len(list1))
15   else:
16       print("没有输入非负数字.")
```

运行结果：

```
(输入负数来终止程序.)
输入一个非负数字: 12
输入一个非负数字: 63
输入一个非负数字: 92
输入一个非负数字: 22
输入一个非负数字: -10
最小值: 12
最大值:92
平均值: 47.25
```

4.5.2 for 循环控制语句

在 Python 中，使用 for 循环来迭代一系列值。for 循环的一般形式是：

```
for  变量 in 序列:
    条件执行语句 1
else:
    条件执行语句 2
```

其中序列的范围十分广泛，可以选择数列、字符串、列表、元组或者文件对象。在这里也要注意缩进语句块的缩进距离保持统一，因其表示语句块的开始与结束。依次将序列中的每一个值赋给变量，赋值后执行缩进语句块中的语句。

当 Python 程序中有 for 循环时，它的执行流程如图 4-5 所示。

for 循环可以用来对列表进行很多操作，如遍历元素、修改元素、删除元素、统计列表中元素个数等。以下几个例子分别对这些方面进行说明。

代码清单 4-14 用 for 循环遍历整个列表。

代码清单 4-14   for 语句输出列表

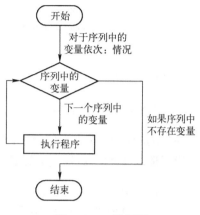

图 4-5　for 流程图

```
1    #for 循环主要用来遍历、循环、序列、集合、字典
2    Fruits=['apple','orange','banana','grape']
3    for fruit in Fruits:
4        print(fruit)
```

运行结果：

```
apple
orange
banana
grape
```

在代码清单 4-15 中用 for 循环来修改列表中的元素。

代码清单 4-15   for 语句遍历

```
1    #for 循环主要用来遍历、循环、序列、集合、字典
2    #把 banana 改为 Apple
3    Fruits=['apple','orange','banana','grape']
4    for i in range(len(Fruits)):
5        if Fruits[i]=='banana':
6            Fruits[i]='apple'
7    print(Fruits)
```

运行结果：

```
['apple', 'orange', 'apple', 'grape']
```

在代码清单 4-16 中，使用 for 循环来删除列表中的元素。

代码清单 4-16　for 语句删除元素

```
1    Fruits=['apple','orange','banana','grape']
2    for i in Fruits:
3        if i =='banana':
4            Fruits.remove(i)
5    print(Fruits)
```

运行结果：

```
['apple', 'orange', 'grape']
```

在代码清单 4-17 中，使用 for 循环来统计列表中某一元素的个数。

代码清单 4-17　统计列表元素

```
1    #统计 apple 的个数
2    Fruits=['apple','orange','banana','grape','apple']
3    count=0
4    for i in Fruits:
5        if i=='apple':
6            count+=1
7    print("Fruits 列表中 apple 的个数="+str(count)+"个")
```

运行结果：

```
Fruits 列表中 apple 的个数=2 个
```

代码清单 4-18 使用 for 循环实现 1～9 的相乘。

代码清单 4-18　9 的阶乘

```
1    sum=1
2    for i in list(range(1,10)):
3        sum *= i
4    print("1*2...*9=" + str(sum))
```

运行结果：

```
1*2...*9=362880
```

代码清单 4-19 使用 for 循环遍历姓名字符串中的所有字母。

代码清单 4-19　遍历字符串

```
1    for letter in 'Nancy':
2        print(letter)
```

运行结果：

```
N
a
n
c
y
```

代码清单 4-20 使用 for 循环遍历字典。

代码清单 4-20　遍历字典

```
1    for key, value in {"name":'Julia', "age":22}.items():
2        print("键--->" + key)
3        print("值--->" + str(value))
```

运行结果：

```
键--->age
值--->22
键--->name
值--->Julia
```

4.5.3　range 函数

range 循环的一般形式如下：

```
for num in range(m, n):
    条件执行语句
```

程序将会针对 range(m, n)所产生序列的每一个整数执行一次语句块中的语句。序列开始于 m，并且重复加 1，直到加到 n 之前的数。例如：range(3, 10)将产生序列 3、4、5、6、7、8、9。函数 range(0, n)能被简写为 range(n)。

代码清单 4-21 利用 range 函数求 range 序列中每个数字的平方，并分别打印平方值。

代码清单 4-21　range 序列

```
1    for i in range(2, 6):
2        print(i, i * i)
```

运行结果：

```
2 4
3 9
4 16
5 25
```

如果想要创建步长不为 1 的整数序列，假设 m、n 和 s 是整数，并且 m<n，s 为正数，则函数

```
range(m, n, s)
```

将会产生一个从 m 开始以 s 为步长的整数序列，其中，最后一个数字满足<n。即，这一序列开始于 m，每一次将 m 加上 s，直到下一次会产生一个数大于 n。s 称为步长值（Step Value）。例如：

> range(1, 9, 3)产生序列 1、4、7。

如果初始值大于终止值，且步长值为负，则 range 函数产生一个递减的序列，它由初始值开始，并恰好递减至终止值。例如：

> range(9, 2, -3)产生序列 9、6、3。
> range(10, -10, -4)产生序列 10、6、2、-2、-6。

4.5.4 循环嵌套

Python 语言允许一个循环体中嵌套另一个循环。但是需要注意的是，第一层循环必须完全包含第二层循环，并且两层循环变量必须相同。这种情况被称为嵌套（Nested）for 循环。

Python for 循环嵌套语法：

```
for 变量 in 序列:
    for 变量 in 序列:
        条件执行语句
    条件执行语句
```

Python while 循环嵌套语法：

```
while 表达式:
    while 表达式:
        条件执行语句
    条件执行语句
```

代码清单 4-22 利用嵌套循环来计算乘法表。i 代表第一个乘数，j 代表第二个乘数。每一个乘数的取值均在 1～4 之间。外层循环对 i 赋值，内层循环对 j 赋值。初始时 i 被赋值为 1，遍历内层循环 4 次产生第一行乘积。在这 4 遍循环之后，i 的值仍然为 1，内层循环第一次执行结束。接下来，将 i 赋值为序列中的下一个数，即为 2。内层循环头部再次执行，将 j 重新设置为 1。第二行的乘积在接下来的内层循环中被输出，依次类推。

代码清单 4-22　for 语句嵌套

```
1    ## Display a multiplication table for the numbers from 1 through 4.
2    for i in range(1, 5):
3        for j in range(1, 5):
4            print(i, 'x', j, '=', i * j, "\t", end="")
5        print()
```

运行结果：

> 1 x 1 = 1   1 x 2 = 2   1 x 3 = 3   1 x 4 = 4   1 x 5 = 5

146

```
2 x 1 = 2    2 x 2 = 4    2 x 3 = 6    2 x 4 = 8    2 x 5 = 10
3 x 1 = 3    3 x 2 = 6    3 x 3 = 9    3 x 4 = 12   3 x 5 = 15
4 x 1 = 4    4 x 2 = 8    4 x 3 = 12   4 x 4 = 16   4 x 5 = 20
```

代码清单 4-23 将利用嵌套的 for 语句来显示倾斜的点阵。

代码清单 4-23   打印点阵

```
1      ## Display a triangle of points.
2      number = int(input("Enter a number from 1 through 10: "))
3      for i in range(number):
4          for j in range(i + 1):
5              print(".", end = "")
6          print()
```

运行结果：

```
Enter a number from 1 through 10: 6
.
..
...
.....
......
......
```

4.5.5   break 和 continue 语句

Python 中的 break 语句用来终止循环语句，打破了最小封闭 for 或 while 循环，即循环条件没有 False 条件或者序列还没被完全递归完，也会停止执行循环语句。如果使用嵌套循环，break 语句将会停止执行最深层的循环，并开始执行下一行代码。

break 语句语法如下。

```
break
```

break 语句通常用在 if 语句的里面。

Python 中 continue 语句用来跳出本次循环，而 break 跳出整个循环。continue 语句用来告诉 Python 跳过当前循环的剩余语句，然后继续进行下一轮循环。continue 语句用在 while 和 for 循环中。

Python 语言中 continue 语句语法格式如下。

```
continue
```

break 语句与 continue 语句的流程图分别如图 4-6 和图 4-7 所示，示例如代码清单 4-24 与代码清单 4-25 所示。

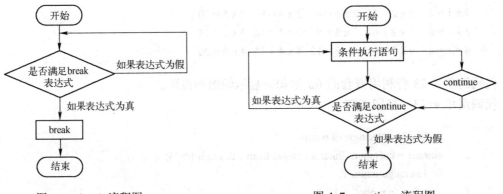

图 4-6　break 流程图　　　　　　　　图 4-7　continue 流程图

代码清单 4-24　break 语句

```
1    for letter in 'Python':      # 第一个实例
2       if letter == 'h':
3          break
4       print ('当前字母 :', letter)
5    var = 10                     # 第二个实例
6    while var > 0:
7       print ('当前变量值 :', var)
8       var = var -1
9       if var == 5:   # 当变量 var 等于 5 时退出循环
10         break
11   print ("Good bye!")
```

运行结果：

```
当前字母 : P
当前字母 : y
当前字母 : t
当前变量值 : 10
当前变量值 : 9
当前变量值 : 8
当前变量值 : 7
当前变量值 : 6
Good bye!
```

代码清单 4-25　continue 语句

```
1    for letter in 'Python':                 # 第一个实例
2       if letter == 'h':
3          continue
4       print ('当前字母 :', letter)
5    var = 10                                # 第二个实例
```

```
6       while var > 0:
7           var = var −1
8           if var == 5:
9               continue
10          print ('当前变量值 :', var)
11      print ("Good bye!")
```

运行结果：

```
当前字母 : P
当前字母 : y
当前字母 : t
当前字母 : o
当前字母 : n
当前变量值 : 9
当前变量值 : 8
当前变量值 : 7
当前变量值 : 6
当前变量值 : 4
当前变量值 : 3
当前变量值 : 2
当前变量值 : 1
当前变量值 : 0
Good bye!
```

4.5.6　pass 语句

Python pass 语句是空语句，是为了保持程序结构的完整性。pass 语句作为占位符，当只是需要循环遍历一个序列而不做任何事情时，常用其占位。

一般来说 pass 语句的语法格式如下。

```
pass
```

关于 pass 语句的示例如代码清单 4-26 所示。

代码清单 4-26　pass 语句

```
1   # 输出 Python 的每个字母
2   for letter in 'Python':
3       if letter == 'h':
4           pass
5           print ('this is pass module')
6       print ('当前字母 :', letter)
7   print ("Good bye!")
```

运行结果：

当前字母：P
当前字母：y
当前字母：t
这是 pass 块
当前字母：h
当前字母：o
当前字母：n
Good bye!

4.5.7 无限循环

在 Python 中，我们要注意避免无限循环，即不会停止的循环。无限循环结构流程图如图 4-8 所示。

代码清单 4-27 要求如下：循环验证用户输入的用户名和密码；认证通过后，运行用户重复执行命令；当用户输入命令为 quit 时，则退出整个程序。

代码清单 4-27　无限循环

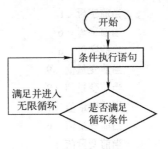

图 4-8　无限循环流程图

```
1    person={'name':'Julia','password':'123123'}
2    while True:
3        nm=input('请输入用户名')
4        psw=input('请输入密码')
5        if nm==person['name'] and psw==person['password']:
6            cmd=input('请输入指令：')
7            while cmd!='quit':
8                cmd = input('请输入指令：')
9            break
10           while True:
11               cmd=input('请输入指令')
12               if cmd=='quit':
13                   break
14       else:
15           print('账号或密码错误\n')
16           continue
```

运行结果：

请输入用户名 lili
请输入密码 dfjdlksjf
账号或密码错误
请输入用户名 Julia

```
请输入密码 123123
请输入指令: sflksj
请输入指令: quit
```

4.5.8　字符串中字符的循环遍历

对于给定字符串 str，循环

```
for ch in str:
        条件执行语句
```

将从 str 中第一个字符开始，对字符串中的每个字符依次执行循环体。此过程重复直至循环达 len(str)次。

在代码清单 4-28 中，获取了一个单词，并将其按照逆序输出。

代码清单 4-28　循环遍历字符串

```
1    ## 将一个单词中的字母逆序输出
2    word = input("输入一个单词: ")
3    reverse = ""
4    for ch in word:
5        reverse = ch + reverse
6    print("单词的逆序是 " + reverse + ".")
```

运行结果:

```
输入一个单词: beautiful
单词的逆序是 lufituaeb.
```

4.6　小结

1．本章介绍了关系、逻辑和短路求值三类运算符。

2．本章介绍了布尔数据类型，此种数据类型会返回 True 或 False。

3．表达式可以根据德·摩根定律进行条件的简化。

4．本章介绍了三种 Python 程序语句：if 语句、while 循环和 for 循环。这三种语句通过选择执行哪些语句，或者通过多次执行一组语句，可以改变程序流。在后续章节中将大量用到这些语句。

5．复合语句的特性引入了 Python 程序中的适当缩进特性，这使得 Python 程序易于读和理解。

实践问题 4

1．简化表达式(ans == 'N') or (ans == 'n') or (ans == "No") or (ans == "no")。

2. **优秀毕业生问题** 重写程序清单 4-6 中的程序，要求在 if-elif-else 语句执行之前验证 GPA 是否在 2.5～4 之间。

3. **温度转换问题** 编写一个程序，完成摄氏—华氏温度的转换。表中的输入项代表了从 10℃到 30℃，间隔 5℃。注意：公式 $f = \left(\dfrac{9}{5} \cdot c\right) + 32$ 将摄氏度转换为华氏度。其中，f 为华氏度，c 为摄氏度。

4. 判断程序的输出。

```
for ch in "Python":
    continue
print(ch)
```

习题 4

给出第 1～2 题中程序的输出结果。

1. print(chr(ord('Z'))) # The ASCII value of Z is 90

2. letter = input("输入 A，B 或 C: ")

   letter = letter.upper()

   if letter == "A":

       print("A，我的名字是李华.")

   elif letter == "B":

       print("生存还是毁灭.")

   elif letter == "C":

       print("哦，你能看见吗？ ")

   else:

       print("你没有输入有效的字符.")

   （假设输入 Z。）

在第 3～4 题中，假设 a 的值为 2，b 的值为 3。判断这些条件表达式的值是 True 还是 False，并使用 print 函数来确认你的答案。

3. ((5 − a) * b) < 7

4. ((a == b) or not (b < a)) and ((a < b) or (b == a + 1))

判断习题 5～6 中条件表达式的值是 True 还是 False。

5. "9A" != "9a"

6. not(('C' == 'c') or ("Small" < "small"))

判断第 7 题中的两个条件是否等价。

7. ch in "abcdefghijklmnopqrstuvwxyz"; 97 <= ord(ch) <=122

简化第 8 题的表达式。

8. (year == 2017) or (year == 2018) or (year ==2019) or (year == 2020)

判断第 9 题的输出是 True 还是 False。

9. str1 = "spam and eggs"

   print(str1.endswith(str1[10:len(str1)]))

在第 10 题中，找出代码中的错误，并指出错误的类型（语法、运行时或逻辑），并修正代码块。

10. n = eval(input("输入一个数字: "))

    if n = 17:

        print("平方是", n * 5)

    print("负值是", −n)

简化第 11 题中的代码。

11. if state == "Yunnan":

    if city == "Kunming" or city == "Dali":

        print("Large city!")

12. **复印费用问题**　一个复印中心前 50 份复印文件每份收取 5 毛钱，后面再有复印则超出 50 份的每份收取 3 毛钱。请编写一个程序，输入是复印的份数，输出是收取的费用。可能输出如下。

    输入复印数目: 80

    花费是 34.00

13. **测验**　编写一个测验小程序，提问"谁是第一个冠军?"，如果答案是"张梦雪"，那么输出"你猜对了。"，对于其他答案则输出"再试试！"。可能输出如下。

    谁是第一个冠军? 张梦雪

    你猜对了。

14. **平均值计算**　编写一个程序，输入是三个分值，输出是其中两个最高分值的平均值。可能输出如下。

    输入第一个分数：88

    输入第二个分数：96

    输入第三个分数：98

    两个最高分之间的平均数是：97.00

15. **输入验证**　编写一个程序，要求用户输入一个大写字母。如果用户输入错误请给出提示。可能输出如下。

    输入一个单独的大写字母：DKFJ

    你没有满足要求。

16. **两套西服五折销售问题**　一个人的服装店做广告：如果你要买一套西服，第二套五折。这意味着，如果你买两套西服，那么其中那套便宜的西服的价钱可以下降 50%。请编写一个程序，输入是两套西服的价钱，输出是在便宜西服半价后的总付款数。可能输出如下。

    输入第一套西服的花费：378.5

    输入第二套西服的花费：495.99

    两套西服的总花费：685.24

找出第 17 题代码中的错误。

17. ## 输入列表中的元素。

```
list1 = ['a', 'b', 'c', 'd']
i = 0
while True:
    print(list1[i])
    if i = len(list1):
        break
    i = i + 1
```

在习题 18 中，编写一段简单清晰的代码，执行与下面的代码同样的任务。

18.
```
name = input("输入一个名字: ")
print(name)
name = input("输入一个名字: ")
print(name)
name = input("输入一个名字: ")
print(name)
```

19. **人口增长问题**　世界人口在 2011 年 10 月 21 日达到 70 亿，并正在以每年 1.1%的速度增长。假设人口继续以同样的速度增长，什么时候人口达到约 80 亿？输出结果如下。

世界人口将达到 80 亿在 2024。

20. **年金问题**　年金是定期付款的一种投资。储蓄计划就是一种年金，每月支付到一个储蓄账户，为未来购买产生一定量的利息。假设每月底存入 10000 元到一个储蓄账户，年收益为 3%，月利率将是 0.03/12 =0.0025，每个月底余额计算方式为：

[月底余额] = 1.0025 × [上个月余额] + 10000

多少个月以后，账户余额会超过 300000 元？

输出结果为：年金将会价值￥300000 经历 29 月。

21. **同一天生日问题**　假设你在和 n 个其他学生上课，试着计算 n 取多大时，有同学和你生日相同的概率大于 50%？（忽略闰年概念）输出结果如下。

和 253 个同学，概率大于 50%和你有相同的生日。

22. **人口增长**　2014 年中国的人口数量大约是 13.7 亿，同时人口年增长率为 0.51%。而 2014 年印度人口数量为 12.6 亿，年增长率为 1.35%。请计算在什么时候印度的人口数量将会超过中国的人口数量（假设每年的增长率都为 2014 年的增长率）？输出结果如下。

印度的人口将会超过中国在 2025。

23. **储蓄账户**　请编写一个用于用户与其储蓄账户进行交互的菜单显示器程序，假设账户初始拥有￥1000 余额。输出结果如下。

请选择：

1. 存款
2. 取款
3. 收支平衡
4. 退出

请从菜单栏中做选择: 1

请输入存款数：500

存款成功

请从菜单栏中做选择：2

请输入取款数：2000

存款的最大值是￥1,500.00

请输入取款数：600

取款成功.

请从菜单栏中做选择：3

剩余：￥900.00

请从菜单栏中做选择：4

24．给出下面 range 函数产生的序列。

```
range(3, 14, 3)
```

25．设置 range 函数使其能够产生序列：4, 9, 14, 19。

给出第 26 题程序的输出。

26．# chr(162) 是￠符号

```
stringOfCents = ""
for i in range (1, 11):
        strngOfCents += chr(162)
print(stringOfCents)
```

识别出第 27～28 题中的所有错误。

27．list1 =   [2, 5, 7, 2, 7, 8]

list2 = []

for item in list1:

if item not in list2:

list2.append(item)

print list2

28．# 输出 0～19 之间除了 13 的所有数字。

```
for i in range(20, 0):
    if i != 13:
            print(i)
```

29．**元音字母**　计算用户输入短语中元音字母的个数，示例如下。

输入一段话：Less is more

这段话包含 4 个元音字母

30．**工资选项**　假设你有以下两种工资可选：

1．每年 200000 元，每年年末增长 10000 元。

2．每半年 100000 元，每半年末增长 2500 元。

编写一段程序，计算你将在接下来 10 年中每一个选项获得的输入，并找出最优的选项，示例如下。

选项 1 赚了 ￥2450,000

选项 2 赚了 ￥2475,000

参考文献

[1]《数学辞海》编辑委员会. 数学辞海第六卷[M]. 太原: 山西教育出版社，2002.

第5章　Python 函数与模块

本章将介绍 Python 的核心内容之一——函数、模块与包。函数、模块与包的使用将会大大降低 Python 代码的复杂度，提高代码利用率，使程序简洁易懂。

在 Python 中，程序由模块和包组成[1]。模块是处理某一类问题的集合，其由函数和类组成，而包则是一系列模块组成的集合。本章将先介绍 Python 中的函数，函数可以将一个复杂问题拆分为若干子问题，然后再将其逐个解决。在函数这一部分，将介绍几种常用的内建函数，然后介绍自定义函数的创建及使用。接着，会讲解几种特殊函数，如递归函数、lambda 函数。这些特殊函数会使编程更加简单。最后一节将介绍模块与包的使用。

本章知识点：
- ❏ 内建函数与自定义函数
- ❏ 向函数传值的几种方法
- ❏ 函数的返回值
- ❏ 函数的调用
- ❏ 列表解析的使用
- ❏ 几种常见的特殊函数
- ❏ 模块的创建及使用
- ❏ 包的创建及使用

5.1　函数定义

函数是有组织的、可重复使用的代码块。它用于执行单个相关操作，可以提高应用的模块性和代码的重复利用率。在 Python 中，函数的应用非常广泛。在前面的章节中，函数就已经出现过。如用于接收输入的 input()函数、字符串的各种内建函数等。这些函数都是 Python 内置的标准函数，可以直接使用。Python 还支持自定义函数，即通过一段有规律重复的代码定义为函数，来达到一次编写，多次调用的目的。代码清单 5-1 中就包含了两个函数，用于绘制扇形图，首先我们需要安装 pylab，即在 cmd 中输入 pip install pylab，程序如下所示。

代码清单 5-1　绘制扇形函数

```
1    from pylab import *
```

```
2      #生成数据
3      def prepare_data():
4          fracs = [45, 30, 25]              #每一块占的比例，总和为100
5          explode=(0, 0, 0.08)             #离开整体的距离，看效果
6          labels = 'apple', 'peach', 'pear'   #对应每一块的标志
7          return fracs, explode, labels
8      #生成图
9      def create_figure(fracs, explode, labels):
10         # make a square figure and axes
11         figure(1, figsize=(6,6))
12         ax = axes([0.1, 0.1, 0.8, 0.8])
13         # startangle 是开始的角度，默认为 0，从这里开始按逆时针方向依次展开
14         pie(fracs, explode=explode, labels=labels, autopct='%1.1f%%',\
15     shadow=True, startangle=90, colors = ("g", "c", "m"))
16         title('Fruits') #标题
17         show()
18     (fracs, explode, labels) = prepare_data()           #开始准备数据
19     create_figure(fracs, explode, labels)               #根据数据画图
```

运行结果如图 5-1 所示。

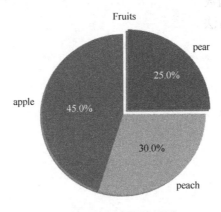

图 5-1 绘制扇形结果图

📖 说明 Python 的函数又分为内建函数和用户自定义函数，其中内建函数是最基本的。

5.1.1 内建函数

内建函数是 Python 自带的、开发者可以直接使用的基本函数。Python 中有很多内建函数，这些函数就是一个个小程序，它们接收输入、处理输入，并产生输出。

在 Python 交互模式下，可以输入相应的命令：dir(_builtins_)，来查看当前 Python 版本中的一些内建函数，如图 5-2 所示。

```
>>> dir(__builtins__)
```

```
['ArithmeticError', 'AssertionError', 'AttributeError', 'BaseException', 'B
lockingIOError', 'BrokenPipeError', 'BufferError', 'BytesWarning', 'ChildPr
ocessError', 'ConnectionAbortedError', 'ConnectionError', 'ConnectionRefuse
dError', 'ConnectionResetError', 'DeprecationWarning', 'EOFError', 'Ellipsi
s', 'EnvironmentError', 'Exception', 'False', 'FileExistsError', 'FileNotFo
undError', 'FloatingPointError', 'FutureWarning', 'GeneratorExit', 'IOError
', 'ImportError', 'ImportWarning', 'IndentationError', 'IndexError', 'Inter
ruptedError', 'IsADirectoryError', 'KeyError', 'KeyboardInterrupt', 'Lookup
Error', 'MemoryError', 'ModuleNotFoundError', 'NameError', 'None', 'NotADir
ectoryError', 'NotImplemented', 'NotImplementedError', 'OSError', 'Overflow
Error', 'PendingDeprecationWarning', 'PermissionError', 'ProcessLookupError
', 'RecursionError', 'ReferenceError', 'ResourceWarning', 'RuntimeError',
'RuntimeWarning', 'StopAsyncIteration', 'StopIteration', 'SyntaxError', 'Syn
taxWarning', 'SystemError', 'SystemExit', 'TabError', 'TimeoutError', 'True
', 'TypeError', 'UnboundLocalError', 'UnicodeDecodeError', 'UnicodeEncodeEr
ror', 'UnicodeError', 'UnicodeTranslateError', 'UnicodeWarning', 'UserWarni
ng', 'ValueError', 'Warning', 'WindowsError', 'ZeroDivisionError', '__build
_class__', '__debug__', '__doc__', '__import__', '__loader__', '__name__',
'__package__', '__spec__', 'abs', 'all', 'any', 'ascii', 'bin', 'bool', 'by
tearray', 'bytes', 'callable', 'chr', 'classmethod', 'compile', 'complex',
'copyright', 'credits', 'delattr', 'dict', 'dir', 'divmod', 'enumerate', 'e
val', 'exec', 'exit', 'filter', 'float', 'format', 'frozenset', 'getattr',
'globals', 'hasattr', 'hash', 'help', 'hex', 'id', 'input', 'int', 'isinsta
nce', 'issubclass', 'iter', 'len', 'license', 'list', 'locals', 'map', 'max
', 'memoryview', 'min', 'next', 'object', 'oct', 'open', 'ord', 'pow', 'pri
nt', 'property', 'quit', 'range', 'repr', 'reversed', 'round', 'set', 'seta
ttr', 'slice', 'sorted', 'staticmethod', 'str', 'sum', 'super', 'tuple', 't
ype', 'vars', 'zip']
```

图 5-2　内建函数

对于 Python 中不熟悉用法的内建函数，可以使用 help() 函数来查看它们的相关内容。
格式为：help(funcName)，例如：

```
>>> help(print)
Help on built-in function print in module builtins:
print(...)
        print(value, ..., sep=' ', end='\n', file=sys.stdout, flush=False)
            Prints the values to a stream, or to sys.stdout by default.
        Optional keyword arguments:
        file:   a file-like object (stream); defaults to the current sys.stdout.
        sep:    string inserted between values, default a space.
        end:    string appended after the last value, default a newline.
        flush:  whether to forcibly flush the stream.
```

dir() 也可以查看所要查询函数的一些文档字符串(Doc Strings)列表，这些文档字符串主
要包括了模块的介绍，方法及功能的说明等，例如：

```
>>> dir(print)
['__call__', '__class__', '__delattr__', '__dir__', '__doc__', '__eq__', '__format__', '__ge__',
'__getattribute__', '__gt__', '__hash__', '__init__', '__init_subclass__', '__le__', '__lt__', '__module__', '__name__',
'__ne__', '__new__', '__qualname__', '__reduce__', '__reduce_ex__', '__repr__', '__self__', '__setattr__', '__sizeof__',
'__str__', '__subclasshook__', '__text_signature__']
```

📖　注意　dir()在查询方法上，与 help()大致类似；但 dir()仅仅列出一个文档字符串列表，而 help()则更为
详细清楚。

下面给出了几个基本的内建函数：

```
>>>int(3.6)
3
>>> chr(65)
'A'
>>> ord('A')
65
>>> round(2.34,1)
2.3
```

上面 4 个内建函数的输出都是单值，在第一个例子中，int 函数的输出结果是 3，在第二个例子中，chr 函数的输出结果是 A。一些常用的内建函数见表 5-1。

表 5-1   Python 中常用的内建函数

函　　数	描　　述	函　　数	描　　述
abs(x)	返回一个数字的绝对值	bin(x)	将整数转换为以"0b"为前缀的二进制字符串
len(s)	返回对象的长度	max()	返回最大项
sum(list)	求取 list 元素的和	min()	返回最小项
pow(a,b)	获取乘方数	sorted(list)	对列表进行排序并返回排序后的 list
round(a,b)	获取指定位数的小数。a 代表浮点数，b 代表要保留的位数	int(str)	转换为 int 型
help()	调用系统内置的帮助系统	str(int)	转换为字符型

函数后括号中的部分叫作函数的实际参数，在前面的例子中，前三个函数只有一个实际参数，最后一个函数有两个实际参数。参数可以是数值，也可以是变量或任何其他类型的表达式。例如：

（1）参数为字面值

```
>>> num = int(2.6)
>>> print(num)
2
```

（2）参数为变量

```
>>> num1 = 2.6
>>> num2 = int(num1)
>>> print(num2)
2
```

（3）参数为表达式

```
>>> num1 = 1.3
>>> num2 = int(2 * num1)
>>> print(num2)
2
```

5.1.2 用户自定义函数

Python 不仅含有可以直接使用的内建函数，也允许开发者自定义一个函数。自定义函数的过程也可以理解为创建一个具有某种功能的方法。下面是创建函数的规则。

（1）以 def 关键字开头，后接函数名和圆括号。

（2）在圆括号中定义参数。

（3）函数第一行语句可以选择性使用文档字符串。

（4）函数内容以冒号开始，并且要缩进。

（5）return 关键字会返回一个值给调用方，不带表达式的 return 相当于返回 None。

```
def 函数名（参数）: #函数头
    函数体            #函数体
    return [表达式]
```

自定义函数要包括函数头和函数体。函数头由 def 关键字、函数名、参数集合组成。函数体则应包含一个定义函数做什么的语句集。函数的名称用于函数的调用，而参数用于向函数中输入数据，如果函数存在多个参数，那么各参数间需要使用"，"分隔，如果不指定参数，则表示该函数没有参数。例如：

```
>>> def my_print():
        print("hello Python!")
```

📖 注意　函数即使没有参数，也必须保留一对空的"()"，否则将显示错误提示对话框。

下面我们编写一个函数，这个函数用于计算五角形的面积，五角形的边长由用户输入，其面积公式为：面积=$\dfrac{n \times s^2}{4 \times \tan\dfrac{\pi}{n}}$，如代码清单 5-2 所示。

代码清单 5-2　计算五边形面积函数

```
1    import math
2    def area(s):
3        return 5 * s * s / math.tan(math.pi / 5) / 4
4    def main():
5        s = int(input('请输入边长：'))
6        print(area(s))
7    main()
```

运行结果：

```
请输入边长 4
27.527638409423474
```

Python 也可以定义没有预先设置的参数个数的函数，定义方法是在参数的前面加上"*"。例如：

```
def my_main(*args):
    for arg in args:
        print(arg)
my_main(1,2,3)
```

上面这个程序的运行结果是打印出 1，2，3。

5.1.3　向函数传值

在调用函数时，主调用函数和被调用函数之间通常会需要传递数据，而函数参数的作用就是将主调用函数的数据传递给被调用函数使用。函数利用参数接收数据后，就可以进行函数体中的操作了。

函数中的参数分为形式参数和实际参数，形式参数就是指在自定义函数时，函数名后面括号中的参数，而实际参数则是指调用函数时函数名后面括号中的参数。向函数传值的本质就是将实际参数的值传递给形式参数。

在 Python 中，字符串、元组等是不可修改的对象，而列表、字典等则是可以修改的对象。当函数调用时，若实际参数是不可修改的对象，而且函数改变了形式参数变量的值，实际参数所指向的对象不会发生任何改变。即使两个变量有相同的名字，它们也会被当作完全不同的变量。因此，当实际参数变量指向数值、字符串或元组等不可改变的对象时，通过调用函数来改变实际参数变量的值是不可能的。

下面的程序展示了形式参数与实际参数的关系。

```
def triple(num):
    num = 3 * num
    return num
num = 2
print('函数输出',triple(num))
print('原来的 num 值',num)
```

上面程序中，num 的值输入到函数中，经过运算后等于 6，但在最后打印输出时，num 的值仍为 2。说明了即使形式参数 num 的值在函数体中发生了改变，在调用函数的程序中实际参数 num 的值也没有发生改变。

当函数具有多个参数时，可以按位置进行参数的传递，这时，实际参数的个数必须与形式参数相同，同时，这两种参数的数据类型也必须相匹配。例如：

```
def counter(a,b,c):
    return a + b + c
value = counter(1,2,3)
print(value)
```

上述程序运行结果为 6，可以看到，函数要求传入三个参数，分别为 a、b、c。我们按照传入参数的顺序，传入1、2、3。相当于使 a = 1，b=2，c=3。

5.1.4　函数返回值

函数在运行结束后可能会返还给调用者一个结果，这个结果就叫作返回值。返回值需要使用含 return 关键字的返回语句来返回。若主程序想要使用函数所返回的数据，那返回值就需要被保存。例如：

```
def add2num(a,b):
    return a + b
result = add2num(10,9)
print('运行结果',result)
```

上面程序中，我们向函数中传入了 10 和 9 两个参数，函数运行得到的结果为 19，我们使用 return 关键字返回后，将其保存在 result 中，最后将 result 打印出来。

若函数没有返回值，即没有 return 语句，Python 就会将返回值默认为 None，若只写一个 return，后面不加任何东西，也是返回 None，若想要返回值，则需要显示在 return 语句后声明，见代码清单 5-3。

代码清单 5-3　return 语句

```
1    def no_return():
2        print('没有返回值')
3    def just_return():
4        print('仅有 return 没有值')
5    def return_value():
6        print('有返回值')
7        return 10
8    print('函数 no_return 的返回值是：',no_return())
9    print('*'*20)
10   print('函数 just_return 的返回值是：',just_return())
11   print('*'*20)
12   print('函数 return_value 的返回值是：',return_value())
```

运行结果：

```
没有返回值
函数 no_return 的返回值是：  None
********************
仅有 return 没有值
函数 just_return 的返回值是：  None
********************
有返回值
函数 return_value 的返回值是：  10
```

在函数中，return 语句可以出现在任何位置。甚至会有多条 return 语句出现在一个函数中，在这种情况下，若程序执行了其中一条 return 语句，函数就会立刻返回，结束调用。之后的其他语句都不会被执行，例如：

```
def return_value():
    print('执行本条语句')
    return
```

```
        print('不执行本条语句')
    return_value()
```

上述程序只会打印出"执行本条语句"这句话，而 return 后的程序将不再运行，即不会再打印"不执行本条语句"这句话。

5.1.5　变量作用域

当 Python 创建、修改和查找变量名时，都需要在一个保存变量名的空间中进行，这个空间叫作命名空间，也被叫作作用域。Python 变量的作用域由变量所在源代码中的位置决定，简单来说，就是由变量所处的位置决定。Python 变量的作用域可以分为以下四类。

（1）局部作用域　局部作用域一般是声明在函数内部的变量，可以理解为一个局部变量，该变量只能在函数内部使用，超出范围，变量就不能使用。

（2）嵌套作用域　嵌套作用域和局部作用域是相对的，嵌套作用域相对于更上层的函数而言也是局部作用域。嵌套作用域与局部作用域的区别在于，对一个函数而言，局部作用域是定义在此函数内部的局部作用域，而嵌套作用域是定义在此函数的上一层函数的局部作用域。

（3）全局作用域　全局作用域一般是在函数外部声明的变量，被称为全局变量。全局变量的适用范围是整个.py 文件。

（4）内置作用域　系统中的固定模块所定义的变量。

下面的程序中包含了 4 种作用域。

```
b = int(2.9)                # 内建作用域
g_count = 0                 # 全局作用域
def outer():
    e_count = 1             #局部作用域
    def inner():
        l_count = 2         # 嵌套作用域
```

如果一个内部作用域的变量想要变为外部作用域的变量，那么可以使用 global 关键字，使用 globa 关键字与不使用 global 关键字的区别如代码清单 5-4 所示。

代码清单 5-4　global 关键字

```
1    a = 1
2    def demo1():
3        a = 123
4        print('demo1: ',a)
5    demo1()
6    print('demo1: ',a)
7    print('*'*20)
8    #================================
9    b = 1
10   def demo2():
11       global b
```

```
12          b = 123
13          print('demo2: ',b)
14      demo2()
15      print('demo2: ',b)
```

运行结果：

```
demo1:   123
demo1:   1
*******************
demo2:   123
demo2:   123
```

从上面的程序中可以看到，global 关键字使函数外部与函数内部的变量相通。nonlocal 关键字的使用方法和 global 关键字类似，它用于修改嵌套作用域中的变量。例如代码清单 5-5 所示例的程序。

代码清单 5-5   nonlocal 关键字

```
1      def e_count():
2          num = 10
3          def inner():
4              nonlocal num        # nonlocal 关键字声明
5              num = 100
6              print(num)
7          inner()
8          print(num)
9      e_count()
```

运行结果：

```
100
100
```

5.2   函数调用

5.2.1   调用其他函数

函数的调用即函数的执行，调用函数的语法如下。

```
functionname([parametersvalue])
```

其中，functionname 指的是在定义中起的函数名，parametersvalue 指的是可选参数，用于向函数传递值。

在调用函数的时候，如果传入参数的数量不正确，系统就会报出 TypeError 错误，例如，当我们向 abs()函数传入一个参数时，Python 会明确地告诉你：abs()有且仅有 1 个参数，但给出了两个，如下所示。

```
>>> abs(10,20)
File "<stdin>", line 1, in <module>
TypeError: abs() takes exactly one argument (2 given)
```

如果传入的参数数量是对的，但参数类型不能被函数所接受，也会报 TypeError 的错误，并且给出错误信息：str 是错误的参数类型。

```
>>> abs('a')
File "<stdin>", line 1, in <module>
TypeError: bad operand type for abs(): 'str'
```

有时为了简单起见，可以将函数名赋值给一个变量，这相当于给函数起了一个别名。

```
>>> a = abs
>>> a(-1)
1
```

函数的调用十分灵活，不仅可以在主程序中调用函数，也可以在某个函数的函数体中调用另一个函数，当调用时，程序的控制权就会被移交到被调用的函数上。当函数运行结束时，被调用的函数就会将程序的控制权返还给调用者。简单地说，就是当被调用的函数结束时，控制流程返回到调用函数中调用发生之后的位置。如代码清单 5-6 所示。

代码清单 5-6　函数调用函数

```
1    def maxnum(num1,num2):
2        if num1 > num2:
3            result = num1
4        else:
5            result = num2
6        return result
7    def main():
8        i = 5
9        j = 2
10       k = max(i,j)
11       print( i,'和' , j , '较大的是' , k)
12   main()
```

运行结果：

```
5 和 2 较大的是 5
```

在这个程序里我们定义了 maxnum 函数和 main 函数。编译器先从程序的第一行读取程序，第一行是 maxnum 函数头，所以将函数及函数体存放到内存中，但先不去执行它，然后翻译器再将 main 函数的定义读取到内存中，也先不去执行。当运行到最后一行时，程序会调用 main 函数，因此，main 函数被执行。此时程序的控制权会转移到 main 函数，在两个赋值操作结束后，由于又调用了 maxnum 函数，因此又开始执行 maxnum 函数。当 maxnum 函数结束后，其返回值会返还给 k，然后再执行 print 语句，main 函数结束后，程序控制权返还给调用者，最后程序结束。

📖 **注意** 在 Python 中，由于函数在内存中被调用，所以函数可以定义在程序的任意位置。

5.2.2 函数返回多值

在 Python 中，允许函数返回多个值，返回多值的语法如下，注意各个返回值之间需要使用 "," 相隔开。

```
def func():
    return value1, value2, …, valueN
```

获取返回值的语法如下，接收返回值的变量之间也需要使用 "," 相隔开。

```
v1, v2, …, vN = func()
```

Python 可以返回任何类型的值，不仅仅是数字，也可以是字符串或布尔值。请看如下示例。

```
def word():
    return '字符串'
h = word()
print('返回值是：',h,'返回值类型是：',type(h))
```

运行结果：

```
返回值是：字符串返回值类型是：<class 'str'>
```

可以看到，程序返回了字符串类型的值，下面请看代码清单 5-7，代码中我们定义一个函数，函数的作用是比较输入的两个数的大小，并按升序输出。

代码清单 5-7 函数返回多值

```
1    def sort(num1,num2):
2        if num1 < num2:
3            return num1,num2
4        else:
5            return num2,num1
6    def main():
7        a = input('请输入第一个数')
8        b = input('请输入第二个数')
9        n1,n2 = sort(a,b)
10       print('较小的数为',n1)
11       print('较大的数为',n2)
12   main()
```

运行结果：

```
请输入第一个数 2
请输入第二个数 1
较小的数为 1
较大的数为 2
```

📖 **注意** sort 函数有两个返回值，所以当它被调用时，需要同时赋值并传递给这些返回值。

再看下面一个例子，在代码清单 5-8 中，我们将看到函数返回多值的本质，如下所示。

代码清单 5-8　函数返回多值示例 2

```
1    def result():
2        return 1,2,3
3    h = result()
4    print('返回值是：',h,'返回值类型是：',type(h))
5    x,y,z = result()
6    print('三个返回值分别是：',x,y,z)
```

运行结果：

```
返回值是： (1, 2, 3) 返回值类型是： <class 'tuple'>
三个返回值分别是： 1 2 3
```

从程序中可以发现，当用一个变量来接收函数的多个返回值时，函数的返回值是一个元组的结构，仍属于单一值。然而，Python 允许函数在返回元组时省略括号，而且在 Python 中多个变量可以同时接收一个元组，因此，Python 可以实现返回多值。

5.2.3　基于函数的列表解析

当 Python 对列表中的每个元素都执行一个固定方法时，可以使用列表解析。简单来说，列表解析就是通过 for 循环遍历某个可迭代对象中的每一个元素，然后对这些元素都进行一个相同的运算，得到一个运算结果。运算后的结果将会组成一个列表。

Python 列表解析的语法如下。

```
[f(x) for x in seq]
```

其中，f(x)是列表中每个元素需要执行的操作，seq 指的是需要执行操作的迭代对象。

列表解析可以依次对序列中的每一个值进行计算。例如给出一个序列，求这个序列中每个数的平方。

```
>>> a = [1, 2, 3, 4, 5]
>>> result = [x ** 2 for x in a]
>>> print(result)
[1, 4, 9, 16, 25]
```

可以看到，使用列表解析的方法可以大大减小代码的复杂度，简化代码。列表解析中的迭代对象可以是一个列表，也可以是一个表达式，它十分灵活。如果迭代对象是连续的整数，还可以使用 range() 表达式来表达，例如：

```
>>> result = [x ** 2 for x in range(1,6)]
>>> print(result)
[1, 4, 9, 16, 25]
```

列表中每个元素所执行的操作 f(x) 不仅可以直接通过操作符书写，也可以是人为定义好的函数。如代码清单 5-9 所示。

代码清单 5-9　列表解析

```
1    def value(num):
2        return num ** 2
3    result = [value(x) for x in range(1,6)]
4    print(result)
```

运行结果：

```
[1, 4, 9, 16, 25]
```

列表解析的用法很广泛，也很灵活，例如列表解析还可以用来构建数对。

```
>>> print([(x + 1, y + 1) for x in range(2) for y in range(3)])
[(1, 1), (1, 2), (1, 3), (2, 1), (2, 2), (2, 3)]
```

列表解析也可以用于统计字符。

```
>>> s = "I like Python"
>>> print('字符数为',sum([len(i) for i in s.split()]))
字符数为 11
```

这个例子中，先是通过 s.split() 构成序列，序列的每一个元素是字符串 s 的每一个单词，然后通过 [len(i) for i in s.split()] 生成由这些单词的长度构成的列表，最后通过 sum() 函数加和，可见，本来需要好几行代码才完成的工作，通过列表解析，我们只需要简单的一行代码即可。

列表解析还可以用于序列的筛选，如找出 1～10 中大于等于 4 的数。

```
>>> L = [ i for i in range(1,11) if i >= 4 ]
>>> print(L)
[4, 5, 6, 7, 8, 9, 10]
```

列表解析的出现，对于 Python 来说，绝对算是一种革命性的变化。我们可以通过一个极其简洁的列表解析式子，完成符合某种规律的列表的构建。

5.2.4　函数调用中的默认参数

在 Python 中，函数接口的定义由函数中参数的名字和位置来确定。定义函数非常简单，但又十分灵活。除了正常定义的必选参数外，还可以使用默认参数。当程序调用含默认参数的函数时，默认参数的值若未被传入，则传入默认预设的值。定义含默认参数函数的语法如下。

```
def f(arg1=value1, arg2=value2, …, argN=valueN):
```

其中，arg1、arg2 等是默认参数，value1、value2 等是默认值。

例如我们要计算 x 的平方，函数可以被定义为代码清单 5-10 中的形式。

代码清单 5-10　默认参数示例

```
1    def power(x, n=2):
2        s = 1
3        while n > 0:
4            n = n - 1
5            s = s * x
6        return s
7    #我们用两种方法调用函数:
8    print('完整参数',power(5, 2))
9    print('默认参数',power(5))
```

运行结果:

```
完整参数 25
默认参数 25
```

可以发现传入 n=2 和不传入 n=2 输出是一样的，但需要注意的是，由于函数的参数按从左到右的顺序匹配，所以默认参数只能定义在必需参数的后面，下面是错误的定义方法。

```
def fn1(b=1, c=2,a):
    return a+b+c
value = fn1(3)
print('结果是:',value)
```

正确的定义方法如下。

```
def fn1(a, b=1, c=2):
    return a+b+c
value = fn1(3)
print('结果是:',value)
```

上述程序的运行结果为 6，还需要注意的是，函数中的默认参数不能指向一个变量，若指向一个变量，函数的在相同输入下的每次输出可能会不同，如代码清单 5-11 中的情况。

代码清单 5-11　默认参数指向变量

```
1    def add(L=[]):
2        L.append(1);
3        return L;
```

```
4      print (add())
5      print (add())
6      print (add())
```

运行结果：

```
[1]
[1, 1]
[1, 1, 1]
```

可以看到，每次调用输出的结果是不同的，因此，不要将默认参数指向一个变量。

5.2.5 按参数名向函数传值

实际参数不仅可以按照位置来传递给函数，还可以通过形式参数的名字来传递给函数，这种方法叫作关键字传值。在传递参数时，参数名字和值用等号"="来连接。传递参数时的语法如下。

```
f(argi1=value1, argi2=valu2, …, argiN=valueN)
```

这里 argiN 指的是对应的第 iN 个形参，但是不一定是第 N 个。例如：我们令 a = 3、b = 1、c = 2，按关键字向函数传值。

```
def counter(a,b,c):
    return a * b + c
value = counter(b = 1,c = 2,a = 3)
print(value)
```

我们再按位置向函数传参：

```
def counter(a,b,c):
    return a * b + c
value = counter(3,1,2)
print(value)
```

上述两个程序得到的结果都为 6，两者的结果是相同的。Python 除了可以按位置和参数名向函数进行传值，还支持将两者进行混合，即混合传参。对于混合传参，首先从左向右按位置传值，然后按照参数名传值，最后按照默认值传值。

例如代码清单 5-12，我们可以用多种方式进行传值。

代码清单 5-12 多种方式向函数传值

```
1      def counter(m,x,y=2,z=3):
2          return (x**m)−y−z
3      value1 = counter(y=1,x=2,m=2)
4      value2 = counter(2,y=1,x=2)
5      value3 = counter(2,2,y=1)
6      print('方法一',value1)
```

```
7    print('方法二',value2)
8    print('方法三',value3)
```

运行结果：

```
方法一 0
方法二 0
方法三 0
```

可以看出虽然传递参数时每个参数的位置不同，但结果是一致的。需要注意的是，按位置传递的实际参数必须要放在按关键字传递的实际参数前面，下面这个例子就是错误的。

```
def counter(m,x,y=2,z=3):
    return (x**m)−y−z
value3 = counter(m = 2,2,y=1)
```

上面的程序运行结果为 SyntaxError: positional argument follows keyword argument，若想让其正常运行，则需要改为 value3 = counter(2, x = 2,y=1)。

5.3   特殊函数

5.3.1   函数嵌套

在 Python 中，函数的用法可以说是多种多样，但我们平时大多使用的是一些基本用法，对于那些复杂的函数，嵌套可以说是必不可少。所谓嵌套函数，就是指在函数中定义的函数。嵌套函数保证了代码的模块化、复用性和可靠性。例如：

```
1    def func1():
2        m=3
3        def func2():
4            n=4
5            print(m+n)
6        func2()
7    func1()
```

上述程序在运行后，编译器先将函数 fun1()的函数体存放到内存中，先不去执行，然后到程序的最后一行，这时，编译器发现函数 fun1()被调用，于是运行函数，令 m = 3，然后发现了新定义的函数 fun2()，于是将 fun2()放到内存中，在后续调用时，再去运行其中的赋值及打印操作。需要注意的是，函数内定义的函数只能在函数内调用，就像函数内定义的变量，外面无法调用一样，见代码清单 5-13。

代码清单 5-13   函数嵌套示例

```
1    def func1():
2        def func2():
3            def func3():
```

```
4          print('from func3')
5        print('from func2')
6      func3()
7      print('from func1')
8      func2()
9    func1()
```

运行结果：

```
from f1
from f2
from f3
```

如果在外部调用内嵌函数，会出现函数未定义的报错，例如：

```
def func1():
    def func2():
        print('内嵌函数')
    func2()
    print('外部函数')
func2()
```

上面的程序运行后会出现函数未找到的错误，即 NameError: name 'func2' is not defined。

还需要注意的是，在内嵌函数中，不能改变外部函数的值，若想要改变，则需要使用关键字 nonlocal。如代码清单 5-14 所示。

代码清单 5-14　nonlocal 关键字

```
1    def func1():
2        x = 6
3        def func2():
4            nonlocal x
5            x *= x
6            return x
7        return func2()
8    print(func1())
```

运行结果：

```
36
```

如果不加 nonlocal 关键字，则会出现 UnboundLocalError: local variable 'x' referenced before assignment 报错。

5.3.2　递归函数

在 Python 中，大多数情况下见到的是一个函数调用其他函数。但除此之外，函数其实也可以自我调用。这种类型的函数被叫作递归函数。递归函数会一直不停地调用自身，直到达到合适的条件，然后返回得到的结果。例如，使用递归计算 5 的阶乘。

```
1   def fact(n):
2       if n == 1:
3           return 1
4       return n*fact(n-1)
5   print(fact(5))
```

上面的程序运行结果为 120，在这个过程中，fact()函数调用了自身 return n*fact(n-1)，这样一次又一次调用，最后直到 n 等于 0，递归结束。下面展示了普通阶乘递归函数编译器的工作。

```
fact(5)
5*fact (4)
5*(4*fact (3))
5*(4*(3*fact (2)))
5*(4*(3*(2*fact (1))))
5* (4*(3*(2*1)))
120
```

需要注意的是，递归函数必须要有一个明确的结束条件。每当进入更深一层的递归时，问题的规模相对于上一次递归都应减少，而且相邻两次调用之间要有紧密的联系，通常前一次的输出要作为后一次的输入。

下面是分别使用循环和递归完成叠加的例子，见代码清单 5-15。

代码清单 5-15　循环与递归

```
1    def sum1(n):
2        sum = 0
3        for i in range(1,n + 1):
4            sum += i
5        return sum
6    def sum2(n):
7        if n==0:
8            return 0
9        return n+sum2(n-1)
10   print("循环叠加结果： ",sum1(3))
11   print("递归叠加结果： ",sum2(3))
```

运行结果：

```
循环叠加结果：  6
递归叠加结果：  6
```

从上述例子中可以看出，两个函数都可以实现累加效果。我们能够发现，递归函数定义简单，逻辑清晰。理论上，所有递归函数都可以写成循环的方式，但循环的逻辑不如递归清晰。但在某些情况下，递归函数较容易出现报错，例如：RecursionError: maximum recursion depth exceeded，这个报错意思指超出了最大递归深度，这是因为在计算机里面，函数的调用是通过栈来实现的，每调用一次函数，栈就会增加一层栈帧，每返回一次函数，就减少一次栈帧，在计算机中，栈的空间也是有限的，所以不能无限次调用栈。

解决递归调用栈溢出的方法是通过尾递归来优化，所谓的尾递归就是指函数的返回值中不包括表达式以及算式，只返回调用函数的本身。下面使用尾递归计算阶乘，程序见代码清单 5-16。

代码清单 5-16　循环与递归

```
1    def fact(n,total=1):
2        if n == 1:
3            return total
4    return fact(n-1,total*n)
5    print(fact(5))
```

运行结果：

```
120
```

下面展示了尾递归函数计算阶乘时编译器的工作。

```
fact (5,1)
fact (4,5)
fact (3,20)
fact (2,60)
fact (1,120)
120
```

可以看出尾递归事实上和循环是等价的，且不论调用多少次都只占用一个栈帧。

5.3.3　Sorted 函数

在 Python 中，若要对列表或字典中的元素进行排序，那么可以使用 sorted 函数。使用 help( )函数查看 sorted( )函数的基本信息，如下所示。

```
>>> help(sorted)
Help on built-in function sorted in module builtins:
sorted(iterable, /, *, key=None, reverse=False)
    Return a new list containing all items from the iterable in ascending order.
    A custom key function can be supplied to customize the sort order, and the
    reverse flag can be set to request the result in descending order.
```

从中可以看出，sorted 函数的作用是返回一个新列表，此列表中包含了以升序方式重新排列的原列表中的内容。sorted 函数的语法如下。

```
sorted(data, key=None, reverse=False)
```

其中，data 为可迭代对象，key 主要是用来决定进行比较的元素，如果只有一个参数，具体的函数的参数就取自于可迭代对象中，指定可迭代对象中的一个元素来进行排序。最后一个参数 reverse 决定了排序规则，reverse = True 时为降序，reverse = False 时为升序（默认）。请看下面的例子。

```
>>> a = [5,7,6,3,4,1,2]
>>> b = sorted(a)
>>> print(b)
[1, 2, 3, 4, 5, 6, 7]
```

在 Sorted 中还可以使用 key 参数来实现自定义排序，如将 key 设置为 abs，则 sorted 将按绝对值大小来排序。

```
>>> a = [36, 5, -12, 9, -21]
>>> b = sorted(a, key=abs)
>>> print(b)
[5, 9, -12, -21, 36]
```

📖 注意　sorted 函数，针对的对象是 list 内的元素，不是整个 list，所以在进行 key=函数这个操作时，是直接作用于元素对象上的，并非 list 上。

5.3.4　Lambda 函数

lambda 函数又被称为匿名函数，它没有复杂的函数定义格式，仅由一行代码构成。语法格式如下。

```
result= lambda [arg1,arg2, arg3,...,argN]:expression
```

其中，result 用于接收 lambda 函数的结果，[arg1[,arg2, arg3,...,argN]]:指的是可选参数，用于指定要传递的参数列表，参数间使用","分隔。expression 为必选参数，它是一个表达式，用于描述函数的功能。如果函数有参数，那么将在这个表达式中使用。请看一个实例：使用 lambda 函数求两数加和。

```
>>> add = lambda x, y : x+y
>>> result = add(1,2)
>>> print(result)
3
```

需要注意的是，在使用 lambda 函数时，参数可以有多个，但表达式只能有一个。而且在表达式中不能出现 if、while 这种非表达式语句。Lambda 函数使用起来很方便，下面分别使用普通函数和 lambda 函数计算圆的面积，如代码清单 5-17 所示。

代码清单 5-17　普通函数与 lambda 函数

```
1    #普通函数
2    import math
```

```
3    def area(r):
4        result = math.pi*r*r
5        return result
6    r = 3
7    print('普通函数计算圆面积为：',area(r))
8
9    #lambda 函数
10   area1 = lambda r:math.pi*r*r
11   print('lambda 函数计算圆面积为：',area1(3))
```

运行结果：

```
普通函数计算圆面积为：   28.274333882308138
lambda 函数计算圆面积为：   28.274333882308138
```

可以看出 lambda 函数免去了普通函数使用 def 关键字定义的麻烦，也不用 return 关键字来表明返回值。Lambda 函数的用处很广泛，例如应用在函数式的编程当中，一些函数支持将函数作为参数，lambda 函数就可以应用在其中，例如前边讲到过的 sorted 函数中的 key 参数，下面我们通过 lambda 函数将列表中的元素按照绝对值大小进行升序排列。

```
>>> list1 = [3,5,-4,-1,0,-2,-6]
>>> a = sorted(list1, key=lambda x: abs(x))
>>> print(a)
[0, -1, -2, 3, -4, 5, -6]
```

5.3.5　Generator 函数

在 Python 中，通过列表生成式可以直接创建一个列表。但是，由于内存有限，因此列表的容量也是有限的。所以，需要按照某种算法推算出列表中的元素并逐个输出，在 Python 中，这种一边推算一边生成的机制，称为生成器：generator。

generator 函数的定义和普通的函数很类似，和函数不同的是，generator 函数的返回值需要用 yield 返回。所以，如果一个函数体中包含了 yield，那这个函数就会自动变为一个生成器。

有两种方法可以调用 generator 函数，第一种是使用 generator 对象的__next__()方法；第二种则是使用 for 循环。

对于普通函数来说，在运行中一旦遇到关键字 return，便结束函数，返回返回值。而 generator 函数运行时的流程与普通函数不一样，generator 函数在每次调用__next__()时执行，当遇到 yield 语句时返回，再次执行时会从上次返回 yield 的语句处继续执行。例如：

```
>>> def test():
        print('step 1')
        yield 1
        print('step 2')
        yield 3
        print('step 3')
        yield 5
```

```
>>> a = test()
>>> value = a.__next__()
step 1
>>> print(value)
1
>>> value = a.__next__()
step 2
>>> print(value)
3
>>> value = a.__next__()
step 3
>>> print(value)
5
```

从上面的例子可以看出，在执行过程中每当遇到 yield 函数就中止函数，每当使用 __next__()方法后就从上次中止处继续执行，也就是说，generator 函数可以多次返回。上面的函数中只有 3 个 yield 可以执行，执行完成之后，如果继续调用函数，就会出现报错。

```
>>> value = a.__next__()
Traceback (most recent call last):
    File "<stdin>", line 1, in <module>
StopIteration
```

由上面的例子可以看出，不断地调用__next__()方法十分麻烦，且容易抛出 StopIteration 错误。因此，在大部分情况下，可以使用第二种方法，即使用 for 循环，这种方法可以将 generator 函数中的返回值依次全部输出，且当遇到 StopIteration 异常的时候自动停止，见代码清单 5-18。

代码清单 5-18　generator 函数示例

```
1    def test():
2        print('step 1')
3        yield 1
4        print('step 2')
5        yield 3
6        print('step 3')
7        yield 5
8    for n in test():
9        print(n)
```

运行结果：

```
step 1
1
step 2
3
step 3
5
```

Generator 函数通常与循环语句结合使用，例如，使用 generator 函数将单词拆分为字母，如代码清单 5-19 所示。

代码清单 5-19　generator 函数将单词拆分为字母

```
1    def res(my_str):
2        length = len(my_str)
3        for i in range(0,length,1):
4            yield my_str[i]
5    for n in res("Python"):
6        print(n+'    ',end='')
```

运行结果：

```
P y t h o n
```

5.3.6　随机数函数

在编写程序的过程中，常常需要用到随机数，这时我们就可以使用随机数函数，我们首先导入 random 模块，然后查看一下里边包含的方法。

```
>>> import random
>>> print (dir(random))
['BPF', 'LOG4', 'NV_MAGICCONST', 'RECIP_BPF', 'Random', 'SG_MAGICCONST', 'SystemRandom',
'TWOPI', '_BuiltinMethodType', '_MethodType', '_Sequence', '_Set', '__all__', '__builtins__', '__cached__', '__doc__',
'__file__', '__loader__', '__name__', '__package__', '__spec__', '_acos', '_bisect', '_ceil', '_cos', '_e', '_exp', '_inst',
'_itertools', '_log', '_pi', '_random', '_sha512', '_sin', '_sqrt', '_test', '_test_generator', '_urandom', '_warn', 'betavariate',
'choice', 'choices', 'expovariate', 'gammavariate', 'gauss', 'getrandbits', 'getstate', 'lognormvariate', 'normalvariate',
'paretovariate', 'randint', 'random', 'randrange', 'sample', 'seed', 'setstate', 'shuffle', 'triangular', 'uniform',
'vonmisesvariate', 'weibullvariate']
```

可以看到里面包含了许多方法，其中用的最常见的有 random()、randrange()、uniform()、randint()和 shuffle()，下面我们简单介绍一下这几个方法。

1．random()方法

random()方法用于返回随机生成的一个实数，随机数取值在[0,1)范围内。例如：

```
>>> import random
>>> print ('random() : ', random.random())
random() :   0.8012137863209604
```

2．randrange()方法

randrange()方法用于返回指定范围内，按某一步长递增集合中的一个随机数。用法如下所示。

```
random.randrange (start, stop, step)
```

其中，start 是指定范围内的开始值，包含在范围内，stop 是指定范围内的结束值，但不包含在范围内，step 是步长，步长默认值为 1，例如：

```
>>> import random
>>> print (random.randrange(5,10,3))
8
```

3．uniform()方法

uniform()方法用于生成一个指定范围内的随机浮点数，用法如下。

```
random.uniform (x,y)
```

其中，x 是指定范围内的开始值，包含在范围内，y 是指定范围内的结束值，也包含在范围内。例如：

```
>>> import random
>>> print (random.uniform(10, 20))
17.30020782396925
```

4．randint()方法

randint()方法用于生成一个指定范围内的整数，用法如下。

```
random.randint(x,y)
```

其中，x 指定范围内的开始值，包含在范围内，y 指定范围内的结束值，也包含在范围内。例如：

```
>>> import random
>>> print(random.randint(12, 20))
12
```

5．shuffle()方法

shuffle()方法用于将一个列表中的元素打乱，用法如下。

```
random.shuffle(x)
```

其中，x 是 list、tuple 的任意一种。例如：

```
>>> import random
>>> p = [1,2,3,4,5,6]
>>> random.shuffle(p)
>>> print (p)
[5, 4, 6, 2, 1, 3]
```

5.4 模块

简单说来，模块就是一个文件。它里面包含了自己定义的函数和变量，其扩展名是.py。模块把一组有关联的函数或类放置在一个文件中。模块由变量、函数和类组成。别的程序可以导入模块，以使用该模块中相应的方法。

5.4.1 模块的创建

在 Python 中，模块的创建十分简单，它以文件的方式来表达模块，一个模块就是一个以.py 结尾的文件，文件的名字就是模块的名字格式为"模块名 +.py"。

使用模块可以提高代码的可维护性和重复使用，还可以避免函数名和变量名的冲突。相同名字的函数和变量完全可以分别存在不同的模块中，所以编写自己的模块时，不必考虑名字会与其他模块冲突，但要注意尽量不要与内置函数的名字冲突。

我们将比较两个数值大小的函数输入到一个文件中，并命名为 Add_Num.py，就可以将其看作是一个模块，如图 5-3 所示。

```
def add2num(a,b):
    return a + b
```

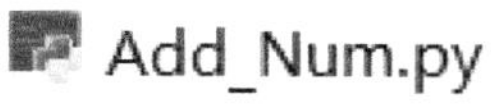

Add_Num.py

图 5-3　模块 Add_Num.py

📖　注意　模块文件的拓展名必须为 ".py"。

5.4.2 模块的导入

创建模块后，为了在其他程序中使用该模块，需要用 import 语句导入模块，import 语句可以在程序中的任意位置使用，基本语法如下。

```
import module1, module2,... module
```

其中，module1、module2、…、moduleN 是模块名。我们导入 5.4.1 节中创建的模块并使用它。

```
import Add_Num
result = Add_Num.add2num(1,2)
print(result)
```

上面小程序的运行结果为 3，在 Python 程序中，无论使用多少次 import，一个模块只会被导入一次。当模块第一次被导入后，模块名就加载到了内存，后续的 import 语句仅是对已经加载大内存中的模块对象增加了一次引用，不会重新执行模块内的语句，这样可以防止导入模块被重复地执行。

我们可以使用 sys 模块的 modules 方法显示已加载的模块信息，如下所示。

```
import Add_Num
import Add_Num
```

```
import Add_Num
import sys
print(sys.modules)
```

结果如下所示，由于已加载的模块太多，因此只截取了需要的部分。

```
'Add_Num': <module 'Add_Num' from 'C:\\Users\\DanYang\\.spyder-py3\\Add_Num.py'>
```

可以看到，尽管导入了三次 Add_Num 模块，但实际上只在内存中保留了一个。

在编程中，如果被导入的模块名字太长，那么可以为导入的模块设定一个别名，之后，就可以通过这个别名来调用模块中的变量、函数等，语法如下。

```
import module as rename
```

module 是模块的原名，而 rename 是为模块设置的别名。需要注意的是，别名不能与系统或者是自己设定的变量重名。例如：

```
import Add_Num as a
result = a.add2num(1,2)
print(result)
```

上述程序运行结果仍为 3，在使用 import 语句时，每导入一个模块就会创建一个新的命名空间，因此在执行模块中的变量、函数时，需要加上"模块名."前缀。如果想要省去前缀，可以使用 from-import 语句只导入指定模块的部分属性至当前名称空间，这样就可以直接通过具体的变量、函数和类名等访问。from-import 语句语法如下。

```
from module import name1, name2, ... nameN
```

其中，module 为模块名，name1、name2、....、nameN 为模块中的变量、函数或类等。例如：

```
from Add_Num import add2num
result = add2num(1,2)
print(result)
```

我们还可以把一个模块中所有内容全都导入到当前的命名空间，只需使用如下声明。

```
from Add_Num import *
result = add2num(1,2)
print(result)
```

需要注意的是，在使用 from-import 导入模块中的变量、函数或类时，需要保证导入的这些内容在当前命名空间是唯一的，否则会出现冲突，后导入的同名内容会覆盖前边的内容，如下所示。

```
from Add_Num import addnum
from Add_3Num import addnum
```

```
a = addnum(1,2)
b = addnum(1,2,3)
```

程序运行后会出现报错，TypeError: addnum() missing 1 required positional argument: 'c'。出现这种情况的原因就是 Add_3Num 模块的 addnum 方法将 Add_Num 模块的 addnum 方法覆盖了。因此，这里不能使用 from-import 语句导入模块，而要使用 import 语句导入，如代码清单 5-20 所示。

代码清单 5-20　导入模块

```
1    import Add_Num as a
2    import Add_3Num as b
3    result1 = a.addnum(1,2)
4    result2 = b.addnum(1,2,3)
5    print('Add_Num 模块',result1)
6    print('Add_3Num 模块',result2)
```

运行结果：

```
Add_Num 模块 3
Add_3Num 模块 6
```

5.4.3　模块的属性

在模块中，有一些内置属性用于完成特定的任务，即使是自定义创建的模块，也会包含这些内置属性。利用 dir() 函数可以查看模块中的属性。下面先创建一个自定义模块 module，再查看其中的属性，模块中的内容如下。

```
def add_num(n):
    if n==1:
        return 1
    return n + fact(n - 1)
def abs_num(x):
    if not isinstance(x, (int, float)):
        raise TypeError('不是数字')
    if x >= 0:
        return x
    else:
        return -x
```

可以看到模块中包含了两个自定义函数，接下来在其他程序中导入这个模块，并查看其中的属性。

```
import module as a
print(dir(a))
```

结果如下：

```
['__builtins__', '__cached__', '__doc__', '__file__', '__loader__', '__name__', '__package__', '__spec__',
'add_num', 'abs_num']
```

可以看到列表中除了包含之前定义函数的函数名外，还包含了许多其他形如"__XXXXX__"的方法，这就是模块的属性。下面介绍几个常用的属性。

首先需要介绍的是__name__属性。每个模块都有__name__属性，如果当前模块是主模块，那么这个模块__name__的值就是__main__；如果一个模块是被导入的，那么这个被引入模块__name__的值就等于该模块名，也就是文件名去掉.py扩展名的部分。也就是说__name__的值表明了当前py文件调用的方式，因此可以用if __name__ == '__main__'来判断是否是在直接运行该.py文件。请看下面的例子：先创建一个名为 test.py 的模块，其中的内容如下。

```
def name_test():
    print ("test is running")
    if __name__ == "__main__":
        print ("test is main")
    if __name__ == "test":
        print ("test is imported")
```

我们先在 test.py 自身中调用 name_test 方法。

```
name_test()
```

输出如下所示：

```
test is running
test is main
```

从上面的情况可以看出，当 test.py 作为主程序时，其内置属性__name__是等于__main__的，接下来测试另一种情况，将 test.py 作为模块导入到其他程序中。

```
import test
test.name_test()
```

输出如下所示：

```
test is running
test is imported
```

从中我们可以看出，当 test.py 作为模块被导入时，其内置属性__name__是等于模块名的。__name__属性可以应用在代码重用、测试模块等方面，通过它 Python 就可以分清楚哪些是主函数，进入主函数执行。

模块本身是一个对象，而每个对象都会有一个__doc__属性。该属性用于描述该对象的作用。函数语句中，如果第一个表达式是一个 string，这个函数的__doc__就是这个 string，否则__doc__是 None。例如，查看上面 test.py 中__doc__属性。

```
import test
print(test.__doc__)
```

程序输出如下所示：

```
None
```

可以看到 test.py 中没有对模块的描述，即第一行并不是 string 表达式，将上边的 test.py 模块修改成如下形式。

```
1    """this is a test"""
2    def name_test():
3        print ("test is running")
4        if __name__ == "__main__":
5            print ("test is main")
6        if __name__ == "test":
7            print ("test is imported")
```

将其导入到其他程序中，并使用__doc__属性。

```
import test
print(test.__doc__)
```

程序输出如下所示：

```
this is a test
```

可以看到，__doc__属性将模块中的第一行 string 表达式输出了。

5.4.4　模块的内置函数

Python 提供了一个内联模块 buildin。内联模块定义了一些开发中经常使用的函数。利用这些函数可以实现数据类型的转换、数据的计算、序列的处理等功能。下面介绍内联模块中几个常用的函数。

● abs(x)函数：用于返回 x 的绝对值，其中 x 可以是整型，也可以是复数，若 x 是复数，则返回复数的模。例如：

```
>>> a = abs(-1 - 2)
>>> print(a)
3
```

● bool([x])：把一个值或表达式转换为 bool 类型。如果表达式 x 为值，返回 True；否则，返回 False。

```
>>> a = bool(1)
>>> print(a)
True
```

- float(x)：把数字或字符串转换为 float 类型。例如：

```
>>> a = float(1)
>>> print(a)
1.0
```

- len(obj)：计算对象包含的元素个数。例如：

```
>>> a = [1,2,3,4,5,6]
>>> print(len(a))
6
```

当然还有许多其他的内置函数，可以从 Python 手册中获取它们的用法。

- apply()函数：可以实现调用可变参数列表的函数，把函数的参数存放在一个元组或序列中。
- filter()函数：可以对某个序列做过滤处理，对自定义函数的参数返回的结果是否为"真"来过滤，并一次性返回处理结果。
- reduce()函数：对序列中元素的连续操作可以通过循环来处理，核心为序列数据的化简。
- round()函数：用于四舍五入。
- set()函数：用于返回一个 set 集合。
- sorted()函数：用于返回一个排序后的列表。

5.4.5　自定义包

在编写程序的过程中，会创建许多的模块，为了防止各模块间名字的重复，也为了将某些功能相近的文件组织在同一个目录下，就需要运用包的概念。包可以简单理解为文件夹，使用包的方式跟模块也类似，但需要注意的是，当把文件夹当作包使用时，文件夹中需要包含__init__.py 文件，主要是为了避免将文件夹名当作普通的字符串。在__init__.py 文件中，可以编写一些初始化代码，当包被导入时，__init__.py 文件会自动执行，当然.py 也可以为空。Python 中包、模块、函数、类和属性之间的关系如图 5-4 所示。

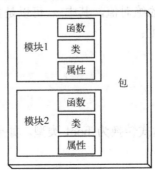

图 5-4　函数、模块与包的关系

下面创建一个名为 calculation 的包，首先创建一个文件夹，然后创建一个名为

__init__.py 的文件保存在其中，如图 5-5 所示。

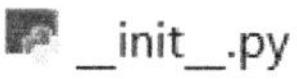

__init__.py

图 5-5　初始化函数

创建完成之后，就可以在包中创建所需的模块了，然后通过使用 import 语句从包中加载模块。有三种方法从包中导入模块，第一种方法如下。

```
import package_name.module_Name
```

其中，package_name 指的是要加载包的名称，而 module_Name 指的是要导入的模块的名称。请看下面的例子，导入 calculation，并使用其中的 add_2num 模块。

```
import calculation.Add_Num
a = calculation.Add_Num.add_2num(1,2)
print(a)
```

上面的程序运行结果为 3，可以看出，通过 import 方法导入后，在使用时需要使用完整的名称。第二种方法是使用 from-import 导入固定的包，语法如下。

```
from package_name import module_Name
```

其中，package_name 指的是要加载包的名称，而 module_Name 指的是要导入的模块的名称。例如：

```
from calculation import Add_Num
a = Add_Num.add_2num(1,2)
print(a)
```

上面程序的运行结果仍为 3，从上边程序可以看出，通过该方式导入模块后，使用时不需要带包前缀，但需要带模块名。下面介绍第三种方法。

```
from package_name.module_Name importfunction_name
```

其中，package_name 指的是要加载包的名称，module_Name 指的是要导入的模块的名称，而 function_name 指的是方法名。例如：

```
from calculation.Add_Num import add_2num
a = add_2num(1,2)
print(a)
```

程序运行结果与上面两种方法相同，还是 3，可以看出，通过这种方法导入模块的函数、变量或类后，不需要包前缀和模块名前缀，直接使用函数、变量或类即可。

📖　注意　在通过 from package_name.module_Name import function_name 导入指定模块功能时，可用*代替 function_name，表示导入该模块下的全部功能。

5.5 小结

本章介绍了 Python 的内建函数，讲解了如何创建并调用一个自定义函数，以及如何进行函数参数的传递和返回单值及多值。在这些要点中，应重点掌握函数定义及调用时的细节，如默认参数的使用，形式参数和实际参数间的传值等。然后本章又介绍了几种特殊函数，它们有着特殊的定义方式和特殊的用法，最后本章讲解了模块及包的基本概念与用法，讲述了函数、模块与包之间的关系。详细内容见表 5-2。

表 5-2　模块及包的相关概念和用法示例

关键术语和概念	示例
5.1 函数定义	
变量名、包名、模块名通常采用小写，可使用下画线	ruleModule.py _rule
内建函数是 Python 自带的、开发者可以直接使用的基本函数	int() print() chr()
自定义函数设置如下。 1．以 def 关键字开头，后接函数名和圆括号 2．在圆括号中定义参数 3．函数第一行语句可以选择性使用文档字符串 4．函数内容以冒号开始，并且要缩进 5．return 关键字会返回一个值给调用方，不带表达式的 return 相当于返回 None	def functionname(parameters): 　　function_suite 　　return [expression]

共有 4 种变量作用域:
1．局部作用域
2．嵌套作用域
3．全局作用域
4．内建作用域
	b = int(2.9)　# 内建作用域
	g_count = 0　# 全局作用域
	def outer():
	　　e_count = 1　# 嵌套作用域
	　　def inner():
	　　　　l_count = 2　# 局部作用域

5.2 函数调用	
函数的调用即函数的执行，functionname 指的是在定义中起的函数名，parametersvalue 指的是可选参数，用于向函数传递值	functionname([parametersvalue])
列表解析即通过 for 循环遍历某个可迭代对象中的每一个元素，然后对这些元素都进行一个相同的运算，得到一个运算结果。运算后的结果将会组成一个列表	a = [1, 2, 3, 4, 5] result = [x ** 2 for x in a] print(result) 输出结果: 　　　　　　[1, 4, 9, 16, 25]
默认参数指的是函数中设置的默认参数。当程序调用含默认参数的函数时，默认参数的值若未被传入，则传入默认预设的值	def add(x, n=2): 　　s = x + n 　　return s print(add(2)) 输出结果: 4
5.3　特殊函数	

嵌套函数即指在函数中定义的函数。嵌套函数保证了代码的模块化、复用性和可靠性	def func1():
	　　def func2():
	　　　　print('内嵌函数')
	　　func2()
	func1()
	输出结果:
	内嵌函数

函数的自我调用叫作递归	def fact(n):
	　　if n == 1:
	　　　　return 1
	　　return n*fact(n−1)
	print(fact(3))
	输出结果: 6

关键术语和概念	示例
sorted 函数可以对列表或字典中的元素进行排序	a = [5,7,6,3,4,1,2] b = sorted(a) print(b) 输出结果： [1, 2, 3, 4, 5, 6, 7]
lambda 函数又被称为匿名函数，仅由一行代码组成 result=lambda[arg1[,arg2,arg3,…,argN]]:expression 其中，result 用于调用函数，[arg1[,arg2, arg3,…,argN]]:指的是可选参数，用于指定要传递的参数列表，参数间使用"，"分隔。expression 为必选参数，它是一个表达式，用于描述函数的功能	add = lambda x, y : x+y result = add(2,2) print(result) 输出结果： 4

generator 是一边推算一边生成的机制，它的返回值需要用 yield 返回	def test():
	    print('第一次输出')
	    yield 1
	    print('第二次输出')
	    yield 2
	for n in test():
	    print(n)
	输出结果：
	第一次输出
	1
	第二次输出
	2

5.4 模块

模块指的是把一组有关联的函数或类放置在一个文件中。创建十分简单，它以文件的方式来表达模块，一个模块就是一个以.py 结尾的文件，文件的名字就是模块的名字格式为"模块名 + .py"	def add_ab(a,b): return a + b 保存在 add_ab.py 中
模块的导入需要使用 import	import add_ab
包可以简单理解为文件夹，文件夹中需要包含__init__.py 文件，也需要使用 import 来导入包	import package_name.module_Name

实践问题 5

1. 作用域是什么？作用域又分为哪几类？
2. 请概述一下几个作用域的区别。
3. 什么是默认参数？
4. 请概述一下实际参数与形式参数之间的关系。
5. 模块与包的区别是什么？

习题 5

1. 编写函数，判断用户传入的对象（字符串、列表、元组）长度是否大于 5。
2. 定义一个函数，返回一个数字列表中的最大值。
3. 编写一个程序，要求用户输入一个正整数，然后计算这个正整数的阶乘。
4. 查看变量类型的 Python 内置函数是＿＿＿＿＿＿＿＿＿＿。
5. 已知 f = lambda x: 5，那么表达式 f(3)的值为＿＿＿＿＿＿＿＿。
6. 下面程序的输出是什么？

```
def greeting(n):
    for i in range(n):
        print("Hello World!")
greeting(5)
```

7．编写一个程序，要求输入一个学生的期中成绩和期末成绩（输入为整数），期中成绩占三分之一，期末成绩占三分之二，最终平均成绩向上取整，成绩按照下面的形式：60分以下，60～69，70～79，80～89，90～100分为ABCDF五等。下面是一个示例运行。

```
请输入期中成绩：80
请输入期末成绩：85
最终成绩为： B
```

8．编写一个程序，要求输入 5 个分数，丢弃其中的最高分和最低分，显示剩余的分数并求平均。下面是一个示例运行。

```
请输入五个分数 80,90,75,70,60
中间的三个分数是： [70.0, 75.0, 80.0]
平均成绩： 75.0
```

9．什么是形式参数？什么是实际参数？

10．写出下面程序结果。

```
result = [x ** 2 for x in range(1,6)]
print(result)
```

11．写出下面程序结果。

```
print([(x + 1, y + 1) for x in range(2) for y in range(3)])
```

12．下面程序的输出是什么？

```
square = 2
def main():
    square *=   square
    print(square)
main()
```

13．下面程序的输出是什么？

```
square = 5
def main():
    global square
    square *=   square
    print(square)
main()
```

14．编写一个程序，用于计算用户输入任意一个整数的阶乘，其中计算阶乘的过程使用函数来完成。下面是一个示例运行。

```
输入一个正整数: 5
5! 是 120
```

15．编写一个程序，要求输入一个人的姓名及现在的年薪，然后显示这个人下一年的工资，要求收入低于 60000 的增长百分之五，收入不低于 60000 的除了增加 2000 元，还增加超过 40000 部分的百分之二。输入、输出和计算薪水要求使用函数。下面是一个示例运行。

```
Enter first name: Gao
Enter last name: Z
Enter current salary: 10000
New salary for Gao Z: $10,500.00
```

16．请简化下面的函数。

```
def f(x):
    if x>0:
        return true
    else:
        return false
```

17．编写一个函数，用于反向输出输入的数字：例如输入 12345，则输出 54321。下面是一个示例。

```
输入数字: 15986
68951
```

18．编写一个函数，用来计算输入整数的各个数字之和。

例如，输入 12345，则输出 1+2+3+4+5 的和，即 15。下面是一个示例。

```
请输入一个整数 569
20
```

19．编写一个程序，要求输入三个数字，然后按升序的方式打印出来，

例如：输入 0.1，0.01，5。输出 0.01，0.1，5

20．编写一个函数，用于显示如下数字图形。

```
              1
           2  1
        3  2  1
N  n-1  ...  3  2  1
```

21．编写一个函数，用于计算正多边形的面积，正多边形的面积公式如下所示。

$$面积 = \frac{n \times s^2}{4 \times \tan\frac{\pi}{n}}$$

其中，n 为正多边形的边数，s 为正多边形的边长。下面是一个示例。

> 输入边数 5
> 请输入边长 10
> 面积为： 172.04774005889672

22．编写一个函数，满足输入一个 n，能够计算 $1+1/2+1/3+1/4+\cdots+1/n$ 之和。

23．编写一个函数，要求用户输入一句英文，将英文中的字母"r"删除，并打印。下面是一个示例。

> 请输入一段英文句子 Are you an opera lover?
> Ae you an opea love?

24．编写一个函数，用于找到一个 4 位数，这个数乘以 4 后是这个数的逆序，例如：$2178\times4=8712$。下面是一个示例。

这个四位数是：2178

25．编写一个函数，用于求解二次方程 $ax^2+bx+c=0$，其中，a、b、c 由用户输入给出，a 不能为 0，需要注意的是，要根据 b^2-4ac 值的正负来判断方程有几个根，在有解情况下，可根据 $\dfrac{-b\pm(b^2-4ac)^{\frac{1}{2}}}{2a}$ 求解。下面是一个示例。

> 输入 a：4
> 输入 b：9
> 输入 c：3
> 解为：-0.4069 和 -1.8431

26．编写一个函数，用于求 $1\sim1,000,000$ 的和。

27．编写一个函数，让用户输入 5 个成绩，求均值。下面是一个示例。

> 请输入成绩 1：80
> 请输入成绩 2：90
> 请输入成绩 3：75
> 请输入成绩 4：60
> 请输入成绩 5：60
> 平均成绩是： 73.0

28．编写一个函数，用于处理账户取钱问题，程序的输入是目前的账户余额以及提款的数目，输出结果是账户余额。若账户钱款不够，则报错。下面是一个示例。

> 余额: 110
> 取款: 50
> 新的余额 60.00.

29．编写一个函数，用于判断用户输入的是否是大写字母，如果输入的不是大写字母，则提醒用户。下面是一个示例。

> 请输入字母: c

请输入大写字母.

30. 编写一个函数，用于显示 n×n 的矩阵。其中 n 是用户输入，矩阵中的值为 1 或 0，由计算机随机产生。矩阵形式如下。

```
1   0   1
1   1   1
0   1   0
```

参考文献

[1] DONALDSON T.Python 编程入门[M]. 袁国忠，译. 北京：人民邮电出版社，2013.

[2] SLATKIN B.Effective Python[M]. Hoboken Addison-Wesley Professional，2015：256.

第6章 Python 画图

本章将介绍 Python 程序设计中常见的两种画图模块：Matplotlib 和 turtle。使用上述工具就可以简单快速地制作我们所需要的图表，以此来完成数据的可视化，以达到呈现多个变量之间的相互关系的目的。

本章知识点：
- ❏ Matplotlib 的基本概念
- ❏ pyplot 的基本使用方法和属性参数介绍
- ❏ 海龟图的基本概念和简单操作
- ❏ 使用海龟图画多种不同的常用图表

6.1 科学画图 Matplotlib 模块

6.1.1 Matplotlib 画图

1. 简介

Matplotlib 是一个用于在 Python 中绘制数组的 2D 图形库，它是 Python 最流行的画二维图形和图表的软件包。它为不同类型的图形和图表提供了简便快捷的数据可视化方法。虽然 Matplotlib 主要是在 Python 中编写的，但它能大量使用 NumPy 和其他扩展代码，即使对于大型数组也能提供良好的性能。

Matplotlib 实际上为面向对象的绘图库，它所绘制的每个元素都有一个对象与之对应，使用 Matplotlib 可以快速实现简单的标准作图，使画图过程更加简洁，只需要通过几行代码就可以生成散点图、折线图、直方图等常用的图形。

Matplotlib 的基本构架分为三层，从下到上分别是后端（Backend）、艺术家（Artist）和脚本（Scripting）。这三层一起构成一个栈，上层构架知道与下层构架的通信方式，而下层构架不能得知上层构架的具体操作。

2. 安装

安装 Matplotlib 的方法有很多，但是最好的方法还是取决于用户所使用的操作系统，已经安装的模块内容以及能否方便地使用。下面介绍几个比较常见的方法。

首先你可以使用内置了 Matplotlib 的 Python 分发包。Continuum.io Python 分发包（Anaconda 或 miniconda）和 Enthought 分发包（Canopy）都可以在 Windows，OSX 和主流 Linux 平台中直接安装使用。而且这两个分发包包括 Matplotlib 和许多其他有用的工具。

如果你的操作系统是 Linux 的话，你可能更倾向于使用包管理器。而 Matplotlib 包在多数主流的 Linux 发行版中都是可以使用的。

Debian / Ubuntu:	sudo apt-get install python-matplotlib
Fedora / Redhat:	sudo yum install python-matplotlib

如果你使用的是 MacOS，可以使用 Python 标准安装程序 pip 来安装 Matplotlib。

如果你是没有安装 Python 的 Windows 用户，我们建议使用兼容 SciPy 技术栈的 Python 分发版本，如 WinPython、Python(x,y)、Enthought Canopy 或 Continuum Anaconda，它们含有 Matplotlib 和它的许多依赖项，并预装了其他有用的软件包。

至于已经完成了 Python 标准包安装的使用者，可以使用 pip 安装 matplotlib。

```
python -m pip install -U pip setuptools
python -m pip install matplotlib
```

3．Pyplot 介绍

Matplotlib.pyplot 是一个命令函数的集合，其提供一个类似 Matlab 的绘图框架，正是由于这点，Matplotlib 在使用时更像是 Matlab 的用法。在 matplotlib.pyplot 中各个状态都是跨函数调用保存的，目的是方便连续操作绘图区域内的目标，同时绘图函数应始终指向当前轴域。当使用 plot 函数绘制函数曲线时，可以调整 plot 函数参数配置曲线样式、粗细、颜色、标记等。

📖 注意　这里和本书中其他地方提到的"轴域"（axes）是指图形的一部分（即两条坐标轴围成的区域）。

下面我们尝试画一张简单的图，如图 6-1 所示。

```
>>> import matplotlib.pyplot as plt
>>> plt.plot([1,2,4,8])
>>> plt.ylabel('Y label')
>>> plt.show()
```

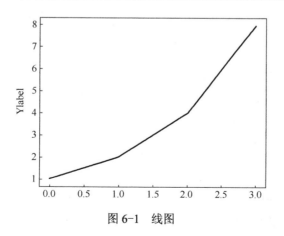

图 6-1　线图

看到上图结果相信读者都会很疑惑，这个 y 轴的值很明显对应着输入数据[1,2,4,8]，但是这个 x 轴的范围是怎么确定的呢？其实，当你只向 plot()命令提供单个列表或者数组时，Matplotlib 将这个输入默认是一个 y 值序列，同时自动生成对应的 x 值。首先，默认 x 向量具有同 y 一样的长度，其次由于 Python 的数值范围是从 0 开始的。因此 x 最后的生成数据是[0,1,2,3]。

plot()可以接受任意数量的参数。例如，当你想要绘制 xy 坐标轴上的图形时，可以执行如下命令。

```
>>> plt.plot([1, 2, 3, 4], [1, 4, 9, 16])
```

此时，[1, 2, 3, 4]为 x 轴的对应值，[1, 4, 9, 16]为 y 轴的对应值。

另外对于每对 x，y 参数，还有一个可选的第三个参数，它是表示图形颜色和线条类型的格式字符串。其中，格式字符串的字母和符号来自 MATLAB，并且将颜色字符和线型字符串连在一起。当你没有对这个参数进行赋值时，该参数默认值为"b-"，如图 6-1 所示它是一条蓝色实线。例如，如果你需要绘制黄色星标记，可以执行如下命令，得到如图 6-2 所示的结果。

```
>>> import matplotlib.pyplot as plt
>>> plt.plot([1, 2, 3, 4], [1, 4, 9, 16], 'y*')
>>> plt.show()
```

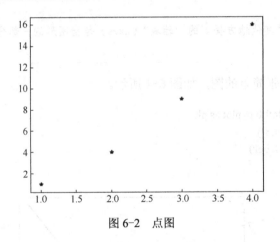

图 6-2　点图

仔细的读者肯定发现了在上面的代码中，并没有对坐标轴的单位和范围进行设置，这也是上图存在的一个小问题，就是 x、y 轴的范围是根据输入值默认生成的，在显示时明显存在格式上的问题（起点和终点由数据点决定而不是习惯上的零点）。对于这个问题可以使用 axis()命令来自己定义范围，即 axis([xmin，xmax，ymin，ymax])。其中[xmin，xmax，ymin，ymax]列表就是两个轴的最小值和最大值，即两个轴的具体范围。通过该命令指定轴域的可视区域。

另外上文已经提到 plot()命令的第三个参数属于可选参数，可以使用默认值，但是实际使用中还是需要能够准确地搭配使用多种线型和格式字符串的组合参数，为了便于参考和学习参数的使用，附上该参数的完整参考列表，见表 6-1 和表 6-2。

表 6-1 控制行样式的格式字符串的字符可选参数[1]

标记	描述	示例
'-'	实线	plt.plot([1, 2, 3], [1, 2, 3], '-')
'--'	虚线	plt.plot([1, 2, 3], [1, 2, 3], '--')
'-.'	点画线	plt.plot([1, 2, 3], [1, 2, 3], '-.')
':'	点线	plt.plot([1, 2, 3], [1, 2, 3], ':')
'.'	点标记	plt.plot([1, 2, 3], [1, 2, 3], '.')
','	像素标记	plt.plot([1, 2, 3], [1, 2, 3], ',')
'o'	圆圈标记	plt.plot([1, 2, 3], [1, 2, 3], 'o')
'v'	倒三角标记	plt.plot([1, 2, 3], [1, 2, 3], 'v')
'^'	正三角标记	plt.plot([1, 2, 3], [1, 2, 3], '^')
'<'	左向三角标记	plt.plot([1, 2, 3], [1, 2, 3], '<')
'>'	右向三角标记	plt.plot([1, 2, 3], [1, 2, 3], '>')
'1'	倒三角星标记	plt.plot([1, 2, 3], [1, 2, 3], '1')
'2'	正三角星标记	plt.plot([1, 2, 3], [1, 2, 3], '2')
'3'	左三角星标记	plt.plot([1, 2, 3], [1, 2, 3], '3')
'4'	右三角星标记	plt.plot([1, 2, 3], [1, 2, 3], '4')
's'	正方形标记	plt.plot([1, 2, 3], [1, 2, 3], 's')
'p'	五角星标记	plt.plot([1, 2, 3], [1, 2, 3], 'p')
'*'	星型标记	plt.plot([1, 2, 3], [1, 2, 3], '*')
'h'	六边形标记 1	plt.plot([1, 2, 3], [1, 2, 3], 'h')
'H'	六边形标记 2	plt.plot([1, 2, 3], [1, 2, 3], 'H')
'+'	加号标记	plt.plot([1, 2, 3], [1, 2, 3], '+')
'x'	叉号标记	plt.plot([1, 2, 3], [1, 2, 3], 'x')
'D'	菱形标记	plt.plot([1, 2, 3], [1, 2, 3], 'D')
'd'	窄菱形标记	plt.plot([1, 2, 3], [1, 2, 3], 'd')
'|'	竖线型标记	plt.plot([1, 2, 3], [1, 2, 3], '|')
'_'	行线型标记	plt.plot([1, 2, 3], [1, 2, 3], '_')

表 6-2 参数支持的颜色缩写格式和其对应颜色

标记	颜色
'b'	蓝色
'g'	绿色
'r'	红色
'c'	蓝绿色
'm'	品红色
'y'	黄色
'k'	黑色
'w'	白色

另外，线条的颜色可以用其他方式设置。比如可以用 16 进制的字符串（'#008000'）或

者是 RGB、RGBA 元组的方式 RGB 或 RGBA（（0,1,0,1））来实现不同的颜色。

如果 Matplotlib 仅限于使用列表，它对于数字处理是相当无用的。一般来说，你可以使用 numpy 数组。事实上，所有序列都在内部转换为 numpy 数组。下面的示例展示了使用数组和不同格式字符串，在一条命令中绘制多个线条，如图 6-3 所示。

```
>>>import numpy as np
>>> import matplotlib.pyplot as plt
>>> x=np.linspace(-np.pi,np.pi,256,endpoint=True)
>>> C,S=np.cos(x),np.sin(x)
>>> plt.plot(x,C)
>>> plt.plot(x,S)
```

📖 注意 numpy 模块在官方标准包中是没有的，需要自己安装，方法与 Matplotlib 类似。

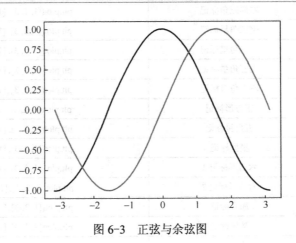

图 6-3　正弦与余弦图

6.1.2　修改图属性

1．控制线条属性

pyplot 中的线条有许多可供设置的属性：color、linewidth、axes 等，详情参考表 6-3。同时还可以通过多种不同的方法对这些线属性进行设置。

（1）使用关键字参数，如：

```
>>> plt.plot(x, y, color= 'b',linewidth=4.0)
```

（2）使用 setp()命令，其使用对象列表工作。同时，它也支持使用 Python 关键字参数进行设置，又可以通过 MATLAB 风格的字符串与值对应的格式，示例如下。

```
>>> lines = plt.plot(x1, y1, x2, y2)
>>> plt.setp(lines, color='green', markerfacecolor= 'bule')     #使用关键字参数
>>> plt.setp(lines, 'color', 'green', markerfacecolor, 'bule') #Matlab 风格的字符串值对
```

（3）使用 Line2D 实例的 setter 方法。Plot 返回 Line2D 对象的列表，比如 lines=

plt.plot(x, C, '–')，然后就可以对 line 进行元组解构，再设置对应的值。

```
>>> lines,=plt.plot(x,C,'–')
>>> lines.set_color('r')
```

具体可选的 Line2D 属性见表 6-3。

表 6-3　可用的 Line2D 属性和其对应取值

属　性	值　类　型
alpha	浮点值
animated	[True /False]
antialiased or aa	[True /False]
clip_box	Matplotlib.transform.Bbox 实例
clip_on	[True /False]
clip_path	Path 实例，transform 以及 patch 实例
color or c	任何 Matplotlib 颜色
contains	命中测试函数
dash_capstyle	['butt' / 'round' /'projecting']
dash_joinstyle	['mitter' / 'round' / 'bevel']
dashes	以点为单位的连接/断开序列
data	（np.array xdata, np.array ydata）
figure	Matplotlib.figure.Figure 实例
label	任何字符串
linestyle or ls	['–' / '—' / '-.' / ':' /...]
linewidth or lw	以点为单位的浮值点
lod	[True /False]
marker	['+' / ',' / '.' / '1' / '2' / '3' / …]
markeredgecolor or mec	任何 Matplotlib 颜色
markeredgewidth or mew	以点为单位的浮点值
markerfacecolor or mfc	任何 Matplotlib 颜色
markersize or ms	浮点值
markevery	[None/整数值/ (startind, stride)]
picker	用于交互式线条选择
pickradius	线条的拾取选择半径
solid_capstyle	['butt' / 'round' / 'projecting']
solid_joinstyle	['miter' / 'round' / 'bevel']
transform	Matplotlib.transforms.Transform　实例
visible	[True /False]
xdata	np.array
ydata	np.array
zorder	任何数值

2.处理多个图形和轴域

MATLAB 和 pyplot 具有当前图形和当前轴域的概念。也就是说，所有的绘图命令只适用于当前轴域。我们能够使用函数 gca()返回当前轴域（Matplotlib.axes.Axes 实例），而使用函数 gcf()返回当前图形（Matplotlib.figure.Figure 实例）。不过这些一般都是在后台处理的，基本不必过多考虑。下面展示一个创建多个轴域的脚本，如代码清单 6-1 所示。

代码清单 6-1 多个轴域图

```
1   import numpy as np
2   import matplotlib.pyplot as plt
3   def f(t):
4        return np.exp(-t)*np.sin(2*np.pi*t)
5   t1 = np.arange(0.0, 5.0, 0.1)
6   t2 = np.arange(0.0, 5.0, 0.01)
7   plt.figure(1)
8   plt.subplot(311)
9   plt.plot(t1, f(t1), 'r*', t2, f(t2), 'k')
10  plt.subplot(312)
11  plt.plot(t2, np.cos(2*np.pi*t2), 'b--')
12  plt.subplot(313)
13  plt.plot(t2, np.sin(2*np.pi*t2),'k--')
14  plt.show()
```

运行结果如图 6-4 所示。

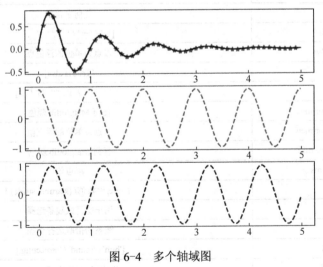

图 6-4　多个轴域图

这里的 figure()命令是可选的，因为默认情况下将创建 figure(1)，如果不手动指定任何轴域，则默认创建 subplot(111)。subplot()命令指定 numrows（行数），numcols（列数），fignum（总子图数），其中 fignum 的范围是从 1 到 numrows * numcols，对应的位置计数是第一行从左往右变大，然后再从第二行再从左到右继续累加，一直到最右下角的位置为止。如果 numrows*numcols<10，则 subplot 命令中的逗号是可选的。因此，子图 subplot(311)与 subplot(3,1,1)是相同的。你可以创建任意数量的子图和轴域。如果要手动放置轴域，即不在

矩形网格上，请使用 axes()命令，该命令允许你将 axes([left,bottom,width,height])指定为位置，其中所有值都使用小数（0～1）坐标，(left，bottom)的坐标实际就是这个子图左下角的点（坐标轴的起始位置）在当前图域的坐标点。（width，height）分别是子图长宽对应原本轴域的长宽的比例大小，所以当你输入[0,0,1,1]时子图会直接覆盖原轴域。

你可以通过使用递增图形编号多次调用 figure()来创建多个图形。当然，每个数字可以包含所需的轴和子图数量，例如如下输入。

```
>>> import matplotlib.pyplot as plt
>>> plt.figure(1)
>>> plt.subplot(211)
>>> plt.plot([1, 2, 3])
>>> plt.subplot(212)
>>> plt.plot([4, 5, 6])
>>> plt.figure(2)
>>> plt.plot([4, 5, 6])
>>> plt.figure(1)
>>> plt.subplot(211)
>>> plt.title('test')
```

运行结果获得如图 6-5 所示，左边为 figure 1，右边为 figure 2。

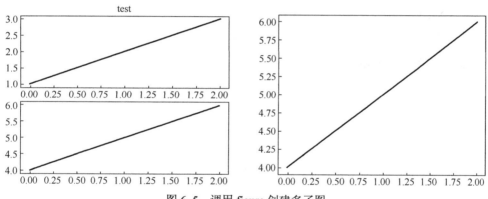

图 6-5　调用 figure 创建多子图

你可以使用 clf()清除当前图形，使用 cla()清除当前轴域。如果你正在制作大量的图形，你需要注意一件事：在一个图形用 close()显式关闭之前，该图所需的内存不会完全释放。删除对图形的所有引用或使用窗口管理器清除屏幕上出现的图形的窗口是不够的，因为在调用 close()之前，pyplot 会维护内部引用，所以正确使用 close()在大量的图形制作过程中十分必要。

3．文本处理

与 MATLAB 类似，xlabel()，ylabel()以及 title()用于在指定位置添加文本，同时简单的 text()命令可用于在任意位置添加文本，其参数为：

```
text(x,y,str,fontdict=None,withdash=False)
```

其中 x，y 为文本在坐标轴中的坐标，str 为文本。fontdict 为字典，属于可选参数，默认为没有字典覆盖默认文本属性。如果 fontdict 是无，默认由 rc 参数决定。withdash 是布尔类型，属于可选参数，默认为 False。具体使用方法参考如下。

```
>>> import random
>>> import functools
>>> import matplotlib.mlab as mlab
>>>#随机数生成
>>> uniformDis=random.uniform(0,1)
>>>guassDis=random.gauss(0,1)
>>>res1=random.normalvariate(0,1)
>>> list1=list(random.normalvariate(0,1) for i in range(10000))
>>> #数据直方图
>>> import matplotlib.pyplot as plt
>>> n,bins,patches = plt.hist(list1, 100, normed=1, facecolor='r', alpha=0.75)
>>> plt.xlabel('number')
>>> plt.ylabel('Probability')
>>> plt.title(' histogram of uniform distribution ')
>>> plt.text(-3,0.35,r"$mu=0, sigma=1$")
>>> y = mlab.normpdf(bins, 0, 1)
>>>plt.plot(bins,y,'r一')
>>>#设置网格
>>>plt.grid(True)
>>>plt.show()
```

运行结果如图 6-6 所示。

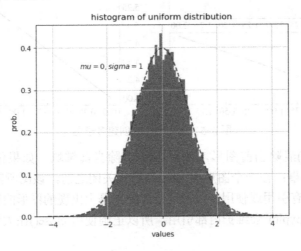

图 6-6 运行结果

📖 注意 plt.grid()完整的示例可以写作为 plt.grid(True, linestyle = "-.", color = "r", linewidth = "3")，其中 true 表示显示网格，linestyle 设置线显示的类型(一共 4 种)，color 设置网格的颜色，linewidth 设置网格的宽度。

所有的 text()命令返回一个 matplotlib.text.Text 实例。与上面类似，可以通过将关键字参数传递到 text 函数或使用 setp()来自定义属性。

```
>>>t = plt.xlabel('my number', fontsize=10, color='yellow')
```

这些属性的详细介绍见表 6-4。

表 6-4　文本属性和布局[2]

性　　质	值　类　型
alpha	浮点值
backgroudcolor	任何 Matplotlib颜色
clip_box	matplotlib.transform.Bbox 实例
clip_on	[True | False]
clip_path	一个 path 实例和一个 transform 实例，一个 path
color	任何 Matplotlib 颜色
family	['serif'|'sans-serif'|'cursive'|'fantasy'|'monospace']
fontproperties	一个 fontproperties 实例
horizontalalignment or ha	['center'|'right'|'left']
label	任何字符串
linespacing	浮点值
multialignment	['left'|'right'|'center']
name or fontname	字符串 e.g.，['Sans'|'Courier'|'Helvetica'...]
picker	[None|float|boolean|callable]
position	(x, y)
rotation	[角度|'vertical'|'horizontal']
size or fontsize	[点大小|相对大小，e.g. 'smaller','x-large']
style or fontstyle	['normal'|'italic'|'oblique']
text	字符串或任何可打印"% s"转换
transform	一个 transform 实例
variant	['normal'|'small-caps']
verticalalignment or va	['center'|'top'|'bottom'|'baseline']
visible	[True | False]
weight or fontweight	['normal'|'bold'|'heavy'|'light'|'ultrabold' |'ultralight']
x	浮点值
y	浮点值
zorder	任何数

你可以使用对齐参数 horizontalalign（水平对齐）、verticalalignment（垂直对齐）和multialignment（多轴对齐）来显示文本。下面是一个使用 text()命令显示各种不同位置对齐方式的示例。

如代码清单 6-2 所示，描述了各个位置的文本打印示例。

代码清单 6-2　坐标轴位置文本绘图

```
1      # 在坐标轴上构建一个矩形
2      l, w = .25, .5
3      b, h = .25, .5
4      r = l + w
5      t = b + h
6      fig = plt.figure()
7      ax = fig.add_axes([0,0,1,1])
8      # 坐标轴坐标是（0,0）是左下(1, 1)是右上,画一个矩形
9      p = patches.Rectangle(
10     (l, b), w, h,fill=False, transform=ax.transAxes, clip_on=False)
11     ax.add_patch(p)
12     #在左下角显示字符 zuoxia
13     ax.text(l, b, 'zuo xia',
14             horizontalalignment='left',
15             verticalalignment='top',
16             transform=ax.transAxes)
17     ax.text(l, b, 'left bottom',
18             horizontalalignment='left',
19             verticalalignment='bottom',
20             transform=ax.transAxes)
21     ax.text(r, t, 'right and base',
22             horizontalalignment='right',
23             verticalalignment='bottom',
24             transform=ax.transAxes)
25     ax.text(r, t, 'right and top',
26             horizontalalignment='right',
27             verticalalignment='top',
28             transform=ax.transAxes)
29     ax.text(r, b, 'center top',
30             horizontalalignment='center',
31             verticalalignment='top',
32             transform=ax.transAxes)
33     ax.text(l, 0.5*(b+t), 'right center',
34             horizontalalignment='right',
35             verticalalignment='center',
36             rotation='vertical',
37             transform=ax.transAxes)
38     ax.text(l, 0.5*(b+t), 'left center',
39             horizontalalignment='left',
40             verticalalignment='center',
41             rotation='vertical',
42             transform=ax.transAxes)
43     ax.text(0.5*(l+r), 0.5*(b+t), 'middle of Rectangle',
44             horizontalalignment='center',
45             verticalalignment='center',
```

```
46              fontsize=15, color='red',
47              transform=ax.transAxes)
48  ax.text(0.5*(l+r), t, 'center',
49              horizontalalignment='center',
50              verticalalignment='center',
51              color='blue',
52              transform=ax.transAxes)
53  ax.text(r, 0.5*(b+t), 'just write it',
54              horizontalalignment='center',
55              verticalalignment='center',
56              rotation=45,
57              color='green',
58              transform=ax.transAxes,)
59  ax.text(l, t, 'angle',
60              horizontalalignment='center',
61              verticalalignment='center',
62              rotation=45,
63              transform=ax.transAxes,
64              color='yellow')
65  ax.set_axis_off()
66  plt.show()
```

运行结果如图 6-7 所示。

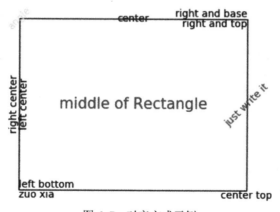

图 6-7　对齐方式示例

6.2　海龟图

在本节中我们将介绍如何使用 tutle 模块中的对象和方法进行简单的作图。

6.2.1　坐标

```
>>> import turtle
>>> t=turtle.Turtle()
```

在执行上述语句之后，将会出现如图 6-8 所示的窗口。这个类似于画板的界面就是海龟图的画布（Canvas），画布中间的小图叫作小海龟（Turtle）。整个画布由约 400000 个称为像素（Pixl）的点构成，由默认大小为 x 轴（-400，400），y 轴（-300，300）的坐标系来定位。在画布中间的像素点的坐标是（0，0）。变量 t 代表小海龟变量，为了简便起见称其为小海龟。

海龟图的作图思想是将小图标看作是一只小海龟，同时也可以将它看作一支画笔的笔尖。使用 Python 语言可以对这支笔进行抬起或者放下操作，然后移动这个笔尖就可以像我们平时自己用笔画图一样在画布上作图了。除此之外海龟图还可以选择笔的颜色，改变海龟的朝向（笔头的移动方向）。最简单的可以使用 Python 语言使海龟移动一段直线距离，更简单的可以仅仅让笔尖放下然后抬起，这样图上就只会有和笔尖粗细一样的一个点。从图 6-8 可以明显看出，最开始小海龟面朝右，而且此时小海龟的尾巴在坐标系原点，它的笔尖是放下的。

大多数复杂的图形都可以通过重复简单的图形来获得。比如图 6-9 就是代码清单 6-3 通过不断重复产生的：不停地让小海龟前进 300 个像素，并逆时针旋转 100°。

图 6-8　画布

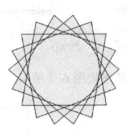

图 6-9　太阳花

代码清单 6-3　生成复杂图形

```
1    import turtle
2    t=turtle.Turtle()
3    t.hideturtle()
4    t.color("red","light yellow")
5    t.begin_fill()
6    t.up()
7    t.goto(-150,-100)
8    t.down()
9    for i in range(18):
10       t.forward(300)
11       t.left(100)
12   t.end_fill()
```

6.2.2　turtle 模块中的基本方法

使用海龟图作图时，最基本的操作就是笔尖的抬起和放下，其次是小海龟的直线移动和转弯。首先语句 t.up()和 t.down()可以将笔抬起或放下，而语句 t.forward(dist)会将小海龟按照它的朝向移动 dist 个像素。以及语句 t.backward(dist)会将小海龟按照与它的朝向相反的方向移动 dist 个像素。

其实在任何时候，小海龟都由一系列确定的状态来标记：位置（通过坐标来表示）、朝向（由与水平直线的逆时针夹角表示）、笔的状态（抬起或放下）和颜色等。我们其实是通过修改这些状态，来达到作图的目的。

除了上面提到的简单操作之外，turtle 模块还有一系列的方法可供使用，简单说明如下。

- 语句 t.hideturtle()会将图表隐藏。
- 语句 t.goto(x,y)会将小海龟移动到坐标（x，y）。
- 语句 t.setheading(deg)将设置小海龟面朝 deg 度的方向。
- 语句 t.left(deg)和 t.right(deg)会将小海龟逆时针或者顺时针旋转 deg 度。
- 语句 t.fillcolor(colorName)可以用 colorName 这个颜色来填充一个封闭区域，而语句 t.begin_fill()和 t.end_fill()则必须放置于绘制这个区域的前后来标志你要填充的范围。
- 语句 t.dot(diameter，colorName)将按照给定的直径和颜色在当前位置上画点。如果省略了第一个参数，则这条语句将默认使用 5 个像素长度的直径。当第二个参数被忽略时，画笔会继续使用之前的颜色来进行作图。
- 语句 t.pencolor(colorName)可以设置画笔的颜色，当不使用该语句时，笔的默认颜色为黑色。

6.2.3 简单图形

6.2.2 节已经介绍了一些海龟图的基本语句，下面通过另一个例子来介绍如何画简单的矩形图。现在假设有一矩形，它的宽为 w，高为 h，左下角坐标为（x，y）。此外之前已经提到像矩形这种封闭的区域，可以使用任意颜色填充。我们可以用语句 t.fillcolor(colorName)来填充封闭区域。同时，t.begin_fill()和 t.end_fill()则表示需要填充的绘制区域的开始和结束，如代码清单 6-4 所示。

代码清单 6-4　矩形

```
1   import turtle
2   #显示矩形和字符
3   def main():
4       t=turtle.Turtle()
5       t.hideturtle()
6       drawFilledRectangle(t,-100,-150,200,300,"red","light blue")
7       t.up()
8       t.goto(0,150)
9       t.write("rectangle",align= "left"，font=("courier New",15,"bold"))
10  #定义矩形的画法
11  def drawFilledRectangle(t,x,y,w,h,color1="black",color2="white"):
12      t.pencolor(color1)
13      t.fillcolor(color2)
14      t.up()
15      t.goto(x,y)          #将小海龟移至出发点
16      t.down()
```

```
17      t.begin_fill()
18      for i in range(2):   #画矩形
19          t.forward(w)
20          t.left(90)
21          t.forward(h)
22          t.left(90)
23      t.end_fill()
24  main()
```

运行结果如图 6-10 所示。

图 6-10　矩形

📖 注释　t.write("rectangle",align="left",font=("courier New",15,"bold"))用来显示字符串，align 表示字符串相对于小海龟当前位置的方位，left 表示小海龟为左下角也是默认值，同理 center 表示下方中心，font 参数是一个三元组（fontName,fontSize, styleName）。styleName 的值可以是 italic、bold、underline 或 normal。实际使用时，一个 write 方法可以只包括第一个参数。

6.2.4　折线图

前面已经练习了几种不同的简单图形，下面我们来介绍两种日常使用中十分实用的图表：折线图和柱状图。

简单的表格数据通常可以用折线图来表示，例如，使用表 6-5 的数据画折线图。

表 6-5　毕业生毕业情况

年份	1975	1985	1995	2005	2015
男生人数	1457	2136	2321	2679	3196
女生人数	1034	2267	2921	2569	3594

程序实现如代码清单 6-5 所示。

代码清单 6-5　折线图

```
1   import turtle
2   #数据矩阵
3   MALE=[1457,2136,2321,2679,3196]
4   FEMALE=[1034,2267,2921,2569,3594]
```

```
5      #定义主函数
6      def main():
7          ## Draw line chart of college enrollments
8          t=turtle.Turtle()
9          t.hideturtle()
10         drawLine(t,0,0,200,0)      #Draw x-axis
11         drawLine(t,0,0,0,200)      #Draw y-axis
12         ## Draw graphs.
13         for i in range(4):
14             drawLineWithDots(t,20+(40*i),MALE[i]/25,60+40*i,
15             MALE[i+1]/25,"black")
16         for i in range(4):
17             drawLineWithDots(t,20+(40*i),FEMALE[i]/25,60+40*i,
18             FEMALE[i+1]/25,"black")
19         drawTickMarks(t)
20         insertText(t)
21     def drawLine(t,x1,y1,x2,y2,color1="black"):
22         ## Draw line segment from (x1,y1) to (x2,y2) having color color1.
23         t.up()
24         t.goto(x1,y1)
25         t.down()
26         t.color(color1)
27         t.goto(x2,y2)
28     def drawLineWithDots(t,x1,y1,x2,y2,color1="black"):
29         ##Draw line segment from (x1,y1) to (x2,y2) having color
30         ##color1 and insert dots at both ends of the line sefment.
31         t.pencolor(color1)
32         t.up()
33         t.goto(x1,y1)
34         t.dot(5)
35         t.down()
36         t.goto(x2,y2)
37         t.dot(5)
38     def drawTickMarks(t):
39         for i in range(5):
40             drawLine(t,20+(40*i),0,20+(40*i),10)
41         drawLine(t,0,max(FEMALE)/25,10,max(FEMALE)/25)
42         drawLine(t,0,min(FEMALE)/25,10,min(FEMALE)/25)
43     def insertText(t):
44         t.up()
45         t.pencolor("black")
46         t.goto(110,150)
47         t.write("Females")
48         t.goto(120,80)
49         t.write("Males")
50         t.color("blue")
51         t.goto(-30,(max(FEMALE)/25)-10)
```

```
52        t.write(max(FEMALE))
53        # Display least enrollment value
54        t.goto(-22,(min(FEMALE)/25)-10)
55        t.write(min(FEMALE))
56        # Display labels for tick marks on x-axis
57        t.goto(0,-20)
58        x=20
59        for i in range(1970,2011,10):
60            t.goto(x,-20)
61            t.write(str(i),align="center")
62            x+=40
63        # Display title of line chart
64        t.goto(40,-40)
65        t.pencolor('black')
66        t.write("College Graduate")
67    main()
```

运行结果如图 6-11 所示。

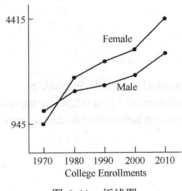

图 6-11　折线图

6.2.5　柱状图

折线图能够清楚地展示出数据变化的趋势，但是有的时候我们需要展示一些特定的数据特征时，需要使用柱状图来更加直观地进行展示。

下面用程序画一张柱状图来表示表 6-6 中 2018 年上半学期某学科总成绩的分布图，成绩表如下。

表 6-6　某学科 438 人的成绩分布

分数	低于 60	[60，70)	[70，80)	[80，90)	[90，100]
人数	27	122	154	93	42

程序如代码清单 6-6 所示。

代码清单 6-6　柱状图

```
1    import turtle
```

```
2      #数据矩阵
3      heights=[27,122,154,93,42]
4      fenshu=["<60","60-70","70-80","80-90","90-100"]
5
6      def main() :
7          t=turtle.Turtle()
8          t.hideturtle()
9          for i in range(5):
10             drawFilledRectangle(t,-250+(80*i),0,80,heights[i]*1.5,"black","light blue")
11             t.pencolor("red")
12             t.up()
13             t.goto(-210+(80*i),heights[i]*1.5)
14             t.write(str(heights[i]),align="center",font=("courier            New",10,"bold"))
15             t.goto(-210+(80*i),6)
16             t.write(str(fenshu[i]),align="center",font=("courier            New",10,"bold"))
17         t.pencolor("black")
18         t.goto(-70,-25)
19         t.write("The score distribution of 438    students",align="center",font=("courier New",10,"bold"))
20         #drawFilledRectangle(t,0,0,100,150)
21
22     def drawFilledRectangle(t,x,y,w,h,color1="black",color2="white"):
23         t.pencolor(color1)
24         t.fillcolor(color2)
25         t.up()
26         t.goto(x,y)
27         t.down()
28         t.begin_fill()
29         for i in range(2):
30             t.forward(w)
31             t.left(90)
32             t.forward(h)
33             t.left(90)
34         t.end_fill()
35     main()
```

运行结果如图 6-12 所示。

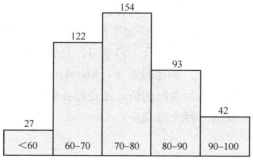

The score distribution of 438 students

图 6-12　柱状图

柱状图左下角的点的 x 坐标为-250，并且每个矩形的宽设为 80 个像素，高设为人数的 1.5 倍（根据最大值扩展的经验倍数），同理分数范围和人数的文字的位置也是多次调整得来的经验值。通过上述程序，我们能画出简单的柱状图来表示表格里的数据。

6.3 小结

本章分别介绍了 Python 中两种不同的画图模块 Matplotlib 和 turtle，见表 6-7。

表 6-7　Matplotlib 和海龟图的相关概念及示例

关键术语和概念	示例
6.1 科学画图 Matplotlib 模块	
Matplotlib 是一个用于在 Python 中绘制数组的 2D 图形库。提供能够通过一个或者几个命令就能创建的简单图形。比如你需要查看你所得到的数据的柱状图，你不需要事先通过实例化对象、调用方法、设置属性等操作或者命令；力求通过最简单的设置，使其正常工作	import matplotlib.pyplot as plt import numpy as np plt.plot() plt.axis() plt.show() line, = plt.plot(x, y, '--') line.set_antialiased(False) plt.setp(lines, color='r', linewidth=2.0) plt.figure() plt.subplot(3,1,1) plt.xlabel() plt.ylabel() plt.title() plt.text()
6.2 海龟图	
海龟图　可以认为是一只在海龟尾巴上的画笔随着海龟的尾巴抬起放下并移动而绘制的图形。使用 Python 语言可以对它的尾巴进行抬起或者放下操作，也可以选择笔的颜色，改变海龟的朝向，将海龟移动一段直线距离，甚至可以只画一个点。并且绘制封闭区域时，可以使用 t.begin_fill()和 t.end_fill()语句给这个封闭区域上色。另外填充颜色可以用 t.fillcolor(colorName)来指定	import turtle t=turtle.Turtle() t.hideturtle() t.up() t.goto() t.dot() t.down() t.pencolor() t.write()

Matplotlib 是一个 Python 的 2D 绘图库，它以各种硬复制格式和跨平台的交互式环境生成出版质量级别的图形。通过 Matplotlib，开发者可以仅需要几行代码，便可以生成绘图、直方图、功率谱、条形图、错误图、散点图等。我们可以通过 polt 函数将一组或多组数据快速生成我们所需要的图形，并且通过调用、修改各种图属性命令或者 API，达到轻松地绘制出高质量图形的目标。

Turtle 库是 Python 语言中一个很流行的绘制图像的函数库，想象一个小乌龟，从一个横轴为 x、纵轴为 y 的坐标系原点(0，0)位置开始，它根据一组函数指令的控制，在这个平面坐标系中移动，从而在它爬行的路径上绘制了图形。相比于 Matplotlib 模块而言，turtle 中可供操作的属性较少，但是 turlte 更适合入门学习，只要学会一点简单的操作函数就能根据自己的需求画出一些精美的图形。相比较而言，Matplotlib 的使用虽然可以快速生成简单的点图，但是如果是以高质量图形为目标的话，还是需要调用调整大量的图属性，这部分其实是比较麻烦的，因为这涉及的内容十分众多。

实践问题 6

1. 使用 Matplotlib 模块画简单的柱状图，参考数据如下。

时间	6~8	9~11	11~13	13~15	16~18
车流量/辆	899	378	1029	572	937

2. 使用海龟图模块画法国国旗（颜色从左至右分别为蓝、白、红）。

3. 使用海龟图模块编写一段程序，请使用下表中的数据，绘制折线图。

年份	1978	1988	1998	2008
男孩占比	6.5%	5.9%	5.4%	3.9%
女孩占比	5.8%	4.9%	3.6%	2.9%

习题 6

1. 将以下两个 Python 语句合并到一个 Python 语句中。

```
t.pencolor("black")
t.fillcolor("red")
```

2. 给定一个叫 t 的海龟对象，编写一条 Python 海龟图形代码行，将海龟移动到像素位置（100，-150）。

3. plt.title()添加的文本的位置在_____。

4. 显示网格的简单方法_____。

5. 在海龟图形中，写方法显示一个字符串，字符串的（　　）大约在笔的当前位置。
   A. 左下方　　　　　B. 左上方　　　　　C. 正下方　　　　　D. 正上方

6. 在海龟图形中，t.hideturtle()语句的作用是（　　）。
   A. 使标志不可见　　　　　　　　B. 使画布上的所有像素不可见
   C. 重置画布的标准颜色　　　　　D. 海龟的原始位置和方向

7. 在海龟的图形中，小海龟的尾巴最初是（　　）。
   A. 抬起　　　　　B. 放下　　　　　C. 不存在的　　　　　D. 即不抬起也不放下

8. 在海龟的图形中，小海龟最初面对的是（　　）。
   A. 东　　　　　B. 西　　　　　C. 南　　　　　D. 北

9. 在海龟图形中，小海龟尾巴最初定位于（　　）。
   A. 在坐标系统的原点　　　　　　B. 在画布上的任意位置
   C. 在画布底部中间　　　　　　　D. 在画布左上角

10. 在海龟图形中，画布上的点称为（　　）。
    A. 点　　　　　B. 像　　　　　C. 人字形　　　　　D. 海龟

11. 在海龟图形中，窗口内的白色区域被称为（　　）。

A. 画布　　　　B. 海龟　　　　C. 海龟板　　　D. 人字形

12. 海龟图形对象和方法是从（　　　）标准库模块导入的。

A. turtle　　　　B. graphics　　　C. pickle　　　D. random

13. 在 Matplotlib 中 axis()命令的作用是（　　　）。

A. 指定轴域的范围　　　　　　　B. 指定 x 轴的范围

C. 指定 y 轴的范围　　　　　　　D. 指定单位间隔

14. 以下指示图形颜色和线条类型的格式字符串参数表示错误的是（　　　）。

A. –b　　　　B. b–　　　　C. y–　　　　D. yl

15. 语句 plt.plot(x, y, color= 'b',linewidth=2.0)中 linewidth 是线条的（　　　）属性。

A. 线条长度　　B. 线条宽度　　C. 线条透明度　　D. 线条位置

16. 以下（　　　）不是设置线条属性的方法。

A. 使用关键字参数　　　　　　　B. 直接设置参数值

C. 使用 setp()命令　　　　　　　D. 使用 Line2D 实例的 setter 方法

17. 下列创建子图的命令错误的是（　　　）。

A. plt.subplot(211)　　　　　　　B. plt.subplot(2,1,1)

C. plt.subplot(1011)　　　　　　 D. plt.subplot(10,1,1)

18. plt.xlabel()的作用是（　　　）。

A. 指定 x 轴的范围　　　　　　　B. 指定 x 轴的单位

C. 在 x 轴处添加文本　　　　　　D. 无意义

在习题 19～30 中，编写代码来绘制指定的图形。

19. 从（–30，30）到（30，–30）的黄色线段，两端带有小圆点。

20. 带有蓝色边框的黄色的正方形，边长 100 像素，位于窗口中心。

21. 两个不同大小的相邻圆点，一个红色的大点在下，小的蓝点在上。

22. 左下角在（–40，–60）、右上角在（40，60）的实心矩形。

23. 一个红色等边三角形，边长为 150 像素。

24. 一个直角三角形，两边长度为 50 和 120 像素。

25. 编写程序实现以下输出（车身为红色，车轮为黑色）。

26. 编写程序实现以下输出（从最外层到最内层的颜色依次为：蓝、黑、红、黄）。

27. 编写程序实现以下输出（图形颜色为黄色）。

28. 编写程序实现以下输出。

29. 编写一段程序，绘制如下所示柱状图。

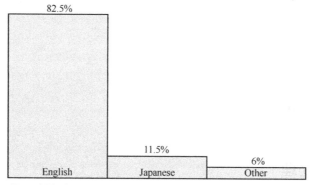

Type of The foreign languages of Chinese students

30. 编写一段程序，绘制如下所示柱状图。

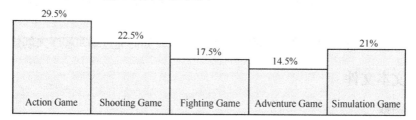

The most popular type of games for teenager

参考文献

[1] Matplotlib.lines.Line2D[EB/OL]. (2017-6-13)[2018-10-2]. https://matplotlib.org/api/_as_gen/matplotlib.lines.Line2D.html.

[2] Text properties and layout[EB/OL]. (2017-5-10)[2018-10-2]. https://matplotlib.org/users/text_props.html#text-properties.

第 7 章　Python 文件处理

在日常编程中，程序基本按照"输入、处理、输出"的模型操作。首先程序接收输入的数据，然后按照要求进行处理，最后输出数据。截至当前，本书介绍了如何处理数据，并打印出需要的结果。但是，目前的操作都是直观地执行程序，还没有对文件进行操作。在实际的应用中希望将输出结果能保存到存储器的文件中，在文件中保存信息，以便之后取用，帮助程序达到更高的层级。

本章知识点：
❑ 读写文件
❑ 创建文件
❑ 关闭文件
❑ CSV 文件与 Excel 文件
❑ 处理 CSV 文件

7.1　文本文件处理

对文件的读取和写入是程序创建信息的方法之一，如果将大部分程序所需的信息保存在程序自身当中，会造成难以复用的情况，但当把这些信息保存到一个文件中，就可以简便地复用代码。

本章节将介绍如何从文本文件中读取处理数据，以及如何通过编写程序来创建文本文件。

7.1.1　读取文本文件

1．open 函数

在 Python 中，open 函数可以将程序和文件连接起来，使程序从文件中读取数据。open 函数的基本语法如下。

```
open(file_name,[mode],[buffering])
```

open 函数使用文件名 file_name 作为唯一的强制参数。模式和缓冲都是可选参数，结合 open('./test.txt', 'r', -1)为例，对于其中的变量参数分析见表 7-1。

表 7-1　open 函数变量参数分析表

变量参数	参数解析	举例
file_name	将要访问的文件的文件名用字符串值表示	test.txt
mode	访问文件的模式，包括只读、写入、追加等。默认的文件访问模式为只读	r
buffering	当取 0，代表无寄存；当取 1，指访问文件时会寄存行；当取大于 1 的整数，表示寄存区的缓冲大小；当取负值，寄存区的缓冲大小取系统默认值	-1

216

open 函数返回一个对象，指代计算机中的一个文件，类比于字典和列表的概念。如下是 open 函数的一个使用方法举例。

```
>>>path='c:/test.txt'
>>> file_name=open(path)
>>> print(file_name.name)
c:/test.txt
```

执行结果显示程序打开了 C 盘下已被创建的 test.txt 文件。如果文件不存在，则会出现一个异常回溯。

2. 文件模式

open 函数有很多参数，初学者需要掌握 file_name 和 mode 这两个变量参数。file_name 是传入的文件名，如果只有文件名，没有路径，那么 Python 会在当前文件夹找到文件并打开。如果当前文件夹中没有该文件，或是要向文件内写入内容，则需要提供 mode 模式变量参数来显式声明。

mode 参数指定文件打开模式，见表 7-2。

表 7-2　模式参数解析表

模式	描述	举例
r	以只读方式打开文件，在文件开头放置指针	open('./test.txt','r')
rb	以二进制格式、只读方式打开一个文件，在文件开头放置指针	open('./test.txt','rb')
r+	以读写方式打开文件，在文件开头放置指针。若文件不存在，则报错	open('./test.txt','r+')
rb+	以二进制格式、读写方式打开一个文件，在文件开头放置指针	open('./test.txt','rb+')
w	以只写入的方式打开文件，如果该文件已存在，就将其覆盖，如果该文件不存在，就创建新文件	open('./test.txt','w')
wb	以二进制格式、只读方式打开一个文件，如果该文件已存在，就将其覆盖，如果该文件不存在，就创建新文件	open('./test.txt','wb')
w+	以读写方式打开一个文件，如果该文件已存在，就将其覆盖，如果该文件不存在，就创建新文件	open('./test.txt','w+')
wb+	以二进制格式、读写方式打开一个文件，如果该文件已存在，就将其覆盖，如果该文件不存在，就创建新文件	open('./test.txt','wb+')
a	以追加方式打开一个文件，如果该文件已存在，文件指针就会放在文件的结尾，即新内容被写入到已有内容之后；如果该文件不存在，就创建新文件进行写入	open('./test.txt','a')
ab	以二进制格式、追加方式打开一个文件，如果该文件已存在，在文件结尾放置指针，即新内容被写入到已有内容之后；如果该文件不存在，就创建新文件进行写入	open('./test.txt','ab')
a+	以读写方式打开一个文件，如果该文件已存在，读取时，在文件开头位置，写入时在文件结尾放置指针，如果该文件不存在，创建新文件用于读写	open('./test.txt','a+')
ab+	以二进制格式、追加方式打开一个文件，如果该文件已存在，在文件结尾放置指针；如果该文件不存在，就创建新文件读写	open('./test.txt','ab+')

对于 open 函数参数中的常用值，表 7-3 给出了更加清晰的整理。

表 7-3　open 函数参数常用值

模式	描述
r	读模式
w	写模式
a	追加模式
b	二进制模式（可添加到其他模式中使用）
+	读/写模式（可添加到其他模式中使用）

"b" 模式可改变处理文件的方法。一般情况下 Python 处理的是文本文件，但当处理其他类型文件（如二进制文件），比如声音剪辑或图像时，应当在模式参数中增加 "b"。例如，参数 "rb" 用来读取一个二进制文件。

使用 open 函数时，"+" 参数可以用到其他任何模式中，指明读和写都是允许的，比如 "w+" 可以在打开一个文件同时进行文件的读写。

3. 缓冲

缓存一般指的是内存，通常来说，内存容量远小于磁盘，计算机从内存中读取数据的速度远大于从磁盘读取数据的速度。内存的速度快，但是资源紧张，所以这里可选是否对数据进行缓存。

I/O 指在计算机中的输入与输出，由于程序和运行时数据在内存中驻留，由 CPU 执行，涉及的数据交换通常在磁盘和网络，因此需要 I/O 接口。

open 函数的 buffering 参数可以选择，用来控制文件的缓存。如果该参数是 0 或 False，I/O（输入/输出）就是无缓存的。如果该参数是 1 或 True，I/O 就是有缓存的。大于 1 的整数代表缓存的大小（单位是字节），-1 或小于 0 的整数代表使用默认的缓存大小。

由于内存的访问速度远大于磁盘的访问速度，Python 分配了一块内存空间叫作缓冲区，用来临时保存将要写进磁盘的数据。一旦缓冲区满了，或者文件被关闭了，缓冲区的内容就会被写入磁盘。

4. 基本读取文件方法

如果有一个名为 file 的类文件对象，那么可以用 file.write 方法和 file.read 方法以字符串形式写入和读取数据。

文件的读取方法有很多，可以使用文件对象的 read() 和 readline() 方法，也可以直接使用 list(f) 或者使用迭代来读取。如果希望将整个文件的内容读取为一个字符串值，可以使用 file 对象的 read() 方法，语法如下。

```
>>>fileObject.read([length])
```

fileObject 是 open 函数返回的 file 对象，count 参数是从待打开的文件中从文件的开头开始读取的字节计数，如果没有传入读取文本长度 length，则默认尽可能尝试读取更多内容，很可能会一直读取到文件末尾。

例如在 test.txt 文件中写入 "Hello world!" 并读取，执行如代码清单 7-1 所示的代码。

代码清单 7-1　读取文件内容

```
1    path = './test.txt'
2    f_name=open(path,'r')
3    print('read result:',f_name.read(5))
```

运行结果：

```
read result:Hello
```

从上述执行结果中可以看到，通过 read 方法读取了该文件从头开始的 5 个字符。

尝试着进行一些变化，将 print('read result:',f_name.read(5))这一行更改为 print('read result:',f_name.read())，得到的结果如下。

read result:Hello world！

从执行结果中可以看到，如果不指定 count 值，没有指定读取字节数时，read 方法会打开文件并读取所有字节。

5. 读取行

目前程序对文件的读操作是按字节读或整个读取，Python 提供了 readline()和 readlines()这两个方法用于行读取操作。

（1）readline

readline()方法用于在文件中读取单独一整行，从文件指针的位置向后读取，直到遇到换行符(\n)结束。readline()方法如果返回的是空字符串，则说明已经读取到了最后一行。体会写入内容和追加内容的对比，如代码清单 7-2 所示。

代码清单 7-2　写入内容和追加内容的对比

```
1    path = './test.txt'
2    f_name=open(path,'w')
3    f_name.write('Hello world!\n')
4    f_name=open(path,'a')
5    f_name.write('welcome')
6    f_name=open(path,'r')
7    print('readline result:',f_name.readline())
```

运行结果：

readline result:Hello world！

这里的"w"是写入操作，"a"是追加写入操作，具体将在 7.1.3 节中进行介绍。

同样地，readline 方法也可以指定 count 值，以读取对应的字符数，传入小于 0 的数值代表整行都输出。

（2）readlines

如果把上述代码 print('read result:', f_name.readline())换成 print('read result:', f_name.readlines())，执行结果如下。

readline result:['Hello world!\n','welcome']

可以看出，输出结果是一个字符串的列表，列表中的每个字符串就是文本中的每一行，并且换行符也会被输出。readlines()函数读取文件中的每一行，然后把这一行添加到一个列表中。一旦它读取了所有的行，即返回该列表。读取文件的三种函数对比，见表 7-4。

表 7-4　读取文件的三种函数的对比

函　　数	原　　理	特　　点
read([length])	从文件当前位置读取长度为 length 的字节，若无指定 length，则读取至文件末尾	返回的是文件全部内容的字符串形式
readline()	每次读取文件一行内容，并返回一个字符串对象。如要读取多行，则需重复该步骤	返回的是文件每行内容的字符串形式；适用于大文件
readlines()	读取一个文件的全部行，返回一个列表，列表的每个元素都是文件中每行内容的字符串格式	返回了列表结构，列表的元素是字符串；若读取大文件，会出现占用内存的情况

6. 关闭文件

应当牢记使用 close()方法关闭文件，通常来说，一个文件对象在退出程序后会自动关闭，这样可以避免在某些操作系统或设置中进行无意义的修改，也避免用完系统中所打开文件的配额。

写入后的文件应当及时关闭，因为 Python 可能会缓存写入的数据，如果此时程序因为某些原因崩溃，那么数据就不会被写入文件。所以安全起见，要在使用文件后及时关闭。

使用 try/finally 语句，并在 finally 子句中调用 close 方法可以确保文件被关闭。

```
#Open your file here
try:
    #Write data to your file
finally:
    file.close()
```

也可以使用 with 语句：

```
>>>with open("./test.txt")as test:
>>>do_something(test)
```

with 语句可以打开文件并将其赋值到 outFile 中，之后可以将数据写入语句体中的文件。文件在语句结束后会被自动关闭，即使是由于异常引起的结束同样如此。

7.1.2　创建文本文件

到目前为止，都是对已经存在的文件进行操作，如果想创建一个文件，让用户选择文件名，或是创建一个新的文件，而不会覆盖现有文件，应该如何操作？

```
>>>outFile=open('test.txt','w')
```

用上述语句创建了一个新的文本文件，打开并写入，变量 outFile 用来向文件中写入行，并在最后关闭文件。

如果 list 代表一个字符串的列表，其中每一个字符串都以换行符结尾，则如下语句可将列表中的每一个元素作为一行写入文件中。

```
>>>outFile.writelines(list)
```

如下语句会将字符串 string 的值追加到文件中。

```
>>>outFile.write(string)
```

📖 注意 执行 write 和 writelines 语句之后，必须关闭文件，以确保所有数据在物理层上被传输到了磁盘中。

在 Python 中，用 write()方法向一个文件写入数据，可以将任何字符串写入一个已打开的文件。这里的字符串可以是文字，也可以是二进制数据。write()不会在字符串结尾添加换行符"\n"，fileObject 是 open 函数返回的 file 对象，string 参数是写入文件的内容。

如代码清单 7-3 将返回写入文件的字符串的长度。

代码清单 7-3　返回写入文件字符串长度

```
1    path = './test.txt'
2    f_name=open(path,'w')
3    print('write length:',f_name.write('Hello'))
```

运行结果：

```
write length:5
```

7.1.3　向旧文本中添加新文本

写入文件（Write）的方法方式是，覆盖原有文件，从头开始，每次写入都会覆盖前面所有内容，而追加文本指在原有文件基础上添加内容，如代码清单 7-4 所示。

代码清单 7-4　在文本中追加新文本

```
1    path = './test.txt'
2    f_name=open(path,'w')
3    print('write length:',f_name.write('Hello world!'))
4    f_name=open(path,'r')
5    print('read result:',f_name.read())
6    f_name=open(path,'a')
7    print('add length:',f_name.write('welcome!'))
8    f_name=open(path,'r')
9    print('read result:',f_name.read())
```

运行结果：

```
write length:12
read result:Hello world!
add length:8
read result:Hello world!welcome!
```

当把参数从"w"改为"a"的时候，就以追加模式打开文件，在文件末尾添加对应的字符串。随后，write 和 writelines 方法都可以用来添加新的行，称为添加而打开（Open for Append）。

注意 如果传递给 open 函数的文件名不存在，写模式（w）和追加模式（a）就会创建一个新的空文件，然后执行写入和追加的操作。

对比代码清单 7-5，实现需要追加的内容在下一行的操作。

代码清单 7-5 追加内容在下一行

```
1    path ='./test.txt'
2    f_name=open(path,'w')
3    print('write length:',f_name.write('Hello world!'))
4    f_name=open(path,'r')
5    print('read result:',f_name.read())
6    f_name=open(path,'a')
7    print('add length:',f_name.write('\n\nwelcome!'))
8    f_name=open(path,'r')
9    print('read result:',f_name.read())
```

运行结果：

```
write length:12
read result:Hello world!
add length:8
read result:Hello world!
welcome!
```

如下语句可以向已有文本文件的末尾添加行。

```
>>>outFile.writelines(list)
```

7.1.4 修改文本文件内容

Python 中不能直接进行修改、插入、删除文本文件中的行这样的操作，而是需要先在原来的文件中读入、记录并改动数据，再写入到新创建的文件中，随后将旧文件删除，并重新将新的文件名命名为原来的文件名。要完成以上步骤，需要导入标准库模块 os。

```
>>>import os
```

下句可以删除指定的文件。

```
os.remove(file)
```

下句可以修改文件的名字或文件的路径。

```
os.rename(oldFile, newFile)
```

注意 remove 和 rename 不能使用在已经打开的文件上，且 rename 函数的第二个参数不可以是一个已经存在的文件的名字。

为了避免出现上述情况，可以在重命名、删除、读入一个文件之前，使用如下函数来检查其是否存在。

> os.path.isfile(file)

该函数在指定文件存在时会返回 True，否则会返回 False。

7.1.5 使用基本文件方法

表 7-5 列举了常见的文件对象方法。

表 7-5 常见文件对象方法

函　　数	执 行 操 作
close()	关闭文件
read(size=-1)	从文件读取 size 个字符，当未给定 size 或给定负值时，读取剩余所有字符，并作为字符串返回
readline()	从文件中读取一整行字符串
write(string)	将字符串 string 写入文件
writelines(sequence)	向文件写入字符串序列 sequence
tell()	返回当前在文件中的位置

假设 pytest.txt 文件包含如下内容，可以运用本节学到的知识进行怎样的操作？

> Hello World
> This is a test txt
> Welcome

首先尝试 read(n)操作：

```
>>>f = open('pytest.txt')
>>>f.read(5)
'Hello'
>>>f.read(7)
' World '
>>>f.close()
```

接下来是 read()操作：

```
>>>f=open('pytest.txt')
>>>print f.read()
0Hello World
1This is a test txt
2Welcome
>>>f.close()
```

接下来是 readline()操作：

```
>>>f= open('pytest.txt')
```

```
>>>for i in range(3);
print (str(i)+f.readline())
0Hello World
1This is a test txt
2Welcome
```

接下来是 readlines()操作：

```
>>>import print
>>>print(open('pytest.txt').readlines())
['Hello World\n.'
'This is a test txt\n'.
'Welcome']
```

接下来是写 write(string)操作：

```
>>>f=open ('pytest.txt','w')
>>>f.write('this would\nbe\nchanged')
>>>f.close()
```

结果是：

```
1this would
2be
3changed
```

最后是 writelines(list)：

```
>>> f=open ('pytest.txt')
>>>lines=f.readlines()
>>>f.close()
>>>lines[1]="would not\n"
>>>f=open ('pytest.txt','w')
>>>f.writelines(lines)
>>>f.close()
```

再次修改后的文本文件如下。

```
0this would
1not be
2changed
```

7.2 数据处理

待处理的文件数据可能包含了大型表格，本节将介绍如何分析处理这样的大型表格，以及如何从互联网上获取数据。

7.2.1 CSV 文件

7.1 节中所处理的文本文件每一行只包含一条数据，接下来将介绍一种叫作 CSV 格式文件（Comma-Separated Values-Formatted File）的文本文件，中文名叫作逗号分隔值，每一行包含了若干条数据项，每一项数据之间使用逗号隔开。CSV 格式是电子表格和数据库最常见的导入和导出文件格式，所有格式由进行读写的应用程序定义，无统一的 CSV 标准，在不同应用程序中，产生和使用的数据会存在细微差异，导致来自多个源的 CSV 文件作为输入时情况变得复杂。

相比较 Excel 文件，在 CSV 文件中：所有值都是字符串；不能编辑字体颜色等样式；不能设置单元格的宽高；不能合并单元格；没有多个工作表；不能嵌入图像图表。可以看出，CSV 文件和 Excel 文件差别还是比较大的。

例如，文件 pytest.txt 中给出了某学习小组 4 名同学的个人信息，文件每一行包含了关于这个同学的 6 条数据：名字、年龄、家乡、年级、编号、性别。文件中的内容如下。

Name	Age	Location	Grade	Number	Sex
Li	22	Beijing	Freshman	1	Male
David	23	Shanghai	Freshman	2	Male
Handy	24	Chongqing	Freshman	3	Female
Liu	22	Nanjing	Freshman	4	Male

文件中的每一行成为一条记录（Record），每一条记录包含 6 个域（Field），每一条记录的域中的数据都相关，它们都属于同一个人的信息。

7.2.2 访问 CSV 文件的数据

1. 基本的读取文件的方式

代码清单 7-6 是对文件的读取操作。

代码清单 7-6 读取 CSV 文件

```
1    import csv
2    csv_reader=csv.reader(open('pytest.csv'))
3    for row in csv_reader:
4        print(row)
```

运行结果：

```
['Name', 'Age', 'Location','Grade','Number', 'Sex']
['Li', '22', 'Beijing', 'Freshman', '1', 'Male']
['David', '23', 'Shanghai', 'Freshman', '2', 'Male']
['Handy', '24', 'Chongqing', 'Freshman', '3', 'Female']
['Liu', '22', 'Nanjing', 'Freshman', '4', 'Male']
```

可以看到，csv_reader 把每一行数据转换成了一个 list，list 中每一个元素是一个字符串。

这里提到了 list 列表的概念。因为它们有某种直接或者间接的关系，需要把它们放在某种"组"或者"集合"中暂时存储起来，将来可能会用得上。与列表相似的概念是数组，数组有一个基本要求就是存储的数据必须类型一致，由于 Python 的变量没有数据类型，所以 Python 没有数组，但是 Python 引入了更加强大的列表。基本上所有的 Python 程序都要使用到列表。

2. 读取文件的某一列或多列

代码清单 7-7 是对 CSV 文件的读取操作。

代码清单 7-7 读取 CSV 文件某列

```
1    import csv
2    with open('pytest.csv') as csvTest:
3        reader=csv.reader(csvTest)
4        column=[row[1] for row in reader]
5        print(column)
```

运行结果：

```
['Age', '22', '23', '24', '22']
```

3. 读取文件的某一行

代码清单 7-8 是读取 CSV 文件的某行操作。

代码清单 7-8 读取 CSV 文件某行

```
1    import csv
2    with open('pytest.csv') as csvTest:
3        reader=csv.reader(csvTest)
4        for i,rows in enumerate(reader):
5            if i==1:
6                row=rows
7        print(row)
```

运行结果：

```
['Li', '22', 'Beijing', 'Freshman', '1', 'Male']
```

4. 读取文件的行数

代码清单 7-9 可读取 CSV 文件的行数。

代码清单 7-9 读取 CSV 文件行数

```
1    import csv
2    a=open('pytest.csv',"r")
3    b=len(a.readline())
4    print(b)
```

运行结果：

```
5
```

7.2.3 使用列表分析 CSV 文件中的数据

CSV 文件中的数据可存入列表中进行处理分析，列表中的每一项包含了文件一行的数据，每一项单独的数据使用二次索引的变量来获取。通过读取列表对 CSV 文件数据进行分析的代码如代码清单 7-10 所示。

代码清单 7-10　读取列表分析 CSV 文件数据示例 1

```
1    inFile = open('pytest.csv','r')
2    L=[line.rstrip().split(',')for line in inFile]
3    inFile.close()
4    s="{0}is {1} years old"
5    print(s.format(L[4][0],L[4][1]))
```

运行结果：

```
Liu is 22 years old
```

代码清单 7-11 将文件 pytest.txt 的内容存入到一个包含 100 个元素的列表中，其中每一个元素都是一个包含了某个学生 5 项数据的列表。使用列表对 CSV 文件进一步分析，如代码清单 7-11 所示。

代码清单 7-11　读取列表分析 CSV 文件数据示例 2

```
1    import csv
2    def main():
3        Persons=performList('pytest.csv')
4        Persons=sort(key=lambda student:student[4],reverse=True)
5        displayPersons(Persons)
6        updateFile(Persons)
7    def performList(fileName):
8        inData=open(fileName,'r')
9        list_test=[line.rstrip() for line in inData]
10       inData.close()
11       for i in range(len(list_test)):
12          list_test[i]=list_test[i].split(',')
13          List_test[i][2]=eval(list_test[i][2])
14          list_test[i][3] = eval(list_test[i][3])
15       return list_test
16   def displayPersons(Persons):
17       print("{0:20}{1:9}".format("student","score"))
18       for i in range(5):
19          print("{0:20}{1:9}".format(Persons[i][0],Persons[i][3]))
20   def updateFile(Persons):
21       outFile=open("pytest.txt",'w')
22       for student in Persons:
23          outFile.write(student[0]+','+str(student[3])+"\n")
24   main()
```

运行结果：

Person	Number
Liu	4
Handy	3
David	2
Li	1

以上代码中，当 performList 函数的第三行执行之后，list_test 的第一个元素是：

"Li,22,Beijing,Freshman,1,Male"

当 performList 的第 6 行的 split 方法被调用后，这个元素会被替换成一个拥有 6 个元素的列表。

["Li","22","Beijing","Freshman","1","Male"]

当 eval 函数被应用到列表的最后三个元素上之后，这个包含 4 个元素的列表会变成如下形式。

["Li","22","Beijing",Freshman,1,Male]

📖 注意　在上述例子中，每一项单独的数据，如班号、籍贯、性别等，要用二次索引来获取。第一个索引指定了某个学生的 6 组信息的列表，而第二个索引指定了这 6 个域中的一项。

7.2.4　Excel 和 CSV 文件

总体来说，Excel 和 CSV 文件有以下几点差别，见表 7-6。

表 7-6　Excel 和 CSV 文件差异对比

Excel	CSV
二进制文件，保存有关工作簿中所有工作表的信息	纯文本格式，用逗号分隔一系列值
可以存储数据，也可以对数据进行运算操作	文本文件，只可以存储数据，不包括格式、公式、宏
保存在 Excel 的文件只能用 Microsoft Excel 打开，不可以被文本编辑器打开或编辑	CSV 文件可以通过文本编辑器打开或编辑
Excel 导入数据时消耗更多的内存	导入 CSV 文件可以更快，而且消耗更少的内存
在 Excel 中，必须为每一行中的每一列都有一个开始标记和结束标记	在 CSV 中，只能编写一次列标题
除了文本，数据也可以以图表和图表的形式存储	每条记录都存储为一行文本文件，每一条新行都表示一个新的数据库行。CSV 不能存储图表或图形

Excel 文件和 CSV 文件可以相互转换，例如，有 CSV 文件 pytest.txt，如果在 Excel 中打开这个文件，使用逗号作为分隔符，Excel 会创建一个 5×5 的表格。

如果现有一 Excel 文件，单击文件菜单中的"另存为"，在保存类型下拉菜单中选择"CSV（逗号分隔）（*.csv）"，就可以将 Excel 文件转换成一个 CSV 文件。

7.3 小结

本章介绍了如何通过文件对象和类文件对象与环境互动，I\O 是 Python 中最重要的技术之一。下面是本章中的重要知识，并通过表 7-7 进行对比。

（1）通常我们讲到对象，主要包括内建函数和内建属性。file 函数打开一个文件并返回一个文件对象，而 open 是 file 的别名，在打开文件时，使用的是 open 而不是 file。内建函数 open()提供了初始化输入/输出操作的通用接口。

（2）打开和关闭文件 通过提供一个文件名，使用 open 函数打开一个文件，成功打开文件后会返回一个文件对象，或者返回错误。

（3）模式和文件类型 当打开一个文件时，可选择打开的模式，比如'r'代表读模式，'w'代表写模式，还可以将文件作为二进制文件打开。

（4）读和写 使用 read 或 write 方法可以对文件对象或类文件对象进行读写操作。

（5）读写行 使用 readline 和 readlines 方法可以从文件中读取行，使用 writeness 可以写入数据。

表 7-7 文件处理相关术语及概念

关 键 术 语	概　念
open 函数 open(FileName,'r') open(FileName,'w') open(FileName,'a')	是内建函数[1]，建立与指定文本文件相关联的文件对象的连接，根据模式选择的不同，实现不同的功能，如从文件中读取、写入、追加内容等 当一个文件用于写入或追加被打开时，write(string)形式的语句通过一个缓冲区将 string 写入到文件中。close 方法关闭一个已打开的文件，用来释放资源，确认缓冲区中的所有数据被写入到了文件中
模块 os os.rename(oldFileName, newFileName) os.remove(FileName) os.path.exists(FileName)	模块 os 被导入后，就可以使用语句 os.rename (oldFileName,newFileName) 重 命 名 一 个 关 闭 的 文 件 ， 使 用 语 句 os.remove(FileName)删除一个关闭的文件，使用返回 bool 值的语句 os.path.exists(FileName)检查一个关闭的文件是否存在
CSV 文件	CSV 文件是用于存储表格形式的数据，其每一行包含了相同数量的域，且使用逗号隔开
split 方法	split 方法可从 CSV 文件中提取信息，将一个字符串分成多字符串组成的列表

实践问题 7

1．完成功能：打开文件读取内容到一个名为 contents 的字符串中。

2．编写一个 Python 语句，打开一个名为 filename 的文件，并将其赋值给一个名为 outFile 的变量。

3．编写一个 Python 语句，打开一个名为 text 的文件，将值追加到文件的末尾，并将其赋值给一个名为 outFile 的变量。

4．请解释集合的元素无法被索引的原因。

5．请说明文本文件和 CSV 文件的差别。

6．readline()如何确定每一行的位置？

7．打开一个文件的内建函数是什么？打开完成后会返回什么？

8．如何打开一个文件，并且使起始点在文件的末尾？

9. 如何获取文件的当前路径？

习题 7

1～20 题为选择题。

1. 文件中的所有行读取完毕后，readline()返回（　　）。

    A. 空字符串　　　　　　B. 列表　　　　　　C. none　　　　　　D. error

2. Python 使用（　　）临时存放写入硬盘的数据。

    A. 缓冲　　　　　　　　B. 硬盘　　　　　　C. 特殊内存位置　　D. 列表

3. open 函数在读取文件时返回（　　）。

    A. 文件对象　　　　　　B. 文件名　　　　　C. 文件列表　　　　D. 文件元组

4. 函数（　　）可终结与文件的连接。

    A. close　　　　　　　　B. terminate　　　　C. stop　　　　　　D. open

5. 缓冲的数据在（　　）时写入硬盘。

    A. 当缓冲已满　　　　　B. 当文件关闭　　　C. A&B　　　　　　D. 以上都不是

6. 导入以下标准库模块（　　）来使用文件的 remove 和 rename 函数。

    A. os　　　　　　　　　B. file　　　　　　C. path　　　　　　D. pickle

7. 当读取一个不存在的文件时，可能（　　）。

    A. 产生 runtimeerror　　　　　　　　　　　B. 产生 syntaxerror

    C. 生成空文件　　　　　　　　　　　　　　D. 以上都不是

8. List 用（　　）表示。

    A. [ ]　　　　　　　　　B. { }　　　　　　C ()　　　　　　　D <>

9. 如果一个已存在的文件，执行写入操作，会发生（　　）。

    A. 文件被写入覆盖　　　　　　　　　　　　B. 新内容会追加写入旧文件中

    C. error　　　　　　　　　　　　　　　　　D. 以上都不是

10. （　　）是非重复项目的无序集合。

    A. set　　　　　　　　　B. file　　　　　　C. dictionary　　　D. tuple

11. 当读取或写入文件时，（　　）可避免 runtimeerror。

    A. 使用 os.path.isfile 函数

    B. 使用 os.path.file.exists 函数

    C. 若文件不存在，提示用户采取行动

    D. 提前检查文件是否存在

12. 下列 Python 语句的输出是（　　）。

```
>>>print(set("applloose"))
```

    A. {'a','p','l','o','s','e'}

    B. {'a','p','p','l','l','o','o','s','e'}

    C. {'a','p','p'}

    D. {'a','l','s'}

13. 写入文件应选择（　　　）模式。

　　A. writing　　　　　B. reading　　　　　C. appending　　　　　D. deleting

14. 在字典中，"cat""dog"这样的一对被称为（　　　）。

　　A. item　　　　　　B. pair　　　　　　C. key　　　　　　　D. couple

15. CSV 文件的每一行类似于（　　　）。

　　A. record　　　　　B. tuple　　　　　C. field　　　　　　D. txt

16. 将数据存储为以下文件格式（　　　），只能由特殊阅读器访问。

　　A. binary　　　　　B. txt　　　　　　C. CSV　　　　　　D. set

17. 为了使 Python 使用函数与二进制文件一起工作，需要导入标准库模块（　　　）。

　　A. pickle　　　　　B. os　　　　　　C. osfile　　　　　D. binaries

18. 可读取二进制文件是（　　　）。

　　A. wb　　　　　　B. r+　　　　　　C. rb　　　　　　　D. rb+

19. 下面不属于二进制文件的是（　　　）。

　　A. 图像　　　　　　B. 声音　　　　　　C. 图形　　　　　　D. 文本

20. 文本文件和二进制文件中，是定长编码的是（　　　）。

　　A. 文本文件　　　　B. 二进制文件　　C. 都是　　　　　　D. 都不是

21～30 题为简答题。

21. 写一个 Python 语句，转换列表["morning", "afternoon", "night"]至名为 times 的集合。

22. 写一个 Python 语句，转换元组("morning", "afternoon", "night")至名为 times 的集合。

23. 请解释集合的元素无法被索引的原因。

24. 请说明文本文件和 CSV 文件的差别。

25. 写一个 Python 语句，创建名为 cats 的空字典。

26. 写一个 Python 语句，创建名为 cats 的字典的副本，并转移到名为 dogs 的新字典。

27. 为下列数据创建一个名为 cats 的字典。

28. 为什么列表和集合不能作为字典的 keys？

29. 写一段代码，读取 test.txt 前两行。

30. 写一段代码，读取 test.txt 偶数行。

参考文献

[1] 举例说明一些内建函数[EB/OL]. (2017-05-08)[2018-07-02]. https://blog.csdn.net/qq_23934063/article/details/71427936.

第 8 章 面向对象编程

本章将介绍 Python 中面向对象编程的编写。与面向过程编程不同的是，面向对象编程将数据和方法封装在一起，在做程序修改的时候对整个程序影响较小。除此之外，类的继承可以减少代码的冗余，易于程序的扩展。本章将对类与对象的详细内容进行介绍。

本章知识点：

❑ 类和对象
❑ 类的属性和方法
❑ 类方法的动态绑定
❑ 类的继承
❑ 类的抽象
❑ 多态
❑ 操作符重载

8.1 面向对象简介

Python 是一门面向对象编程的语言。如果你以前没有接触过面向对象编程的语言，那么你可能需要先了解一些面向对象编程语言的一些基本特征，形成一个基本的面向对象的概念，这样有助于学习 Python 的面向对象编程。本章节将详细介绍 Python 的面向对象编程。

类提供了一种将数据和功能捆绑在一起的方法。创建一个新类也即创建一个新类型的可创建新实例的对象。每个类的实例都可以有其附加的属性。类的实例还可以通过方法（由其类定义）来修改其状态。

与其他编程语言相比，Python 的类机制可以以最少的新语法和语义来新建类。它是 C++ 和 Modula-3 中的类机制的融合。Python 类提供了面向对象编程的所有标准的特征：类继承机制允许多个基类；派生类可以重载其基类或类的任何方法，并且其方法可以调用基类中具有相同名称的方法。对象可以包含任意数量与种类的数据。与模块一样，类也具有 Python 的动态特性：它们是在运行时创建的，并且可以在创建后进一步修改[1]。

在 C++ 术语中，通常类成员（包括数据成员）是公共的（除了下文所述的私有变量），并且所有的成员函数都是虚拟的。与 Modula-3 一样，从对象的方法中引用对象的成员没有简短的方法：方法函数被声明为第一个代表对象的参数，它被隐式调用。就像在 Smalltalk 中一样，类本身就是对象。这为导入和重命名提供了语义。与 C++ 和 Modula-3 有所不同，Python 的内置类型可以用作基类，以便用户进行扩展。此外，与 C++ 类似的是，大多数具有特殊语法（算术运算符，下标等）的内置运算符可以对类的实例重新定义。

8.2 类与对象

8.2.1 类与对象的关系

在开始具体介绍面向对象技术之前，先了解一些面向对象的术语（见表 8-1），以便在后续内容中碰到对应词时，能明白这些术语的意思。

表 8-1 面向对象的术语

术语名称	定　义
类（Class）	用来描述具有相同属性和方法的对象的集合
对象	通过类定义的数据结构实例。对象是类的实例，包含属性和方法
类变量	在类的多个实例对象中是公用的，其定义在类中且在方法之外，一般不作为实例变量使用
实例变量	定义在类的方法中的变量，只作用于当前实例的类。类变量和实例变量都属于类的成员变量
方法	类中定义的函数
方法重写	如果从父类继承的方法不能满足子类的需求，可以对其进行改写，这个过程叫方法的覆盖（Override），也称为方法的重写
继承	即一个派生类（Derived Class）继承基类（Base Class）的字段和方法。继承也允许把一个派生类的对象作为一个基类对象对待

8.2.2 类的定义

Python 中定义类使用关键词 class，class 后面紧接着是类名，类名通常首字母大写，紧接着是(object)，表示该类从 object 类继承，也可以是继承的其他的类。Python 中所有的类都会继承 object 类，如果没有其他的类要继承，可以省略(object)。

类定义的最简形式如下。

```
class ClassName(object):
    <语句-1>
        .
        .
        .
    <语句-N>
```

类定义必须在它们生效之前被执行，比如函数定义（def 语句）。可以想象将一个类定义放在 if 语句的一个分支中，或者放在一个函数中。

实际上，类定义中的语句通常是函数定义，但其他语句是允许的并且有时很有用，本小节稍后再谈这个问题。类中的函数定义通常有一个特殊形式的参数列表，由方法的调用约定决定，这在后面解释。

当输入类定义时，会创建一个新的名称空间，并将其用作本地作用域。因此，所有对局部变量的赋值都会进入这个新的名称空间。特别是，函数定义在此绑定新函数的名称。

当类定义保持正常时，会创建一个类对象。这基本上是由类定义创建的命名空间的内容的一个包装；本章将在下一节中详细了解类对象。原来的本地作用域（在输入类定义之前生效的那个作用域）被恢复，并且类对象在这里被绑定到类定义头部（示例中的

ClassName）中给出的类名。

这里给出一个类的示例，如代码清单 8-1 所示。

代码清单 8-1　类定义示例

```
1    class ExampleClass:
2        """类定义的示例"""
3        i = 1
4        def f(self):
5            print("Hello World!")
6    print(ExampleClass.i)
```

运行结果：

```
1
```

8.2.3　对象的创建

1. 对象的创建

class 对象支持两种操作：属性引用和实例化。

Python 中所有属性引用的标准语法为：obj.name。有效的属性名称是在创建类对象时位于类名称空间中的所有名称。

在代码清单 8-1 中，ExampleClass.i 和 ExampleClass.f 是有效的属性引用，分别返回一个整数和一个函数对象。类属性可以被修改，可以通过赋值来改变 ExampleClass.i 的值。__doc__ 也是一个有效的属性，返回属于该类的文档字符串——"类定义的示例"。

类实例化使用函数表示法。假设类对象是一个返回类的新实例的无参数函数，例如：

```
x = ExampleClass()
```

创建该类的新实例并将该对象分配给局部变量 x。

利用实例化操作（"调用"一个类对象）创建一个空对象。许多类喜欢创建具有定制到特定初始状态的实例的对象。因此，类可以定义一个名为 __init__() 的特殊方法，如下所示。

```
def __init__(self):
    self.data = []
```

当一个类定义了 __init__() 方法时，类实例会自动为新创建的类实例调用 __init__()。所以在这个例子中，一个新的初始化实例可以通过以下方式获得。

```
x = ExampleClass()
```

当然，__init__() 方法可能有更多灵活性的参数。在这种情况下，给类实例化操作符的参数被传递给 __init__()。例如：

```
>>> class Point:
        def __init__(self, point_x, point_y):
```

```
                    self.x = point_x
                    self.y = point_y
    >>> p = Point(1, 7.5)
    >>> p.x, p.y
    (1.0, 7.5)
```

2．对象实例化

实例对象理解的唯一操作是属性引用。有两种有效的属性名称，数据属性和方法属性。

数据属性对应于 Smalltalk 中的"实例变量"，以及 C++中的"数据成员"。数据属性不需要声明；像局部变量一样，它们在第一次分配时就会弹出。例如，如果 x 是上面创建的 ExampleClass 的实例，则下面的一段代码将打印值 16，而不留下任何痕迹。

```
    >>> x.counter = 1
    >>> while x.counter < 10:
            x.counter = x.counter * 2
        print(x.counter)
        del x.counter
```

另一种实例属性引用是方法属性，方法是"属于"对象的功能。在 Python 中，术语"方法"并不只在类实例中使用，其他对象类型也可以有方法。例如，list 对象有 append、insert、remove、sort 等方法，但在下面的讨论中，除非另有明确说明，一般用专门使用术语"方法"来表示类实例对象的方法。

实例对象的有效方法名称取决于它的类。根据定义，作为函数对象的类的所有属性都定义其实例的相应方法。所以在例子中，x.f 是一个有效的方法引用，因为 ExampleClass.f 是一个函数，但 x.i 不是，因为 ExampleClass.i 不是函数。但是 x.f 与 ExampleClass.f 不是一回事，它是一个方法对象，而不是函数对象。

8.3　属性与方法

8.3.1　类的属性

Python 中类的属性即指类中的变量，类中的变量有公有属性、保护属性及私有属性之分，还有类变量与实例变量之分。

1．类变量和实例变量

一般来说，实例变量是针对每个实例唯一的数据，类变量是由类的所有实例共享的属性和方法，先看下面的示例。

```
    >>> class People:
            gender = 'female'            # 被所有实例共享的类变量
            def __init__(self, name):
                self.name = name          # 独立于每个实例的实例变量
    >>> d = People('Jane')
```

```
>>> e = People('Maria')
>>> d.gender                            # 被所有的 People 实例共享
'female'
>>> e.gender                            # 被所有的 People 实例共享
'female'
>>> d.name                              # 独立于 d
'Jane'
>>> e.name                              # 独立于 e
'Maria'
```

共享数据可能会涉及诸如列表和字典之类的可变对象可能带来的影响。例如，以下代码中的技巧列表不应被用作类变量，因为只有一个列表将被所有的 Dog 实例共享。

```
>>>class People:
        countries = []                  # 类变量的错误用法
        def __init__(self, name):
            self.name = name
        def add_country(self, country):
            self.tricks.append(country)
>>> d = People('Jane')
>>> e = People('Maria')
>>> d.add_country('America')
>>> e.add_country('Canada')
>>> d.countries                         # 意外地被所有的 People 实例共享了
['America', 'Canada']
```

这个类的正确设计应该使用实例变量来代替。

```
>>> class People:
        def __init__(self, name):
            self.name = name
            self.countries = []         # 为每个 People 实例创建一个新的空的列表
        def add_country(self, country):
            self.countries.append(country)
>>> d = People('Jane')
>>> e = People('Maria')
>>> d.add_countries('America')
>>> e.add_countries('Cananda')
>>> d.countries
['America']
>>> e.countries
['Canada']
```

2. 私有变量

"Python"中除了对象之外不能访问的"私有"实例变量不存在。但是，大多数 Python 代码都有一个约定：用下画线（例如，_spam）前缀的名称应被视为 API 的非公开部分（无论是函数、方法还是数据成员）。它应被视为一个实施细则，并随时更改，恕不另行通知。

由于对于类私有成员有一个有效的用例（即避免与定义的子类的名称发生冲突），因此对这种名称修改的机制的支持有限。任何形式的__spam（至少两个主要下画线，最多一个尾随下画线）的标识符在文本上被替换为_classname__spam，其中 classname 是当前的类名。只要不发生在类的定义中，就不必考虑标识符的句法位置。

名称篡改有助于让子类重写方法而不中断内部方法调用，如代码清单 8-2 所示。

代码清单 8-2　私有变量

```
1   class Saving:
2       def __init__(self, item):
3           self.items_list = []
4           self.__add_item(item)
5
6       def add_item(self, item):
7           for i in item:
8               self.items_list.append(i)
9
10      __add_item = add_item     # add_item()方法的私有备份
11
12  class SavingSubclass(Saving):
13      def add_item(self, keys, values):
14          # 为 update()方法提供新的定义
15          for i in zip(keys, values):
16              self.items_list.append(i)
```

请注意，这样主要是为了避免冲突，但仍然有可能访问或修改被认为是私有的变量。在特殊情况下，例如在调试时更为有用。

单下画线、双下画线、头尾双下画线的说明如下。

● __foo__：头尾双下画线定义的是特殊方法，一般是系统定义名字，类似__init__()之类。
● _foo：以单下画线开头的表示的是 protected 类型的变量，即保护类型只能允许其本身与子类进行访问，该类及子类的外部不能访问，不能用于 from module import *等。
● __foo：双下画线表示的是私有类型（private）的变量，只允许这个类本身的成员进行访问，外部以及该类的子类都不能访问，不能用于 from module import *等。

8.3.2　类的方法

在类的内部，使用 def 关键字可以为类定义一个方法，与一般函数定义不同，类方法必须包含参数 self，且为第一个参数。

与属性的私有性类似，两个下画线开头表示类的私有方法，如__privateMethod，其不能在类的外部调用，在类的内部调用采用 self.__privateMethod 的方式。然而，对象还是可以对私有方法和属性间接访问，需以 o._classname__privateMethod 的方式访问，其中 o 表示实例化对象名，classname 为类名。

一个下画线开头表示类的保护（protected）方法，如_protectedMethod，该方法只能在本类及其子类中被访问，不能用于 from module import *。看下面的示例。

```
>>> class Test:
        def _test1(self):
            print('_test1')
        def __test2(self):
            print('__test2')
        def test3(self):
            print('test3')


>>> Test._test1()
Traceback (most recent call last):
    File "<pyshell#8>", line 1, in <module>
        Test._test1()
TypeError: _test1() missing 1 required positional argument: 'self'


>>> Test.__test2()
Traceback (most recent call last):
    File "<pyshell#9>", line 1, in <module>
        Test.__test2()
AttributeError: type object 'Test' has no attribute '__test2'


>>> Test.test3()
Traceback (most recent call last):
    File "<pyshell#10>", line 1, in <module>
        Test.test3()
TypeError: test3() missing 1 required positional argument: 'self'


>>> f = Test()
>>> f.test3()
test3


>>> f._test1()
_test1


>>> f.__test2()
Traceback (most recent call last):
    File "<pyshell#14>", line 1, in <module>
        f.__test2()
AttributeError: 'Test' object has no attribute '__test2'


>>> f._Test__test2()
__test2

>>> Test._Test__test2()
Traceback (most recent call last):
    File "<pyshell#16>", line 1, in <module>
```

```
            Test._Test__test2()
TypeError: __test2() missing 1 required positional argument: 'self'
```

从上面可看出，实例化对象是不能直接访问双下画线开头的方法。

接着再看 ExampleClass 示例，调用其中的一个方法。

```
    x.f()
```

这将返回字符串'Hello World!'。x.f 是一个方法对象，如果不需要立即调用方法 x.f()，可以存储并在稍后调用。例如：

```
xfunc = x.f
while True:
    xfunc()
```

该操作会继续打印'Hello World!'直到时间结束。

读者可能已经注意到，即使 f()的函数定义指定了一个参数，x.f()在上面没有参数的情况下仍然能被正确调用，那么，调用方法时究竟发生了什么？这个参数发生了什么？而 Python 在调用一个需要参数的函数时，即使没有实际使用参数，也会引发异常。

实际上，读者可能已经猜到了答案：方法的特殊之处是实例对象作为函数的第一个参数被传递了。在示例中，调用 x.f()与 ExampleClass.f(x)完全等价。一般来说，调用一个有 n 个参数列表的方法等同于用一个参数列表调用相应的函数，该参数列表是在第一个参数之前插入方法的实例对象创建的。

如果仍然不理解方法是如何工作的，那么看一看实现可能就清楚了。当引用一个不是数据属性的实例属性时，它的类被搜索。如果名称表示一个有效的类属性，它是一个函数对象，则通过包装（指向）实例对象和在抽象对象中一起找到的函数对象来创建方法对象：这是方法对象。当用一个参数列表调用方法对象时，从实例对象和参数列表中构造一个新的参数列表，并用这个新的参数列表调用函数对象。

8.3.3 构造函数

在 Python 的类中有很多方法的名字有特殊的重要意义。下面将学习__init__方法的意义。

__init__方法在类的一个对象被建立时，就马上运行。这个方法可以用来对你的对象做一些你希望的初始化。值得注意的是，这个名称的开始和结尾都是双下画线。看一个示例，如代码清单 8-3 所示。

代码清单 8-3 构造函数

```
1   class Product:
2       def __init__(self, name, price):
3           self.name = name
4           self.price = price
5       def printPrice(self):
6           print('The price of ', self.name, ' is ', self.price)
```

```
7    p = Product('glasses', '100 dollars')
8    p.printPrice()
```

运行结果：

```
The price of glasses is 100 dollars
```

这里，给__init__方法定义参数 name 和 price（以及一般的参数 self）。在该__init__里面，创建了一个新的作用域，即 name 和 price。注意它们和 self.name 及 self.price 是不同的变量，尽管它们有相同的名字，但点号能够区分它们。

最重要的是，并没有专门去调用__init__方法，只是在创建一个类的新实例的时候，把参数包括在括号内跟在类名后面，从而传递给__init__方法，这也是构造方法的重要之处。

现在，在 printPrice 方法中使用 self.name 域和 self.price 域，并得到了验证。

8.3.4 析构函数

析构函数__del__，__del__在对象销毁的时候被调用，当对象不再被使用时，__del__方法会被运行，如代码清单 8-4 中的示例。

代码清单 8-4 析构函数

```
1    class Complex:
2        def __init__( self, realPart=0, imagPart=0):
3            self.realPart = realPart
4            self.imagPart = imagPart
5        def __del__(self):
6            class_name = self.__class__.__name__
7            print(class_name, "销毁")
8
9    sym1 = Complex()
10   sym2 = sym1
11   sym3 = sym1
12   print(id(sym1), id(sym2), id(sym3))# 打印对象的 id
13   del sym1
14   del sym2
15   del sym3
```

运行结果：

```
2738749203624 2738749203624 2738749203624
Complex 销毁
```

8.3.5 垃圾回收

Python 使用了引用计数这一简单技术来跟踪和回收垃圾。在 Python 内部记录着所有使用中的对象各有多少引用。一个内部跟踪变量，称为一个引用计数器。

当对象被创建时，就创建了一个引用计数，当这个对象不再需要时，即这个对象的引用计数变为 0 时，它被垃圾回收。但是回收不是"立即"的，而是由解释器在适当的时机，将垃圾对象占用的内存空间回收。

```
>>>a = 1          # 创建对象<1>
>>>b = a          # 增加引用<1>的计数
>>>c = [b]        # 增加引用<1>的计数
>>>del a          # 减少引用<1>的计数
>>>b = 100        # 减少引用<1>的计数
>>>c[0] = -1      # 减少引用<1>的计数
```

垃圾回收机制不仅针对引用计数为 0 的对象，同样也可以处理循环引用的情况。循环引用指的是，两个对象相互引用，但是没有其他变量引用它们。这种情况下，仅使用引用计数是不够的。Python 的垃圾收集器实际上是一个引用计数器和一个循环垃圾收集器。作为引用计数的补充，垃圾收集器也会留心被分配的总量很大（及未通过引用计数销毁的那些）的对象。在这种情况下，解释器会暂停下来，试图清理所有未引用的循环。

8.3.6 类的内置方法

被定义的每一个 Python 类都含有内置方法，表 8-2 列出了 Python 中类的内置方法。

表 8-2 Python 类的内置方法

方　　法	方法描述及简单调用
__init__(self [,args...])	构造函数，对象实例化过程会被调用；obj =className(args)
__del__(self)	析构方法，在删除一个对象时会被调用；del obj
__repr__(self)	转化为供解释器读取的形式；repr(obj)
__str__(self)	用于将值转化为适于人阅读的形式；str(obj)
__cmp__(self, x)	对象比较；cmp(obj, x)

8.3.7 类方法的动态绑定

在 Python 中，正常情况下，定义了一个 class，并创建了一个 class 的实例后，可以给该实例绑定任何属性和方法，这就是动态语言的灵活性。先定义 class：

```
class Student(object):
    pass
```

然后，尝试给实例绑定一个属性。

```
>>> s = Student()
>>> s.name = 'Xiaoming' # 动态给实例绑定一个属性
>>> print(s.name)
Xiaoming
```

还可以尝试给实例绑定一个方法。

```
>>> def set_ID(self, ID): # 定义一个函数作为实例方法
```

```
        self.ID = ID
>>> from types import MethodType
>>> s.set_ID = MethodType(set_ID, s) # 给实例绑定一个方法
>>> s.set_ID(2018) # 调用实例方法
>>> s.ID # 测试结果
2018
```

但是，给一个实例绑定的方法，对另一个实例是不起作用的。

```
>>> s2 = Student() # 创建新的实例
>>> s2.set_ID(2018) # 尝试调用方法
Traceback (most recent call last):
    File "<stdin>", line 1, in <module>
AttributeError: 'Student' object has no attribute 'set_ID'
```

为了给所有实例都绑定方法，可以给 class 绑定方法。

```
>>> def set_scores(self, scores):
        self.scores = scores
>>> Student.set_scores = set_scores
```

给 class 绑定方法后，所有实例均可调用。

```
>>> s.set_scores(80)
>>> s.scores
80
>>> s2.set_scores(90)
>>> s2.scores
90
```

通常情况下，上面的 set_scores 方法可以直接定义在 class 中，但动态绑定允许在程序运行的过程中动态给 class 加上功能，这在静态语言中很难实现。

但是，如果想要限制实例的属性怎么办？比如，只允许对 Student 实例添加 name 和 ID 属性。为了达到限制的目的，Python 允许在定义 class 的时候，定义一个特殊的 __slots__ 变量来限制该 class 实例能添加的属性。

```
class Student(object):
    __slots__ = ('name', 'ID') # 用元组定义允许绑定的属性名称
```

然后，再试一试：

```
>>> s = Student() # 创建新的实例
>>> s.name = 'Xiaoming' # 绑定属性'name'
>>> s.ID = 25 # 绑定属性'ID'
>>> s.scores = 85 # 绑定属性'scores'
Traceback (most recent call last):
    File "<stdin>", line 1, in <module>
```

```
AttributeError: 'Student' object has no attribute 'scores'
```

由于'scores'没有被放到__slots__中，所以不能绑定 scores 属性，试图绑定 scores 将得到 AttributeError 的错误。

使用__slots__要注意，__slots__定义的属性仅对当前类实例起作用，对继承的子类是不起作用的，如：

```
>>> class SubStudent(Student):
        pass
>>> g = SubStudent()
>>> g.scores = 88
```

除非在子类中也定义__slots__，这样，子类实例允许定义的属性就是自身的__slots__加上父类的__slots__。

8.4 继承

面向对象的编程带来的主要好处之一是代码的重用，实现这种重用的方法之一是通过继承机制。通过继承创建的新类称为子类或派生类，被继承的类称为基类、父类或超类。

8.4.1 继承的使用

继承语法如下：

```
class DerivedClassName(BaseClassName):
    <语句-1>
        .
        .
        .
    <语句-N>
```

其中，DerivedClassName 为子类名称，BaseClassName 为基类。在 Python 中继承有以下一些特点。

1）基类中的构造方法__init__()不会被自动调用，需要在子类的构造方法中显示调用。

2）在调用基类的方法时需要加上基类的类名前缀，且需带上 self 参数变量。区别在于类中调用普通函数时并不需要带上 self 参数。

3）Python 总是首先查找对应类型的方法，如果它不能在子类中找到对应的方法，它才开始到基类中逐个查找。

代码清单 8-5 是一个父类示例。

代码清单 8-5　父类示例

```
1    class Parent:            #定义父类
2        parentAttr = 90
3        def __init__(self):
4            print("调用父类构造函数")
```

```
5          def parentMethod(self):
6              print("调用父类方法")
7          def setAttr(self, attr):
8              Parent.parentAttr = attr
9          def getAttr(self):
10             print("父类属性： ", Parent.parentAttr)
11    class Child(Parent): # 定义子类
12         def __init__(self):
13             print("调用子类构造方法")
14             Parent.__init__(self)
15         def childMethod(self):
16             print("调用子类方法")
17             Parent.parentMethod(self)
18
19    c = Child()              # 实例化子类
20    c.childMethod()          # 调用子类的方法
21    c.parentMethod()         # 调用父类方法
22    c.setAttr(100)           # 再次调用父类的方法 - 设置属性
23    c.getAttr()              # 再次调用父类的方法 - 获取属性
```

运行结果：

```
调用子类构造方法
调用父类构造函数
调用子类方法
调用父类方法
调用父类方法
父类属性：100
```

8.4.2 基类的抽象

抽象基类（Abstract Base Class，ABC）主要定义了基本类和最基本的抽象方法，可以为子类定义共有的应用程序编程接口（Application Programming Interface，API），不需要具体实现，相当于是 Java 中的接口或者是抽象类。

抽象基类可以不实现具体的方法（当然也可以实现），只不过子类如果想调用抽象基类中定义的方法需要使用 super()，将其留给派生类实现。

抽象基类提供了逻辑和实现解耦的能力，即在不同的模块中通过抽象基类来调用，可以用最精简的方式展示出代码之间的逻辑关系，让模块之间的依赖清晰简单。同时，一个抽象类可以有多个实现，让系统的运转更加灵活。而针对抽象类的编程，让每个人可以关注当前抽象类，只关注其方法和描述，而不需要考虑过多的其他逻辑，这对协同开发有很大意义。极简版的抽象类实现，也让代码可读性更高。

抽象基类有直接继承和虚拟子类两种使用方法，具体如下。

（1）直接继承

直接继承抽象基类的子类没有那么灵活，抽象基类中可以声明"抽象方法"和"抽象属性"，只有具体实现了抽象基类中的"抽象"方法和属性后，才能被实例化，而虚拟子类则不受此影响。

（2）虚拟子类

将其他的类"注册"到抽象基类下当虚拟子类（调用 register 方法），虚拟子类的好处是实现的第三方子类不需要直接继承自基类，可以实现抽象基类中的部分 API 接口，也可以不实现，但是用 issubclass()、issubinstance()进行判断时仍然返回真值。

Python 对于 ABC 的支持模块是 abc 模块，定义了一个特殊的 metaclass，即 ABCMeta，还有一些修饰器：@abstractmethod 和@abstarctproperty。abc.ABCMeta 用于在 Python 程序中创建抽象基类。而抽象基类如果想要声明"抽象方法"，可以使用@abstractmethod，如果想声明"抽象属性"，可以使用@abstractproperty。

另外，为了解决 Python2 和 Python3 的兼容问题，需要引入 six 模块，该模块中有一个针对类的装饰器@six.add_metaclass(MetaClass)，它可以为两个版本的 Python 类方便地添加metaclass。

使用 six 模块定义抽象基类的通用方法如下。

```
import six
@six.add_metaclass(Meta)
class ExampleClass (object):
    pass
```

@six.add_metaclass(MetaClass)的作用是在不同版本的 Python 之间提供一个优雅的声明类的 metaclass 的手段，事实上不用它也可以，只是使用了它代码更为整洁明了。

上述定义抽象基类方法在 Python 3 中等价于：

```
import six
class ExampleClass (object, metaclass = Meta):
    pass
```

在 Python 2.x (x >= 6)中等价于：

```
import six
class ExampleClass(object):
    __metaclass__ = Meta
    pass
```

或者直接调用修饰器，从下面也能看出来修饰器就是个方法包装而已。

```
import six
class ExampleClass(object):
    pass
ExampleClass = six.add_metaclass(Meta)(ExampleClass)
```

接下来再看一个完整的示例，具体如代码清单 8-6 所示。

代码清单 8-6　抽象类示例

```
1    import abc
2    import six
3
4    @six.add_metaclass(abc.ABCMeta)
5    class BaseClass(object):
6        @abc.abstractmethod
7        def func_a(self, data):
8            """
9            需要进一步实现的抽象方法
10           """
11       @abc.abstractmethod
12       def func_b(self, data):
13           """
14           另一个需要进一步实现的抽象方法
15           """
16   class SubclassImpl(BaseClass):
17       def func_a(self, data):
18           print("重写函数 func_a, " + str(data))
19       @staticmethod
20       def func_d(self, data):
21           print(type(self) + str(data))
22   class RegisteredImpl(object):
23       @staticmethod
24       def func_c(data):
25           print("第三方类的方法， " + str(data))
26   BaseClass.register(RegisteredImpl)
27
28   if __name__ == '__main__':
29       for subclass in BaseClass.__subclasses__():
30           print("BaseClass 的子类： " + subclass.__name__)
31       print("子类不包含 RegisteredImpl")
32       print("——————————————————————————")
33       print("RegisteredImpl 是子类： " + str(issubclass(RegisteredImpl, BaseClass)))
34       print("RegisteredImpl 是实例对象： " + str(isinstance(RegisteredImpl(), BaseClass)))
35       print("SubclassImpl 是子类: " + str(issubclass(SubclassImpl, BaseClass)))
36       print("——————————————————————————")
37       obj1 = RegisteredImpl()
38       obj1.func_c("成功创建 RegisteredImpl 的新实例对象！ ")
39       print("——————————————————————————")
40       obj2 = SubclassImpl()   #由于没有实例化所有的方法，所以这里会报错 Can't instantiate
abstract class SubclassImpl with abstract methods func_b
41       obj2.func_a("func_a() 调用成功！ ")
```

运行结果：

BaseClass 的子类： SubclassImpl
子类不包含 RegisteredImpl

RegisteredImpl 是子类： True
RegisteredImpl 是实例对象： True
SubclassImpl 是子类: True

第三方类的方法，成功创建 RegisteredImpl 的新实例对象！

Traceback (most recent call last):
    File "<input>", line 12, in <module>
TypeError: Can't instantiate abstract class SubclassImpl with abstract methods func_b

8.4.3　多态

在类的继承中，当子类和父类都存在相同的方法时，子类的方法覆盖了父类的方法，在代码运行的时候，总是会调用子类的方法。这样，就获得了继承的另一个好处：多态。先从代码清单 8-7 的这个程序开始。

代码清单 8-7　类的多态

```
1    class Food(object):
2        def run(self):
3            print('Food is running...')
4
5    class Tomato(Food):
6        def run(self):
7            print('Tomato is running...')
8
9    class Potato(Food):
10       def run(self):
11           print('Potato is running...')
12
13   def run_twice(food):
14       food.run()
15       food.run()
16
17   a = Food()
18   b = Tomato()
19   c = Potato()
20
21   print('a is Food?', isinstance(a, Food))
22   print('a is Tomato?', isinstance(a, Tomato))
23   print('a is Potato?', isinstance(a, Potato))
24
25   print('b is Food?', isinstance(b, Food))
26   print('b is Tomato?', isinstance(b, Tomato))
```

```
27      print('b is Potato?', isinstance(b, Potato))
28
29  run_twice(c)
```

运行结果：

```
a is Food? True
a is Tomato? False
a is Potato? False
b is Food? True
b is Tomato? True
b is Potato? False
Potato is running...
Potato is running...
```

要理解什么是多态，需对数据类型再做一点说明。当定义一个 class 的时候，实际上就定义了一种数据类型。定义的数据类型和 Python 自带的数据类型（如 str、list、dict）没什么区别。

```
a = list() # a 是 list 类型
b = dict() # b 是 dict 类型
c = Tomato() # c 是 Tomato 类型
```

要判断一个变量是否是某个类型可以用 isinstance()进行判断。

```
>>> isinstance(a, list)
True
>>> isinstance(b, dict)
True
>>> isinstance(c, Tomato)
True
```

看来 a、b、c 确实对应着 list、Animal、Tomato 这 3 种类型。但是，再试一试：

```
>>> isinstance(c, Food)
True
```

看来 c 不仅仅是 Tomato，c 还是 Food。不过仔细想想，这是有道理的，因为 Tomato 是从 Food 继承下来的，当创建了一个 Tomato 的实例 c 时，认为 c 的数据类型是 Tomato 没错，但 c 同时是 Food 也没错，Tomato 本来就是 Food 的一种。

所以，在继承关系中，如果一个实例的数据类型是某个子类，那它的数据类型也可以被看作是父类。但是，反过来就不行。

```
>>> b = Food()
>>> isinstance(b, Tomato)
False
```

Tomato 可以看成 Food，但 Food 不可以看成 Tomato。

要理解多态的好处，还需要再编写一个函数，这个函数接受一个 Food 类型的变量。

```
def run_twice(food):
    food.run()
    food.run()
```

当传入 Food 的实例时，run_twice()就打印出：

```
>>> run_twice(Food())
Food is running...
Food is running...
```

当传入 Tomato 的实例时，run_twice()就打印出：

```
>>> run_twice(Tomato())
Tomato is running...
Tomato is running...
```

看上去似乎没什么意思，但是仔细想想，如果现在再定义一个 Carrot 类型，也从 Food 派生：

```
class Carrot(Food):
    def run(self):
        print('Carrot is running...')
```

当调用 run_twice()时，传入 Carrot 的实例：

```
>>> run_twice(Carrot())
Carrot is running...
Carrot is running...
```

新增一个 Food 的子类，不必对 run_twice()做任何修改，实际上，任何依赖 Food 作为参数的函数或者方法都可以不加修改地正常运行，原因就在于多态。

多态的好处就是，当需要传入 Tomato、Potato、Carrot……时，只需要接收 Food 类型就可以了，因为 Tomato、Potato、Carrot……都是 Food 类型，然后，按照 Food 类型进行操作即可。由于 Food 类型有 run()方法，因此，传入的任意类型，只要是 Food 类或者子类，就会自动调用实际类型的 run()方法，这就是多态。

对于一个变量，只需要知道它是 Food 类型，无需确切地知道它的子类型，就可以放心地调用 run()方法，而具体调用的 run()方法是作用在 Food、Tomato、Potato 还是 Carrot 对象上，由运行时该对象的确切类型决定，这就是多态真正的威力：调用方只管调用，不管细节，而当新增一种 Food 的子类时，只要确保 run()方法编写正确，不用管原来的代码是如何调用的。这就是著名的"开闭"原则。

● 对扩展开放：允许新增 Food 子类。
● 对修改封闭：不需要修改依赖 Food 类型的 run_twice()等函数。

另外，对于静态语言和动态语言在多态上的区别如下。

- 对于静态语言（例如 Java）来说，如果需要传入 Food 类型，则传入的对象必须是 Food 类型或者它的子类，否则，将无法调用 run()方法。
- 对于 Python 这样的动态语言来说，则不一定需要传入 Food 类型。只需要保证传入的对象有一个 run()方法就可以了，如传入下面的内容。

```
class Reading(object):
    def run(self):
        print('Reading...')
```

这就是动态语言的"鸭子类型"，它并不要求严格的继承体系，一个对象只要"看起来像鸭子，走起路来像鸭子"，那它就可以被看作是鸭子。

Python 的"file-like object"就是一种鸭子类型。对真正的文件对象，它有一个 read()方法，返回其内容。但是，许多对象，只要有 read()方法，都被视为"file-like object"。许多函数接收的参数就是"file-like object"，你不一定要传入真正的文件对象，完全可以传入任何实现了 read()方法的对象。

8.4.4 多重继承

继承是面向对象编程的一个重要的方式，因为通过继承，子类就可以扩展父类的功能[2]。回忆一下 Food 类层次的设计，假设要实现以下 4 种食物：

- Tomato——西红柿；
- Potato——土豆；
- Pork——猪肉；
- Beef——牛肉。

如果按照蔬菜和肉类归类，可以设计出这样的类的层次，如图 8-1 所示。

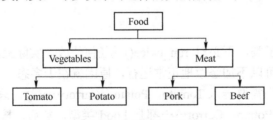

图 8-1 多重继承层次一

但是如果按照同类食品的价格高低来归类，就应该设计出这样的类的层次，如图 8-2 所示。

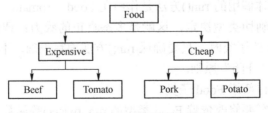

图 8-2 多重继承层次二

如果要把上面的两种分类都包含进来，就得设计更多的层次。

● 蔬菜类：贵的蔬菜类，便宜的蔬菜类。

● 肉类：贵的肉类，便宜的肉类。

这么一来，类的层次就复杂了，如图 8-3 所示。

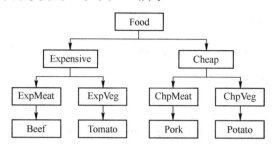

图 8-3　多重继承层次三

如果要再继续增加新的属性，这么下去，类的数量会呈指数增长，很明显这样的设计是不合理的。

正确的做法是采用多重继承。首先，主要的类层次仍按肉类和蔬菜类设计。

```python
class Food(object):
    pass

# 大类:
class Meat(Food):
    pass

class Vegetables(Food):
    pass

# 各种食物:
class Tomato(Meat):
    pass

class Potato(Meat):
    pass

class Beef(Vegetables):
    pass

class Pork(Vegetables):
    pass
```

现在，给食品再加上 Expensive 和 Cheap 的属性，只需要先定义好 Expensive 和 Cheap 的类。

```python
class Expensive (object):
```

```
            def run(self):
                print('Expensive')

        class Cheap(object):
            def run(self):
                print('Cheap')
```

对于需要 Expensive 属性的食物，就多继承一个 Expensive，例如 Beef：

```
        class Beef(Meat, Expensive):
            pass
```

对于需要 Cheap 属性的食物，就多继承一个 Cheap，例如 Potato：

```
        class Potato(Vegetables, Cheap):
            pass
```

通过多重继承，一个子类就可以同时获得多个父类的所有功能。

8.4.5　混合继承

在设计类的继承关系时，通常，主线都是单一继承下来的，例如，Beef 继承自 Meat。但是，如果需要“混入”额外的功能，通过多重继承就可以实现，比如，让 Beef 除了继承自 Meat 外，再同时继承 Expensive。这种设计通常称之为 MixIn[3]。

为了更好地看出继承关系，把 Expensive 和 Cheap 改为 ExpensiveMixIn 和 CheapMixIn。同样，还可以定义出可口的食物 DeliciousMixIn 等属性，让某个食物能同时拥有好几个 MixIn。

```
        class Beef(Meat, ExpensiveMixIn, DeliciousMixIn):
            pass
```

MixIn 的目的就是给一个类增加多个功能，这样，在设计类的时候，优先考虑通过多重继承来组合多个 MixIn 的功能，而不是设计多层次的复杂的继承关系。

Python 自带的很多库也使用了 MixIn。例如，Python 自带了 TCPServer 和 UDPServer 这两类网络服务，而要同时服务多个用户就必须使用多进程或多线程模型，这两种模型由 ForkingMixIn 和 ThreadingMixIn 提供。通过组合，可以创造出合适的服务来。

比如，编写一个多进程模式的 TCP 服务，定义如下。

```
        class MyTCPServer(TCPServer, ForkingMixIn):
            pass
```

编写一个多线程模式的 UDP 服务，定义如下。

```
        class MyUDPServer(UDPServer, ThreadingMixIn):
            pass
```

如果你打算做一个更先进的程序模型，可以编写一个 CoroutineMixIn。

```
class MyTCPServer(TCPServer, CoroutineMixIn):
    pass
```

这样一来，不需要复杂而庞大的继承链，只要选择组合不同的类的功能，就可以快速构造出所需的子类。

由于 Python 允许使用多重继承，因此，MixIn 就是一种常见的设计。只允许单一继承的语言（如 Java）不能使用 MixIn 的设计。

8.5 操作符重载

Python 语言提供了运算符重载功能，增强了语言的灵活性，这一点与 C++有点类似又有些不同。鉴于它的特殊性，来讨论一下 Python 运算符重载。

Python 语言本身提供了很多魔法方法，它的运算符重载就是通过重写这些 Python 内置魔法方法实现的。这些魔法方法都是以双下画线开头和结尾的，类似于__X__的形式，Python 通过这种特殊的命名方式来拦截操作符，以实现重载。当 Python 的内置操作运用于类对象时，Python 会去搜索并调用对象中指定的方法完成操作。

类可以重载加减运算、打印、函数调用、索引等内置运算，运算符重载使我们的对象的行为与内置对象的一样。Python 在调用操作符时会自动调用这样的方法，例如，如果类实现了__add__方法，当类的对象出现在+运算符中时会调用这个方法。

下面对常用的运算符方法的使用进行一下介绍。

（1）构造函数和析构函数：__init__ 和 __del__

它们的主要作用是进行对象的创建和回收，当实例创建时，就会调用__init__构造方法。当实例对象被收回时，析构函数__del__会自动执行。

```
>>> class People():
...     def __init__(self, name):
...         self.name = name
...         print("__init__ ",self.name)
...     def __del__(self):
...         print("__del__")
...
>>> p = People('Xiaoming')
__init__ Xiaoming
>>> p = 1
__del__
```

（2）加减运算：__add__ 和 __sub__

重载这两个方法就可以在普通的对象上添加"+""-"运算符操作。下面的代码演示了如何使用"+""-"运算符，如果将代码中的__sub__方法去掉，再调用减号运算符就会出错。

```
>>> class Calculation():
```

```
...        def __init__(self,value):
...            self.value = value
...        def __add__(self,val):
...            return self.value + val
...        def __sub__(self,val):
...            return self.value - val
...
>>> c = Calculation(3)
>>> c + 1
4
>>> c - 2
1
```

（3）对象的字符串表达形式：__repr__ 和 __str__

这两个方法都是用来表示对象的字符串表达形式：print()、str()方法会调用到__str__方法，print()、str()和 repr()方法会调用__repr__方法。从下面的例子可以看出，当两个方法同时定义时，Python 会优先搜索并调用__str__方法。

```
>>> class Str(object):
...        def __str__(self):
...            return "__str__"
...        def __repr__(self):
...            return "__repr__"
...
>>> s = Str()
>>> print(s)
__str__
>>> repr(s)
'__repr__'
>>> str(s)
'__str__'
```

（4）索引取值和赋值：__getitem__ 和 __setitem__

通过实现这两个方法，可以通过诸如 X[i]的形式对对象进行取值和赋值，还可以对对象使用切片操作。

```
>>> class Indexer:
...        data = [1,2,3,4,5]
...        def __getitem__(self,index):
...            return self.data[index]
...        def __setitem__(self,ind,val):
...            self.data[ind] = val
...            print(self.data)
>>> i = Indexer()
>>> i[0]
1
```

```
>>> i[1:3]
[2, 3]
>>> i[0]=7
[7, 2, 3, 4, 5]
```

（5）设置和访问属性：__getattr__和__setattr__

可以通过重载__getattr__和__setattr__来拦截对对象成员的访问。__getattr__在访问对象中不存在的成员时会自动调用。__setattr__方法用于在初始化对象成员的时候调用，即在设置__dict__的 item 时就会调用__setattr__方法，具体示例如下。

```
>>> class A():
        def __init__(self,ax,bx):
                self.a = ax
                self.b = bx
        def f(self):
                print (self.__dict__)
        def __getattr__(self,name):
                print ("__getattr__")
        def __setattr__(self,name,value):
                print ("__setattr__")
                self.__dict__[name] = value

>>> a = A(1,2)
__setattr__
__setattr__
>>> a.f()
{'a': 1, 'b': 2}
>>> a.x
__getattr__
>>> a.x = 3
__setattr__
>>> a.f()
{'a': 1, 'b': 2, 'x': 3}
```

根据上面代码的运行结果可以看出，访问不存在的变量 x 时会调用__getattr__方法；当__init__被调用的时候，赋值运算也会调用__setattr__方法。

（6）迭代器对象：__iter__和__next__

Python 中的迭代，可以直接通过重载__getitem__方法来实现，请看下面的例子。

```
>>> class Indexer:
...     data = [1,2,3,4,5]
...     def __getitem__(self,index):
...             return self.data[index]
...
>>> x = Indexer()
>>> for item in x:
```

```
        print(item)
```

通过上面的方法可以实现迭代，但并不是最好的方式。Python 的迭代操作会优先尝试调用__iter__方法，再尝试__getitem__。迭代环境是通过 iter 去尝试寻找__iter__方法来实现，而这种方法返回一个迭代器对象。如果这个方法已经提供，Python 会重复调用迭代器对象的 next()方法，直到发生 StopIteration 异常。如果没有找到__iter__，Python 才会尝试使用__getitem__机制。迭代器示例如代码清单 8-8 所示。

代码清单 8-8　迭代器示例

```
1    class Iteration(object):
2        def __init__(self, data=1):
3            self.data = data
4        def __iter__(self):
5            return self
6        def __next__(self):
7            print("__next__")
8            if self.data > 5:
9                raise StopIteration
10           else:
11               self.data += 1
12               return self.data
13   for i in Iteration(3):
14       print(i)
15   print("——————————")
16   n = Iteration(3)
17   i = iter(n)
18   while True:
19       try:
20           print(next(i))
21       except Exception as e:
22           break
```

运行结果如下。

```
__next__
4
__next__
5
__next__
6
__next__
——————————
__next__
4
__next__
5
```

```
        __next__
6
        __next__
```

可见在实现了 __iter__ 和 __next__ 方法后，可以通过 for in 的方式迭代遍历对象，也可以通过 iter() 和 next() 方法迭代遍历对象。

常见运算符重载方法见表 8-3。

表 8-3　常见运算符重载方法

方法名	重载说明	运算符调用方式
__init__	构造函数	对象创建：X = Class(args)
__del__	析构函数	X 对象收回
__add__ / __sub__	加减运算	X+Y，X+=Y/X-Y，X-=Y
__or__	运算符|	X|Y，X|=Y
__repr__ / __str__	打印/转换	print(X)、repr(X) / str(X)
__call__	函数调用	X(*args, **kwargs)
__getattr__	属性引用	X.undefined
__setattr__	属性赋值	X.any=value
__delattr__	属性删除	del X.any
__getattribute__	属性获取	X.any
__getitem__	索引运算	X[key]，X[i:j]
__setitem__	索引赋值	X[key]，X[i:j]=sequence
__delitem__	索引和分片删除	del X[key]，del X[i:j]
__len__	长度	len(X)
__bool__	布尔测试	bool(X)
__lt__，__gt__，__le__，__ge__，__eq__，__ne__	特定的比较	依次为 X<Y，X>Y，X<=Y，X>=Y，X==Y，X!=Y
__radd__	右侧加法	other+X
__iadd__	实地（增强的）加法	X+=Y(or else __add__)
__iter__，__next__	迭代	I=iter(X)，next()
__contains__	成员关系测试	item in X(X 为任何可迭代对象)
__index__	整数值	hex(X), bin(X), oct(X)
__enter__，__exit__	环境管理器	with obj as var:
__get__，__set__，__delete__	描述符属性	X.attr, X.attr=value, del X.attr
__new__	创建	在 __init__ 之前创建对象

8.6　小结

1. 类是创建实例的模板，而实例则是一个一个具体的对象，各个实例拥有的数据都互相独立，互不影响。

2. 方法就是与实例绑定的函数，和普通函数不同，方法可以直接访问实例的数据。

3. 通过在实例上调用方法，就直接操作了对象内部的数据，但无需知道方法内部的实现细节。

4. 和静态语言不同，Python 允许对实例变量绑定任何数据，也就是说，对于两个实例变量，虽然它们都是同一个类的不同实例，但拥有的变量名称都可能不同。

5. 类的继承可以把父类的所有功能都直接拿过来，这样就不必从零做起，子类只需要新增自己特有的方法，也可以把父类不适合的方法覆盖重写。动态语言的鸭子类型特点决定了继承不像静态语言那样是必须的。

实践问题 8

1. 解释类中定义的方法中的自参数的目的。
2. 解释多态性的目的。

习题 8

1~10 题为选择题。

1. 当一个程序中尽可能多的实现细节被隐藏时，它被称为（   ）。

    A. 数据隐藏   B. 多态   C. 继承   D. 实现掩蔽

2. Python 中的（   ）类是 str、int、float、list、元组、字典和集合。

    A. 内置   B. 原语   C. 多态   D. 面向对象

3. 从一个内置类中得到一个特定的文字，称为（   ）。

    A. 实例   B. 原语   C. 对象   D. 值

4. 下面的 Python 代码的输出结果是（   ）。

```
K = ["Larry", "Curly", "Mo"]
print(type(K))
```

    A. <class 'list'>   B. <class 'tuple'>   C. <class 'str'>   D. str

5. （   ）方法提供了一种将对象状态表示为字符串的自定义方法。

    A. __ str __   B. __ init __   C. __ print __   D. print

6. 使用（   ）类型的方法将新的值分配给实例变量。

    A. 赋值方法   B. 分配   C. 存取器   D. 初始化器

7. 使用（   ）类型的方法来检索实例变量的值。

    A. 存取器   B. 赋值方法   C. 取组织器   D. 值

8. 创建对象时调用（   ）类型的方法。

    A. 构造函数   B. 赋值方法   C. 初始化器   D. 存取器

9. 类中的方法有 self 作为（   ）参数。

    A. 第一个   B. 后一个   C. 默认   D. 唯一

10. 类定义可以包含（   ）方法。

    A. 无限数量的   B. 只有访问和赋值

    C. 一个构造函数、两个访问和两个赋值   D. 最大值为 10

11～20 题为判断题。

11. 所有列表都是类列表的实例。（ ）

12. 因为每个字符串都有自己的值，所以所有字符串都没有相同的方法。（ ）

13. 一个类的每个对象将具有相同的值。（ ）

14. 类名必须遵循与变量相同的命名规则。（ ）

15. 当创建一个新对象时，必须由程序员显式调用__init__方法。（ ）

16. 实例变量也称为对象的属性。（ ）

17. 类是创建对象的模板。（ ）

18. 实例变量只能用它们使用的方法来查看。（ ）

19. 直接访问类之外的类实例变量是一个不好的编程实践。（ ）

20. 类必须包含至少一个赋值方法。（ ）

21～30 题为填空题。

21. Python 有 3 种方法，即_____方法、_____方法和实例方法。

22. Python 类的属性包括_____属性和_____属性。

23. 静态方法定义时使用_____进行修饰，类方法使用_____进行修饰。

24. 通过内建函数_____，或者访问类的字典属性_____，这两种方式都可以查看类有哪些属性。

25. 实例方法的第一个参数必须是_____。

26. 实例方法只能通过_____进行调用。

27. 类方法以_____为第一个参数。

28. 在 Python 中，定义类通过_____关键字。

29. 当子类和父类都存在相同的方法时，_____的方法覆盖了_____的方法。

30. 判断对象类型，使用_____函数。

参考文献

[1] Python 3.7.1. Python Software Foundation[EB/OL]. (2018-09-26)[2018-10-03]. https://docs.python.org/3.7/whatsnew/changelog.html#python-3-7-1-final.

[2] 类和实例[EB/OL]. (2017-09-02)[2018-10-03]. https://www.liaoxuefeng.com/wiki/0013747381250095c955c1e6d8bb493182103fac9270762a000/00138682004077376d2d7f8cc8a4e2c9982f92788588322000.

[3] Python 面向对象[EB/OL]. (2017-09-20)[2018-10-03]. http://www.runoob.com/python/python-object.html.

第 9 章　Python 异常处理

在 Python 程序运行时，错误会作为异常抛出。异常就是一种对象[1]，表示阻止正常进行程序执行的错误或者情况。Python 标准库的每个模块都使用了异常，异常在 Python 中除了可以捕获错误，还有一些其他的用途[2]。如果异常没有被处理，那么程序将会非正常终止。该如何处理这个异常，以使程序可以继续运行或者优雅终止呢？本章将主要介绍常用的异常处理语句，以及如何使用自带的 IDLE 和 assert 语句进行调试。

本章知识点：

❑ try-except 结构处理异常

❑ try-except-finally 结构处理异常

❑ raise 抛出异常

❑ 自定义异常

❑ assert 断言语句

9.1　Python 中的异常

在编写程序的过程中，难免会出现一些错误，这些错误统称为异常。有些异常在编写代码的时候，程序可以直接检查修改，但有些异常是在程序运行过程中产生的。如果程序员没有在程序中编写关于异常处理的代码，Python 将会输出错误信息并在异常发生的地方终止程序[3]。例如，我们定义一个除法函数。

```
>>> def Div_Fun(a,b):
        c = a/b
        return c
```

接下来分别传入 a=2、b=1 和 a=2、b=0 进行运算。

```
>>> print(Div_Fun(2,1))        #输入 a=2、b=1
2.0
>>> print(Div_Fun(2,0))        #输入 a=2、b=0
Traceback (most recent call last):
ZeroDivisionError: division by zero
```

可以看到，当除数 b 等于 1 时，函数正常运行；而当 b 等于 0 时，产生了 ZeroDivisionError 错误，错误的原因正是在表达式 a/b 中，除数变为了 0，因此，正在执行的程序被中断，程序停留在第二行，第二行之后的代码都不会被执行。

除了 ZeroDivisionError 异常外，Python 中还有许多其他异常，表 9-1 列出了几种常见的异常名称。

表 9-1 Python 中常见的异常

异　　常	描　　述
NameError	访问未知的对象属性引发的错误
IndexError	序列中没有此索引
ImportError	import 语句无法找到请求的模块
KeyError	字典中没有该键
ValueError	传入无效的参数
MemoryError	内存不足
TypeError	对类型无效的操作
FileNotFoundError	请求的文件不存在或不再指定位置
ZeroDivisionError	除数为 0 引发的错误

有些异常往往在程序运行达到某种条件后才会出现，为了防止这种情况导致的程序崩溃，在编写程序时开发人员就需要提前考虑到所有的异常并进行相应的异常处理。在 Python 中，和部分高级语言一样，使用了 try/except/finally 语句块来处理异常。下面先看一下异常处理中最简单 try-except 结构。

9.2 try-except 结构

当 Python 程序发生异常时，我们需要捕获并处理它，否则程序就会停止运行。捕捉异常可以使用 try-except 语句。它的工作原理是当程序执行到 try 语句后，Python 就会标记这个 try 语句在程序中的位置，当异常发生时，程序就可以返回到这里。try 中的子句先执行，接下来会发生什么依赖于执行时是否出现异常。如果 try 语句块内出现了异常，就会执行 except 语句块中的内容；如果没有错误出现，except 语句块将不会被执行。以下为简单的 try-except 的语法。

```
try:
        block1
except [ExceptionName [as alias]]:
        block2
```

其中，block1 指的是要进行异常捕获的代码，ExceptionName[as alias]为可选参数，指的是要捕获的异常名称，后边的 alias 指的是要为异常起的别名，下面的 block2 指的是进行异常处理的代码块。还需注意的是，当程序出错时，输出异常出现的原因后，程序将会继续执行，如代码清单 9-1 所示。

代码清单 9-1 try_except 结构

```
1    def Div_Fun(a,b):
2    c = a/b
3    return c
```

```
4    if __name__ == '__main__':
5        try:
6            print(Div_Fun(2,0))
7        except ZeroDivisionError:
8            print('除数不能为 0')
9        print('程序继续执行')
```

运行结果如下。

```
除数不能为 0
程序继续执行
```

从上面的程序可以看出，经过异常处理后的程序不再报错，而是输出 except 中的代码块，且程序不会终止，会继续运行。然而，如果在 try 代码块中出现了多个类型的错误，那么就需要多个 except 来进行异常处理，如在上面的程序中向函数传入 a=A、b=1 就会出现 NameError，这时应继续进行异常处理，如代码清单 9-2 所示。

代码清单 9-2 多个 except 结构

```
1    def Div_Fun(a, b):
2        c = a / b
3        return c
4    if __name__ == '__main__':
5        try:
6            print(Div_Fun(A, 1))
7        except ZeroDivisionError:
8            print('除数不能为 0')
9        except NameError :
10           print('输入应为数字')
```

运行结果如下。

```
输入应为数字
```

再次运行程序时，无论哪种输入引发的错误，都不会出现报错，而是进行了提示。但这样一条一条写比较麻烦，因此，同时处理多个异常时也可以用代码清单 9-3 中的方法。

代码清单 9-3 处理多个异常

```
1    def Div_Fun(a, b):
2        c = a / b
3        return c
4    if __name__ == '__main__':
5        try:
6            print(Div_Fun(A, 1))
7        except (ZeroDivisionError,NameError) as error:
8            print('错误是：', error)
```

运行结果如下。

在使用 try-except 语句捕获异常后，若在 except 后不加异常名，则表示捕获全部异常，见代码清单 9-4。

代码清单 9-4　捕获全部异常

```
1    def Div_Fun(a, b):
2        c = a / b
3        return c
4    if __name__ == '__main__':
5        try:
6            print(Div_Fun(A, 1))
7        except (ZeroDivisionError,NameError) as error:
8            print('错误是：', error)
```

运行结果如下。

出现了错误

一般在程序中最好指明可能出现的异常，因为上述方法无法知道发生了什么异常，无法知道程序中出现的详细错误。

在 Python 中，除了使用 try-except 结构来处理异常，还有一种 try-except-else 结构，它就是在原来 try-except 结构上添加了 else 语句，如果 try 代码块执行时没有发生异常，Python 将执行 else 语句后的语句，如果出现异常，则不再执行 else 语句内的内容，语法如下。

```
try:
    block1
except [ExceptionName [as alias]]:
    block2
else:
    block3
```

其中，block3 就是没有发生异常所需要执行的代码段，请看代码清单 9-5 中的例子。

代码清单 9-5　异常中 else 语句

```
1     def Div_Fun(a, b):
2         c = a / b
3         return c
4     if __name__ == '__main__':
5         try:
6             print(Div_Fun(2, 1))
7         except ZeroDivisionError:
8             print('除数不能为 0')
9         except NameError :
10            print('输入应为数字')
```

```
11          else:
12              print('除法完成')
```

运行结果如下。

```
2.0
除法完成
```

9.3 finally 结构

在编写大型程序的过程中，程序员有时并不能考虑到全部的异常，这时，如果 try 中的异常没有在 ExceptionName 中被指出，那么系统将会自动抛出默认错误代码，并且终止程序，接下来的所有代码都不会被执行，如代码清单 9-6 所示。

代码清单 9-6 无 finally 结构示例

```
1   def Div_Fun(a, b):
2       c = a / b
3       return c
4   if __name__ == '__main__':
5       try:
6           print(Div_Fun(A, 1))
7       except ZeroDivisionError:
8           print('除数不能为 0')
9       print('除法完成')
```

运行结果如下。

```
NameError: name 'A' is not defined
```

由上面的程序可以看出，如果有未被指出的异常在 try 语句中出现时，程序将会终止，这样仍有可能导致程序的崩溃。但如果有 finally 关键字，则会在程序抛出异常之前，执行 finally 中的语句。即不管之前捕捉到的是什么异常，无论异常是否发生，finally 中的代码必须运行，比如文件关闭、释放内存空间等，如代码清单 9-7 所示。

代码清单 9-7 添加 finally 语句示例

```
1   def Div_Fun(a, b):
2       c = a / b
3       return c
4   if __name__ == '__main__':
5       try:
6           print(Div_Fun(A, 1))
7       except ZeroDivisionError:
8           print('除数不能为 0')
9       finally:
10          print('无论是否有异常，都会执行的代码')
```

运行结果如下。

> 无论是否有异常，都会执行的代码
> Traceback (most recent call last):
> NameError: name 'A' is not defined

从上面的程序可以看出，在完成 finally 程序块后，程序才会抛出默认错误代码。若程序不出现异常，finally 程序块中的程序仍会运行，如代码清单 9-8 所示。

代码清单 9-8　无异常 finally 语句示例

```
1     def Div_Fun(a,b):
2         c = a/b
3         return c
4     if __name__ == '__main__':
5         try:
6             print(Div_Fun(2,1))
7         except ZeroDivisionError:
8             print('除数不能为 0')
9         finally:
10            print('无论是否有异常，都会执行的代码')
```

运行结果：

> 2.0
> 无论是否有异常，都会执行的代码

图 9-1 是 try-except-else-finally 的关系图，except 语句不是必须的，finally 语句也不是必须的，但是二者必须要有一个，否则就没有 try 的意义了。

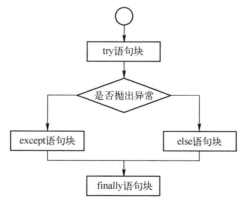

图 9-1　异常处理语句的不同句子的执行关系

9.4　异常抛出

有时程序员在编写程序时需要自主抛出一个异常，这时可以使用 raise 关键字，等同于 C#和 Java 中的 throw 语句，其语法规则如下。

```
raise ExceptionName ("Reason")
```

其中，ExceptionName 指的是所要抛出异常的名称，而 Reason 则指的是异常信息的相关描述。例如，将上面 Div_Fun(a,b)函数中的参数 a 设定为大于 10 的值，否则抛出异常，如代码清单 9-9 所示。

代码清单 9-9　raise 抛出异常

```
1    def Div_Fun(a, b):
2        if a < 10:
3            raise ValueError('输出应大于 10')
4        c = a / b
5        return c
6    if __name__ == '__main__':
7        try:
8            print(Div_Fun(5, 1))
9        except ZeroDivisionError:
10           print('除数不能为 0')
11       except NameError :
12           print('输入应为数字')
13       except ValueError as error:
14           print('出错了', error)
```

运行结果如下。

```
出错了输出应大于 10
```

如果将异常名及异常描述省略，则 Python 将会把当前错误原样抛出，见代码清单 9-10。

代码清单 9-10　raise 抛出异常示例

```
1    def Div_Fun(a, b):
2        if a < 10:
3            raise
4        c = a / b
5        return c
6    if __name__ == '__main__':
7        try:
8            print(Div_Fun(5, 1))
9        except ZeroDivisionError:
10           print('除数不能为 0')
11       except NameError :
12           print('输入应为数字')
```

运行结果如下。

```
raise
RuntimeError: No active exception to reraise
```

在程序中，如果只想知道是否抛出异常而不想处理，可以使用 raise 语句再次把异常抛出，如代码清单 9-11 所示。

代码清单 9-11　只抛出异常不处理

```
1    try:
2        raise NameError('这是一个异常')
3    except NameError:
4        print('发生异常')
5        raise
```

运行结果如下。

```
raise NameError('这是一个异常')
NameError: 这是一个异常
```

9.5　自定义异常

Python 中的内建异常有时并不能满足开发者的要求，因此就需要自定义特殊类型的异常，自定义异常很简单，只需要从 Exception 类继承即可，语法如下。

```
class ErrorName(Exception):
    block
```

其中，ErrorName 指的是自定义异常的名字，Exception 指的是对自定义异常的描述，而 block 指的是类中的方法，请看代码清单 9-12 的例子。

代码清单 9-12　自定义异常 1

```
1    class NetsError(RuntimeError):
2        def __init__(self, value):#重写默认的__init__()方法
3            self.value=value
4    #触发自定义的异常
5    try:
6        raise NetsError("Bad hostname")
7    except NetsError as e:
8        print ("自定义异常产生,value:", e.value)
```

运行结果如下。

```
自定义异常产生,value: Bad hostname
```

从上面的程序中可以看到，我们自定义了一个名叫 NetError 的异常，继承了 RuntimeError 类，用于在异常触发时输出更多的信息。在 try 语句块中，用户自定义的异常后执行 except 块语句，变量 e 是用于创建 NetError 类的实例，请看代码清单 9-13。

代码清单 9-13　自定义异常 2

```
1    class InputShortException(Exception):
```

```
2          def __init__(self,inputnum,num):
3              Exception.__init__(self)
4              self.inputnum = inputnum
5              self.num = num
6
7    try:
8        a= input('请输入一个整数 a:')
9        b= input('请输入一个整数 b:')
10       if int(a)<int(b):
11           #如果输入整数 a 小于 b，触发异常
12           raise InputShortException(int(a),int(b))
13   except InputShortException as x:
14       print ('输入 a 应大于输入 b,您输入的 a 为%d,b 为%d'%(x.inputnum,x.num))
15   else:
16       print ("程序正常")
```

运行结果如下。

```
请输入一个整数 a:1
请输入一个整数 b:2
输入 a 应大于输入 b,您输入的 a 为 1,b 为 2
```

需要注意的是，一般在自定义异常类型时，需要考虑的问题应该是这个异常所应用的
场景。如果内置异常已经包括了需要使用的异常，建议使用内置的异常类型。

9.6　断言语句

一个程序在开发完成之前，难免会出现某些错误，有些错误是语法方面的，这种错误
在程序运行时就可以发现，但有些错误是属于逻辑上的，因此程序并不会报错，而是输出了
错误的值，这样就无法知道程序哪里出错。因此，为了防止得到的结果是错误的，我们在出
现错误条件时就立即报错，这时就需要 assert 断言的帮助。Assert 语句的语法如下。

```
assert expression[reason]
```

其中，expression 指的是条件表达式，如果该表达式值为真，则什么也不做，如果为
假，则抛出 AssertionError 异常。Reason 指的是对 expression 的描述。简单来说，assert 断言
就是判断表达式布尔值是否真，返回值为真，则什么也不发生，但若其返回值为假，就会触
发异常。例如：

```
>>> assert 1 == 2
Traceback (most recent call last):
AssertionError
```

如果断言成功则不采取任何措施，否则会触发 AssertionError 异常。AssertionError 异常
和其他的异常一样可以用 try-except 语句块捕捉，但是如果没有捕捉，它将终止程序运行而

且提供一个 traceback。下面看一个在程序中的实例，程序如代码清单 9-14 所示。

代码清单 9-14　断言语句示例

```
1   try:
2       a= input('请输入一个整数 a:')
3       b= input('请输入一个整数 b:')
4       assert int(a)>int(b)#'如果输入整数 a 小于 b，触发异常'
5   except AssertionError as x:
6       print ('输入 a 应大于输入 b',x)
7   else:
8       print ("程序正常")
```

运行结果如下。

```
请输入一个整数 a:1
请输入一个整数 b:2
输入 a 应大于输入 b 如果输入整数 a 小于 b，触发异常
```

需要注意的是，如果 Python 本身的异常能够处理就不要再使用断言。如对于类似于数组越界、类型不匹配、除数为 0 之类的错误，不建议使用断言来进行处理。

9.7　小结

本章主要讲解了 Python 异常处理的相关知识，在前面两节重点讲解了 try-except-else-finally 语句的作用及用法，然后讲述了使用 raise 关键字进行异常抛出，还学习了自定义异常，最后讲述了如何使用断言语句 assert 进行程序的调试，详细内容见表 9-2。

表 9-2　Python 中异常处理的相关概念及示例

关键术语和概念	示例
9.1　Python 中的异常	
程序中的错误统称为异常	>>> print(Div_Fun(3, 0)) Traceback (most recent call last): ZeroDivisionError: division by zero
9.2　try-except 结构	
try-except 语句	try: 　　　　block1 except [ExceptionName [as alias]]: 　　　　block2

try 子句先执行，接下来会发生什么依赖于执行时是否出现异常。如果 try 语句块内出现了异常，就会执行 except 语句块中的内容；如果没有错误出现，except 语句块将不会执行	def Div (a,b):
	　　　c = a/b
	　　　return c
	if __name__ == '__main__':
	　　try:
	　　　　print(Div (5,0))
	　　except ZeroDivisionError:
	　　　　print('除数不能为 0')
	　　print('程序继续执行')
	输出结果：
	　　除数不能为 0
	　　程序继续执行

关键术语和概念	示例

try-except-else 结构	```python
	def Div_Fun(a, b):
	    c = a / b
	    return c
	if __name__ == '__main__':
	    try:
	        print(Div_Fun(2, 1))
	    except ZeroDivisionError:
	        print('除数不能为 0')
	    except NameError:
	        print('输入应为数字')
	    else:
	        print('除法完成')
	``
	输出结果：
	2.0
	除法完成

如果 try 代码块执行时没有发生异常，Python 将执行 else 语句后的语句，如果出现异常，则不再执行 else 语句内的内容	

9.3 finally 结构	```python
	if __name__ == '__main__':
	    try:
	        print(Div (5,0))
	    except ZeroDivisionError:
	        print('除数不能为 0')
	    finally:
	        print('无论是否有异常，都会执行的代码')
	``
	输出结果：
	除数不能为 0
	无论是否有异常，都会执行的代码

finally 结构中，不管之前捕捉到的是什么异常，无论异常是否发生，finally 中的代码必须运行	

9.4　异常抛出	```python
	try:
	    raise NameError('这是一个异常')
	except NameError:
	    print('发生异常')
	    raise
	``

raise 关键字用于自主抛出一个异常	

9.5　自定义异常	```python
	class NetsError(RuntimeError):
	    def __init__(self, value):
	        self.value=value
	``

自定义异常需要从 Exception 类继承，用于用户自己定义系统不存在的异常	
9.6　断言语句	`>> assert 1 == 2` Traceback (most recent call last): 　File "<stdin>", line 1, in <module>AssertionError
断言语句就是判断表达式的布尔值是否为真，如果返回值为真，则什么也不发生，但如果返回值为假，就会触发异常	

实践问题 9

1．什么是异常？

2．try-except 语句的基本用法是什么？

3．下面程序的输出是什么？

```python
def Div_Fun(a,b):
    c = a/b
    return c
if __name__ == '__main__':
    try:
        print(Div_Fun(A,1))
```

```
        except ZeroDivisionError:
            print('除数不能为 0')
        finally:
            print('程序结束')
```

4. 什么是断言语句?

习题 9

1. 定义一个异常类,继承 Exception 类,捕获下面的过程:判断 input()输入的字符串长度是否小于 5,如果小于 5(比如输入长度为 3)则输出 yes,大于 5 则输出 no。下面是一个示例。

```
请输入字符串 i like python
no
```

2. Python 的异常有哪几种形式?

3. 断言语句的语法是什么?

4. 使用异常检测,检测输入是否为整数,如果是整数的话,通过;不是的话,捕获错误并报错。下面是一个示例。

```
请输入一个整数:s
出错,您输入的不是整数
```

5. Python 内建异常类有哪些?

6. 下面程序若输入一个英文字母,那么它的输出结果是什么?

```
try:
    num = float(input('请输入一个数字: '))
    print('你输入的数字是: ',num)
except:
    print('输入必须为数字')
```

7. 编写一个程序,要求用户输入 0~10 之间的数字,若用户输入在 0~10 之间,则打印出用户输入的值;若用户输入不在 1~10 之间,则触发异常,提醒用户输入必须为 1~10 之间的整数。下面是一个示例。

```
请输入 1 到 10 之间的整数: 50
输入必须为 1—10 之间的整数.
请输入 1 到 10 之间的整数: 9
你的输入是: 9.
```

8. 编写一个计算减法的方法,用户输入两个数,一个作为被减数,一个作为减数,当被减数小于减数时,抛出"被减数不能小于减数"的异常。下面是一个示例。

```
请输入减数 4
请输入被减数 5
```

BaseException: 被减数不能小于减数

9．编写一个程序，随机从 0～100 中抽取一个数字要求用户猜测，若输入不在此范围内，则触发异常。程序需要告知用户的每次猜测是否正确，不正确的话要提示过高或过低，且需要计算用户总共猜测的次数，直到猜测正确为止。下面是一个示例。

```
猜测一个数字 101
输入的数字必须在 1 到 100 之间
请重新输入: 50
太小了
请重新输入: 80
太小了
请重新输入: 90
太大了
请重新输入: 85
太小了
请重新输入: 87
太大了
请重新输入: 86
正确你进行了 7 次猜测。
```

10．编写一个程序，检查用户调用时的输入，若输入能转化为整形，并且小于等于 100，就将其赋值给 score 变量，打印提示无错误；否则抛出错误，打印提示有错误。最终，无论结果如何，打印"处理完成"。下面是一个示例。

```
请输入一个数：55
无错误
55
处理完成
```

11．编写一个函数，向函数中输入一个列表，如 list=[123 , 68 , 8 , 71 , 36 , 952 , 56 , 3], 函数会返回列表中小于一百，且为偶数的数。

12．定义一个异常类，继承 Exception 类, 捕获下面的过程：判断输入的字符串长度是否小于 6，如果小于 6，则输出 yes；大于 5 则输出 no。下面是一个示例。

```
请输入字符串 python
no
```

参考文献

[1] 卢茨. Python 编程[M]. 北京：中国电力出版社，2015: 1487.

[2] LANAROG. Python high performance programming[M]. Packt Publishing，2013: 108.

[3] DOWNEY A B.Think Python[M]. O'Reilly Media, 2015: 292.

第10章 Python用户图形界面编程

GUI 是 Graphical User Interface（用户图形界面）的缩写。在 GUI 中，并不只是输入文本和返回文本，用户可以看到窗口、按钮、文本框等图形，而且还可以用鼠标单击，还可以用键盘输入。GUI 是程序交互的一种不同方式。GUI 的程序有 3 个基本要素：输入、处理和输出[1]。

在开始进行 PythonGUI 开发之前，先介绍一下什么是 GUI 程序开发。我们使用过大量的客户端程序，这些都属于图形界面（GUI）程序。正如我们看到的，在一个界面上拥有很多的功能块，包括窗口、标签、按钮、输入框、菜单等。像画画一样，首先要有一块空白的画布，然后在这块画布上划分出不同的区域，放上不同的模块，最后完成每一个模块的功能。

开发 GUI 程序时，首先我们要拥有底层的根窗口对象，在其基础上创建一个个小窗口对象。每一个窗口都是一个容器，我们可以将所需要的组件置于其中。每种 GUI 开发库都拥有大量的组件，一个 GUI 程序就是由各种不同功能的组件组成的，而根窗口对象则包括了所有的组件[2]。

组件本身也可以作为一个容器，它可以包含其他的组件，如下拉框。这种包含其他组件的称为父组件，反过来，包含在其他组件中的组件称为子组件。这是一种相对的概念，对于有着多层包含的情况，某组件的父组件一般指的是直接包含它的组件。

构建出 GUI 程序的每一个组件，程序的界面就完成了。但是现在它只能看不能用，接下来需要给每一个组件添加对应的功能。

用户在使用 GUI 程序时，会进行各种操作，如鼠标移动，按下以及松开鼠标按键，按下键盘按键等，这些称为事件。每个组件对应着一些行为，如在文本框中输入文本，单击按钮等，这些也称为事件。GUI 程序启动的时候就一直监听着这些事件，当某个事件发生的时候，就进行对应的处理并返回相应的结果。所以说，GUI 程序是由这一整套的事件驱动的，这个过程称为事件驱动处理。

一个事件发生后，GUI 程序捕获该事件、做出相应的处理并返回结果的过程称为回调。比如计算器程序，单击了"＝"按钮之后，便产生了一个事件，需要计算最终的结果，程序便开始对算式进行计算，并返回最终的结果，显示出来。这个计算并显示最终结果的过程称为回调。

当为程序需要的每一个事件都添加相应的回调处理之后，整个 GUI 程序就完成了。

本章知识点：
- ❑ 控件
- ❑ 网络布局管理器
- ❑ 编写 GUI 程序

10.1 控件

Tkinter 是 Python 发行版本中的标准 GUI 库，可以通过它访问 Tkinter 的 GUI 操作。这是一种小巧的 GUI 开发库，开发速度快，在小型应用中仍有不少的应用。Tkinter 提供了比较丰富的控件，完全能够满足基本的 GUI 程序的需求。本节将介绍一些常用和主要的控件，如果想了解每种组件的详细用法，可以参考官方的文档。

10.1.1 图形用户界面简介

图形用户界面，即 GUI，指的是采用图形方式来显示计算机操作的用户界面。现代计算机和电子设备的操作界面都会使用大量的图形。在前面的章节中，程序的输入和输出都是基于文本用户界面，而在图形用户界面中，不仅能通过键盘输入文本，还可以通过鼠标单击来操作。在 GUI 中，用户可以看到窗口、按钮、文本框等图形。图 10-1 就是通过 GUI 开发工具包产生的一个简单的窗口。

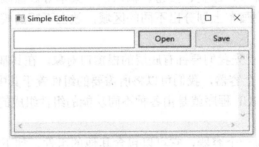

图 10-1　GUI 窗口

在 GUI 中，对话框被称为输入控件，而其中文本信息被称为标签控件，按钮被称为按钮控件，除此之外还有滚动条控件和列表框控件等。Python GUI 开发工具包有很多，下面我们简单介绍一些。

本书使用 Tkinter，它是一个轻量级的跨平台 GUI，由于 Tkinter 是内置到 Python 的安装包中的，所以只要安装好 Python 之后就能导入 Tkinter 库，对于简单的图形界面 Tkinter 能够应付自如。可以通过以下方式将其导入。

```
from tkinter import *
window = Tk()
```

或者

```
import tkinter as tk
```

接下来添加两句程序，使其输出一个窗体，窗体如图 10-2 所示。

```
window.title('test')
window.mainloop()
```

其中，.title 属性代表了标题栏窗口的名称，这里设置为 test，而 mainloop 方法将无限监听事件循环，直到单击窗体顶部的关闭按钮为止。

图 10-2　简单图形界面

10.1.2　按钮控件

Button 控件是一种标准 Tkinter 控件，用于实现各种按钮，按钮可以包含文本或图像。Button 控件被用于和用户交互，例如，当按钮被鼠标单击后，某种操作被启动或终止。在 GUI 中，每个按钮可以调用 Python 的函数或方法，当 Tkinter 的按钮被按下时，会自动调用该函数或方法。Button 使用语法如下。

> Button(window, property1，property2，…)

其中，window 指的是根对象，即实例对象，而 property 指的是按钮的属性。除了上面的方法，还可以使用 config 方法来配置窗体属性，语法如下。

> window.config(property1、property2、…)

window 为实例对象，property 为属性。Button 的属性有很多，常用的几种属性见表 10-1。

表 10-1　常用属性说明

属　　性	描　　述
text	设置显示在按钮上的文本内容
anchor	设置 Button 文本在控件上的显示位置
font	设置字体和大小
bg	设置背景色，取值可为英文颜色字符串，或者 RGB 值
fg	设置前景色，取值可为英文颜色字符串，或者 RGB 值
bd	设置边框大小
cursor	设置当鼠标移动到按钮上时所显示的光标（arrow 为箭头，cross 为十字，dot 为点，handle 为手等）
height、width	按钮的尺寸，height 为高度，width 为宽度，如果不设置则默认为包括文本内容
padx、pady	指定文本或图象与按钮边框的间距，x，y 分别为 x 轴，y 轴方向
activebackground	设置按钮处于活动状态时使用的背景颜色
activeforeground	设置按钮处于活动状态时使用的前景颜色
disabledforeground	设置禁用按钮时使用的颜色
highlightbackground	设置当按钮没有焦点时用于高亮边框的颜色
state	设置组件状态：正常(normal)、激活(active)、禁用(disabled)
justify	对齐方式
command	设置当按下按钮时调用的方法

请看代码清单 10-1 中的示例。

代码清单 10-1　按钮控件

```
1    from tkinter import*
2    #初始化 Tk()
3    myWindow = Tk()
4    #设置标题
5    myWindow.title('按钮')
6    #创建两个按钮
7    b1=Button(myWindow, text='按钮 1',bg="yellow",
8                        relief='raised', width=15, height=10)
9    b1.grid(row=0, column=0, sticky=W, padx=10,pady=10)
10   b2=Button(myWindow, text='按钮 2', width=15, height=10)
11   b2.grid(row=0, column=1, sticky=W, padx=10, pady=10)
12   #进入消息循环
13   myWindow.mainloop()
```

运行结果如图 10-3 所示。

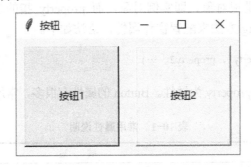

图 10-3　创建两个按钮

上面的程序中，可以看到里面包含了两个按钮，分别是 b1 和 b2，将 b1 起名为"按钮 1"，背景色为黄色，按钮设置成凸起样式，长宽分别为 10 和 15；b2 起名为"按钮 2"，无背景色，长宽同 b1 一样，其中 grid 方法是窗体可见。

下面使用 command 属性，将按钮与函数关联起来，即当单击按钮时，相关联的函数将被调用。command 属性用法如下。

```
command = function
```

其中，function 指的是所要调用的函数名。例如，将上面的程序改为：当单击按钮时，调用颜色变换函数，使按钮的颜色发生变化，程序如代码清单 10-2 所示。

代码清单 10-2　按钮控制颜色变化

```
1    from tkinter import*
2    def color_Change():
3        if b1['bg'] == 'yellow':
4            b1['bg'] = 'blue'
5        else:
```

276

```
6           b1['bg'] = 'yellow'
7    def color_Change2():
8        if b2['bg'] == 'red':
9            b2['bg'] = 'blue'
10       else:
11           b2['bg'] = 'red'
12   myWindow = Tk()
13   myWindow.title('按钮')
14   b1=Button(myWindow, text='按钮 1',bg='yellow',
15           relief='raised', width=15, height=10,command = color_Change)
16   b1.grid(row=0, column=0, sticky=W, padx=10,pady=10)
17   b2=Button(myWindow, text='按钮 2', bg='red',
18           width=15, height=10,command = color_Change2)
19   b2.grid(row=0, column=1, sticky=W, padx=10, pady=10)
20   myWindow.mainloop()
```

运行结果如图 10-4 所示。

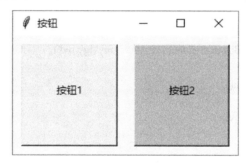

图 10-4　按钮 1 变为黄色，按钮 2 变为红色

按钮 1、按钮 2 原来分别为黄色和红色，当单击这两个按钮后，按钮背景颜色将会改变为蓝色，单击按钮后，运行结果如图 10-5 所示。

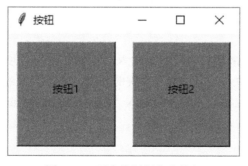

图 10-5　两个按钮都变为蓝色

10.1.3　标签控件

标签控件是 tkinter 中最简单的控件之一，它用以显示文字和图片。标签控件通常被用来展示信息，而非与用户交互。与按钮控件相似，它也有一些常用属性，见表 10-2。

表 10-2　标签控件常用属性

属　　性	描　　述
text	设置文本内容，如 text="login"
bg	设置背景色，如 bg="red"，bg="#FF56EF"
fg	设置前景色，如 fg="red"，fg="#FF56EF"
font	字体及大小，如 font=("Arial", 8)，font=("Helvetica 16 bold italic")
width/height	设置标签宽度与高度
image	标签不仅可以显示文字，也可以显示图片，image= PhotoImage(file="../xxx/xxx.gif")，目前仅支持 gif、PGM、PPM 格式的图
padx/pady	设置标签水平或垂直方向的边距，默认为 1 像素
compound	同一个标签既显示文本又显示图片，可用此参数将其混叠起来，compound='bottom' (图像居下)，compound='center' (文字覆盖在图片上)，left，right，top
justify	标签文字的对齐方向，可选值为 RIGHT、CENTER、LEFT，默认为 CENTER

代码清单 10-3 展示了一个小程序。

代码清单 10-3　标签控件

```
1    from tkinter import *
2    window = Tk()
3    window.title('label')
4    label=Label(window,text='label text:',bg='gray',fg='red')
5    label.grid()
6    window.mainloop()
```

运行结果如图 10-6 所示。

图 10-6　标签控件

通常情况下，标签控件使用与窗口相同的颜色，且标签控件的宽度正好容纳文本标题，因此，在日常情况下，一般不使用 width 属性。

10.1.4　输入控件

输入控件是 Tkinter 用来接收字符串等输入的控件，用户可以在控件内输入任何字符，但控件的宽度有限，一旦输入的字符宽于设置的长度，文本会向左滚动。

我们创建了一个输入控件，并向里边输入 "I love Python,I use Python"，可以看到文本在超出宽度范围后向左滚动，如图 10-7 所示。

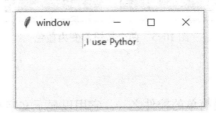

图 10-7　输入控件窗口

输入控件使用语法如下。

Entry(window, property1，property2……)

其中，window 指的是实例对象，property 为属性。下面介绍一些输入控件的常用属性，见表 10-3。

表 10-3　控件的常用属性表

属　性	描　述
master	代表了父窗口
bg	设置输入控件的背景颜色，如 bg='red'
fg	设置输入控件的前景颜色
show	用于将输入的字符转化为指定的形式
textvariable	设置 Button 与 textvariable 属性
font	设置输入控件内字体大小
relief	指定输入控件边界是凸的还是凹的，默认是平的

下面设计一个登录界面，要求输入用户名和密码，程序如代码清单 10-4 所示。

代码清单 10-4　登录界面示例

```
1    from tkinter import *
2    window=Tk()
3    window.title('entry')
4    label=Label(window,text='用户名:',anchor='c').grid(row=0)
5    En=Entry(window).grid(row=0,column=1)
6    label1=Label(window,text='密码    :',anchor='c').grid(row=1)
7    En1=Entry(window,show='*').grid(row=1,column=1)
8    Button(window,text='确定',anchor='c',width=6,height=1).grid(row=2,column=1)
9    window.mainloop()
```

运行结果如图 10-8 所示。

图 10-8　登录界面

除了上边的输入控件，还存在一种只读输入控件。这种控件不允许用户输入文本，当用户单击输入框控件窗体时，它不会出现任何变化，也不会出现光标，它只能通过 textvariable 属性来显示文本。只需将输入控件中的 state 属性设置为"readonly"即可将输入控件变为只读输入控件，如代码清单 10-5 所示。

代码清单 10-5　只读输入控件示例

```
1    from tkinter import *
```

```
2      window=Tk()
3      stringtxt = StringVar()
4      window.title('readonly entry')
5      En=Entry(window,state='readonly',
6                      textvariable=stringtxt).grid(row=0, column=1)
7      stringtxt.set('I love Python')
8      window.mainloop()
```

运行结果如图 10-9 所示。

图 10-9　只读输入

10.1.5　列表框控件

列表框控件主要用于显示垂直项目列表，让用户进行选择，但其也可以用于显示程序的输出结果。列表可以包含一个或多个文本项，也可以设置单选或多选，用法如下。

listbox(window, property1，property2，…)

与上面几种控件相同，window 指的是实例对象，property 为属性。表 10-4 介绍了一些列表框控件的常用属性。

表 10-4　列表框常用属性

属　　性	描　　述
master	代表了父窗口
bg	设置列表框背景色
fg	设置列表框前景色
selectmode	设置选择模式，MULTIPLE 代表多选，BROWSE 代表通过鼠标的移动选择，EXTENDED 代表〈Shift〉和〈Ctrl〉配合使用
listvariable	设置 listvariable 属性
height、width	设置显示高度、宽度
relief	设置外观装饰边界附近的标签
state	设置组件状态

表 10-5 中也罗列了一些列表框中常用的函数。

表 10-5　表框常用函数

函　　数	描　　述
insert	插入 item
delete	删除 item
get	返回制定索引的项值，如 listbox.get(1)；返回多个项值，返回元组，如 listbox.get(0,2)；返回当前选中项的索引 listbox.curselection()
curselection	返回当前选中项的索引

通常使用 listvariable 属性和 set 方法将列表中的字符串导入到列表框中。代码清单 10-6 中展示的小程序，用于选择喜欢的颜色。

代码清单 10-6　列表框控件

```
1       from tkinter import *
2       window=Tk()
3       a = ['red','blue','yellow']
4       colors = StringVar()
5       LB = Label(window,text='选择喜欢的颜色')
6       selects=Listbox(window,width=10,height=5,listvariable=colors)
7       LB.grid()
8       selects.grid()
9       colors.set(tuple(a))
10      window.mainloop()
```

运行结果如图 10-10 所示。

图 10-10　用于选择喜欢的颜色的列表框（1）

除了上面的方法，还可以使用列表框中的内置函数 insert 导入选项列表，如代码清单 10-7 所示。

代码清单 10-7　insert 导入选项列表

```
1       from tkinter import *
2       window=Tk()
3       selects=Listbox(window,width=10,height=5)
4       Label(window,text='选择喜欢的颜色').pack()
5       for item in ['red','blue','yellow']:
6               selects.insert(END,item)
7       selects.pack()
8       window.mainloop()
```

运行结果如图 10-11 所示。

图 10-11　用于选择喜欢的颜色的列表框（2）

列表框控件也可以与函数绑定，即单击所选择的选项后，触发绑定的函数。按钮控件使用 command 属性进行函数的调用，而列表框控件使用 bind 方法，见代码清单 10-8。

代码清单 10-8　列表框触发函数

```
1    from tkinter import *
2    def color_Change(event):
3        selects['bg'] = selects.get(selects.curselection())
4    window=Tk()
5    a = ['red','blue','yellow']
6    colors = StringVar()
7    LB = Label(window,text='选择喜欢的颜色')
8    selects=Listbox(window,width=10,height=5,listvariable=colors)
9    LB.grid()
10   selects.grid()
11   colors.set(tuple(a))
12   selects.bind('<Double-Button-1>',color_Change)
13   window.mainloop()
```

运行结果如下。

● 双击列表框选项前如图 10-12 所示。

图 10-12　用于选择喜欢的颜色的列表框（3）

● 双击列表框中的"red"选项后如图 10-13 所示。

图 10-13　双击"red"选项后列表框变为相应颜色

从上面的程序可以看到，当双击列表框中的颜色选项时，列表框颜色会改变。程序中使用了.bind 方法，调用了 color_Change 函数，输出结果如图 10-13 所示。

10.1.6　滚动条控件

滚动条控件，即 Scrollbar，可以使用户在单击上下箭头或拉动滚动条时上下移动页面，滚动条控件通常是和 listboxes/canvases/text fields 这些控件一起结合使用的。其使用方式如下。

```
Scorllbar(window, property1，property2……)
```

常用属性见表 10-6。

表 10-6　滚动条常用属性

属性	描述
master	代表了父窗口
bg	设置背景色
relief	设置滚动条外观装饰边界附近的标签，默认是平的
width	设置显示宽度，如果未设置此项，其大小以适应内容标签

先看代码清单 10-9 中的一个例子。

代码清单 10-9　滚动条控件

```
1    from tkinter import *
2    root=Tk()
3    root.title('滚动条')
4    S1=Scrollbar(root,orient=HORIZONTAL)
5    S1.grid(padx=100,pady=20)
6    root.mainloop()
```

运行结果如图 10-14 所示。

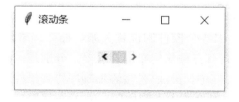

图 10-14　滚动条控件

然而滚动条通常与其他控件结合使用，例如和列表框一起使用，当用户下拉滚动条时，可以看到更多的列表，如代码清单 10-10 所示。

代码清单 10-10　列表框与滚动条

```
1    from tkinter import *
2    window = Tk()
3    lb = Listbox(window)
```

```
4      sl = Scrollbar(window)
5      sl.pack(side = RIGHT,fill = Y)
6      lb['yscrollcommand'] = sl.set
7      for i in range(100):
8          lb.insert(END,str(i))
9      lb.pack(side = LEFT)
10     sl['command'] = lb.yview
11     window.mainloop()
```

运行结果如图 10-15 所示。

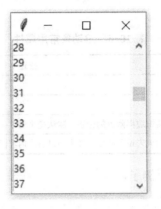

图 10-15 列表框与滚动条

在上面的程序中，先创建了一个列表框和一个滚动条，滚动条中的 side 属性指定 Scrollbar 为居右；fill 属性指定填充满整个剩余区域。接着 lb['yscrollcommand'] = sl.set 这句话指定 Listbox 的 yscrollbar 的回调函数为 Scrollbar 的 set，而 sl['command'] = lb.yview 指定 Scrollbar 的 command 的回调函数是 Listbar 的 yview。

10.2 网格布局管理器

所谓布局，就是指窗体中各个控件的位置关系，而布局管理器就是用来将控件放到窗体不同位置的工具。tkinter 共有三种几何布局管理器，分别是：pack 布局管理器、grid 布局管理器、place 布局管理器。其中，pack 是按添加顺序排列组件，grid 是按行列形式排列组件，place 则允许程序员指定组件的大小和位置。grid 布局管理器使用相当灵活，且方便快捷，因此本节使用 grid 布局管理器。

10.2.1 网格

网格布局管理器是最被推荐使用的布局管理器。它可以说是 Tkinter 这三个布局管理器中最灵活多变的，使用起来也是最方便的。由于 GUI 程序大都是矩形的界面，因此可以将它划分为一个几行几列的网格，然后根据行号和列号，将组件放置于网格之中。使用 grid 排列组件时，并不需要提前指出网格的尺寸，管理器会自动去计算。下面便是一个 3×3 的网格，网格的形式见表 10-7。

表 10-7   3×3 网格

(0, 0)	(0, 1)	(0, 2)
(1, 0)	(1, 1)	(1, 2)
(2, 0)	(2, 1)	(2, 2)

网格的宽高受控件的大小影响，当一个控件设置为占一个单元格空间，而该控件的长宽大于单元格默认大小时，那么该单元格所在的行与列都将自行拉伸，适应控件的大小。

grid 中的主要属性见表 10-8。

表 10-8   grid 中的属性

属　　性	描　　述
row	设置控件放置的行数
column	设置控件旋转的列数
sticky	设置控件在网格中的对齐方式
ipadx、ipady	设置控件内部间隔距离
rowspan	设置控件所跨越的行数
columnspan	设置控件所跨越的列数

grid 中还有许多方法，常用的见表 10-9。

表 10-9   grid 中的方法

函　　数	描　　述
size()	返回组件所包含的单元格，描述组件大小
grid_slaves()	以列表方式返回本组件的所有子组件对象
grid_configure(option=value)	给 pack 布局管理器设置属性
grid_forget()	Unpack 组件，将组件隐藏并且忽略原有设置，对象依旧存在，可以用 pack(option, …)将其显示
grid_location(x, y)	x，y 为以像素为单位的点，函数返回此点是否在单元格中，在哪个单元格中。返回单元格行列坐标，(-1, -1)表示不在其中
grid_propagate(boolean)	设置为 True 表示父组件的几何大小由子组件决定（默认值），反之则无关

请看下面的一个简单例子，使用标签控件和输入控件组成了一个 2×2 的网格，将其显示出来，程序如代码清单 10-11 所示。

代码清单 10-11   grid 示例 1

```
1    from tkinter import *
2    window = Tk()
3    window.title('2*2')
4    Label(window, text='第一行').grid(row=0, column=0,padx=5,pady=5)
5    Label(window, text='第二行').grid(row=1, column=0,padx=5,pady=5)
6    Entry(window).grid(row=0, column=1)
7    Entry(window).grid(row=1, column=1)
8    mainloop()
```

运行结果如图 10-16 所示。

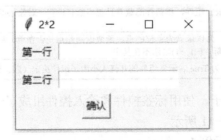

图 10-16　2×2 网格

由程序可以看出，我们将两个标签控件安排在(0，0)和(1，0)的位置，即第一列，而将输入控件安排在(0，1)和(1，1)，即第二列。下面使用 columnspan 属性，使新设置的按钮控件占据整个第三排，程序如代码清单 10-12 所示。

代码清单 10-12　grid 示例 2

```
1    from tkinter import *
2    window = Tk()
3    window.title('2*2')
4    Label(window, text='第一行').grid(row=0, column=0,padx=5,pady=5)
5    Label(window, text='第二行').grid(row=1, column=0,padx=5,pady=5)
6    Entry(window).grid(row=0, column=1)
7    Entry(window).grid(row=1, column=1)
8    Bt = Button(window,text='确认')
9    Bt.grid(row=3,column=0,columnspan=2)
10   mainloop()
```

运行结果如图 10-17 所示。

图 10-17　添加“确认”按钮

可以看到，程序中设置 columnspan = 2，使按钮控件占据两列。

10.2.2　粘属性

Sticky 粘属性是 grid 属性中比较重要的一个，它的用法如下。

```
widgetName.grid(row=m,column=n,sticky=x)
```

其中，widgetName 指的是控件名，而 x 指的是控件所在的方位。可以为 N、S、W、

E，也可以是它们之间的两两组合，如 NS 指的是南北两边相连。如果对 sticky 属性不进行设置，那么控件默认在单元格的中央，如代码清单 10-13 所示。

代码清单 10-13　sticky 属性

```
1    from tkinter import *
2    window = Tk()
3    window.title('sticky')
4    Label(window, text='sticky 属性控制方位：').grid(
5                          row=0, column=0,padx=5,pady=5)
6    Entry(window,width=2).grid(row=0, column=1)
7    mainloop()
```

运行结果如图 10-18 所示。

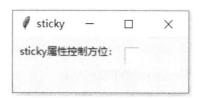

图 10-18　sticky 无属性设置

若 grid 中的 sticky 属性设置为"S"时，即 sticky = "S"，输出如图 10-19 所示。

图 10-19　sticky = "S"

若 grid 中的 sticky 属性设置为"N"时，输出如图 10-20 所示。

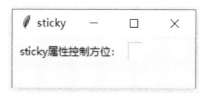

图 10-20　sticky = "N"

可以看到，根据属性方位不同，控件在单元格中的摆放位置也不同，sticky 属性值也可为 N、S、W、E 4 个字母的两两组合，如 sticky = "NS"，输出结果如图 10-21 所示。

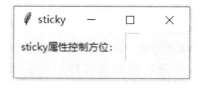

图 10-21　sticky = "NS"

当参数为 WNSE 4 个字母组合时，指的是填充整个单元格。

10.2.3　向列表框添加滚动条

Scrollbar 也就是滚动条，基本上是和 listboxs/canvases/text fields 这些控件一起结合使用的。其中最常见就是使用 Scrollbar 组件控制 Listbox 组件的显示问题。用户通过单击滚动条上下箭头，或者拖拽滚动条上的矩形框来选择列表框中的选项。

将一个垂直方向的 Scrollbar 和 listboxs 控件结合起来，主要有两个步骤，首先，将这些控件的 yscrollcommand 选项设置为 scrollbar 的 set 方法。然后，将 scrollbar 的 command 选项设置为这些控件的 yview 方法。

代码清单 10-14 展示了一个例子，将滚动条与列表框结合起来。

代码清单 10-14　滚动条与列表框

```
1   from tkinter import *
2   window = Tk()
3   window.title("color")
4   yscroll = Scrollbar(window, orient=VERTICAL)
5   yscroll.grid(row=0,column=2,padx=(0,50),pady=5,sticky=NS)
6   statesList = ["red","yellow","green","blue","black", "white"]
7   conOFlstNE = StringVar()
8
9   lstNE=Listbox(window,width=14,height=4,
10                  listvariable=conOFlstNE,yscrollcond=yscroll.set)
11  lstNE.grid(row=0,column=1,padx=(50,0),pady=5,sticky=E)
12  conOFlstNE.set(tuple(statesList))
13  yscroll["command"] = lstNE.yview
14  window.mainloop()
```

运行结果如图 10-22 所示。

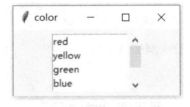

图 10-22　滚动条与列表框

在上面的程序中，先创建了一个列表框和一个滚动条，程序通过 sticky 属性保证了两个控件紧密相连，滚动条垂直填充。yscrollcommand = yscroll.set 这句话指定 Listbox 的 yscrollbar 的回调函数为 Scrollbar 的 set，而 yscroll['command'] = lstNE.yview 指定 Scrollbar 的 command 的回调函数是 Listbar 的 yview。

需要注意的是，在创建控件时，滚动条控件的声明必须在列表框控件之前，参数 yscrollcommand = yscroll.set 必须在列表框控件对象创建时加入到其构造器中。

10.2.4　设计窗口布

在 GUI 程序开发中，窗体布局可以提高窗口的美观程度，也可以使界面更加具有交互性。在开始界面编程时，应提前做一个设计，使窗口变得更加合理。通常来说，当用户通过列表框选择输入信息或通过输入框输入信息时，提示用户用的标签控件放置在列表框控件的上边或输入框控件的左边，如果列表框中的选项较多，那么可以在列表框右边添加垂直滚动条来帮助用户寻找列表框中的内容，列表框默认包含 10 个列表项。对于按钮控件来说，通常横跨多于一行或一列。窗口布局一般不可能一次达到让人们满意，通常需要多次的调整。

例如，要设计一个登录窗口，我们希望使用三行三列的格式，左侧两列的前两行，即 (0，0)、(1，0)和(0，1)、(1，1)的位置，用来放置引导用户输入的标签控件和用户输入使用的输入框控件。在最后一列(0，2)、(0，1)处放置按钮控件，最后一行放置一个用于下次自动登录的按钮控件。这样设计完之后，编写代码如代码清单 10-15 所示。

代码清单 10-15　设计窗口布局

```
1    from tkinter import *
2    window=Tk()
3    window.title("我的窗口")
4    label_user=Label(text='用户名:')
5    label_pwd=Label(text='密码:')
6    user=Entry()
7    pwd=Entry()
8    label_user.grid(row=0,column=0)
9    label_pwd.grid(row=1,column=0)
10
11   user.grid(row=0,column=1)
12   pwd.grid(row=1,column=1)
13   btn=Button(text="提交")
14   btn.grid(row=0,column=3,rowspan=2,columnspan=2,padx=5, pady=5)
15
16   v=IntVar()
17   check=Checkbutton(text="下次自动登录",variable=v)
18   check.grid(row=2,column=0)
19   window.mainloop()
```

运行结果如图 10-23 所示。

图 10-23　窗口布局

可以看到标签栏并不是很美观，我们希望它的输出靠右，于是我们使用 sticky 属性，并改变控件间的间隔，设置如下。

```
label_user.grid(row=0,column=0,sticky=E,padx=5, pady=5)
label_pwd.grid(row=1,column=0,sticky=E,padx=5, pady=5)
```

输出如图 10-24 所示。

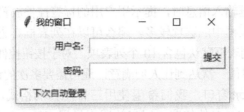

图 10-24　标签栏靠右输出

10.3　编写 GUI 程序

10.3.1　简单 GUI 程序

对于文本用户界面来说，一个程序需要有输入、处理及输出。在一般程序中，通常使用 input、print 来进行数据或文件的读入和写出，而在 GUI 界面中，常通过标签控件与输入控件来完成输入输出。在处理部分，文本用户界面与图形用户界面基本相同，只是图形用户界面通常需要按钮控件等来触发。请看下面的例子，计算银行利息，并给出结果，先写出文本用户界面的程序，如代码清单 10-16 所示。

代码清单 10-16　计算银行利息 1

```
1    def main():
2        num1 = eval(input('请输入本金：'))
3        num2 = eval(input('请输入年利率：'))
4        num3 = eval(input('请输入存储年限：'))
5        total = num1*num2*num3
6        print('利息为：',total)
7    main()
```

运行结果：

```
请输入本金：10000
请输入年利率：0.001
请输入存储年限：1
利息为：10.0
```

从程序中可以看出，输入的数据有三个，分别是本金、年利率和存储年限。而输出则只有一个，即利息。若将其改变为图形用户界面，则需要 4 个标签控件及 4 个输入控件，用来提示用户并使用户进行输入，除此之外还需一个触发处理过程的按钮控件。因此我们把它设计为五行两列的形式，程序如代码清单 10-17 所示。

代码清单 10-17 计算银行利息 2

```
1       from tkinter import *
2       def main():
3           num1 = eval(inputnum1.get())
4           num2 = eval(inputnum2.get())
5           num3 = eval(inputnum3.get())
6           total = num1*num2*num3
7           print(total)
8           totalnum.set(total)
9       window=Tk()
10      window.title('银行利息')
11      Label(window, text='请输入本金：').grid(row=0, column=0, pady=5,sticky=E)
12      inputnum1=StringVar()
13      entrynum1=Entry(window,width = 8,textvariable=inputnum1)
14      entrynum1.grid(row=0,column=1,sticky='W')
15
16      Label(window, text='请输入年利率： ').grid(row=1, column=0, pady=5,sticky=E)
17      inputnum2=StringVar()
18      entrynum2=Entry(window,width = 8,textvariable=inputnum2)
19      entrynum2.grid(row=1,column=1,sticky=W)
20
21      Label(window, text='请输入存储年限： ').grid(row=2,
22                  column=0, pady=5,sticky=E)
23      inputnum3=StringVar()
24      entrynum3=Entry(window,width = 8,textvariable=inputnum3)
25      entrynum3.grid(row=2,column=1,sticky=W)
26
27      caculatenum = Button(window,text='计算利息',command=main)
28      caculatenum.grid(row=3,column=0,columnspan=2,padx=50)
29      Label(window, text='利息为：').grid(row=4, column=0, pady=5,sticky=E)
30      totalnum=StringVar()
31      entrynum4=Entry(window,state='readonly',width = 8,textvariable=totalnum)
32      entrynum4.grid(row=4,column=1,sticky=W)
33      window.mainloop()
```

运行结果如图 10-25 所示。

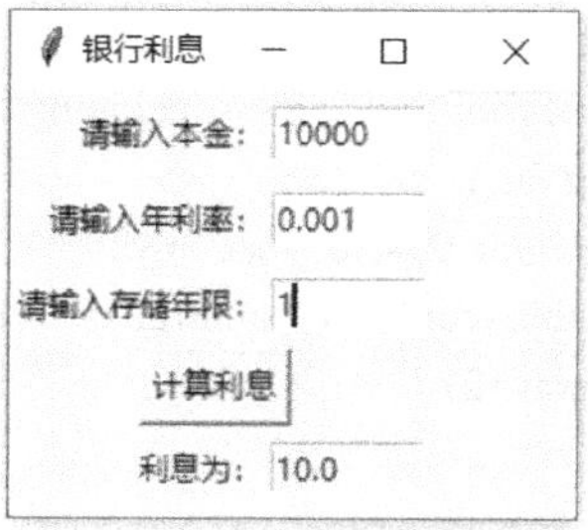

图 10-25 计算利息界面

运行程序，可以看到一个窗口，输入本金、年利率和存储年限后，单击按钮控件，得到输出结果。

10.3.2 将文件加载到列表框

带滚动条的列表框使用起来非常方便，在 GUI 编程中十分常用，但有时列表框需要添加大量列表选项，而且这些列表项来自文件，这时就需要将文件中的列表项添加到列表框中。

color.txt 是一个包含各种水果名称的文件，下面是文件内容前三行。

```
apple
apricot
plum
```

我们希望将它作为列表项，添加到列表框中，程序如代码清单 10-18 所示。

代码清单 10-18　将文件加载到列表框

```
1    from tkinter import *
2    def fruit():
3        fruitfile=open('color.txt','r')
4        fruitSet=[line.rstrip() for line in fruitfile]
5        fruitfile.close
6        conOFlstFruit.set(tuple(fruitSet))
7        numFruit=len(fruitSet)
8        conOFentnumFruit.set(numFruit)
9
10   window = Tk()
11   window.title('fruit')
12   bt=Button(window,text='fruit',command=fruit)
13   bt.grid(row=0,column=0,columnspan=3,pady=10)
14   yscroll=Scrollbar(window,orient=VERTICAL)
15   yscroll.grid(row=1,column=1,rowspan=10,pady=(1,5),sticky=NS)
16   conOFlstFruit=StringVar()
17   lstFruit=Listbox(window,width=20,height=8,
18                    listvariable=conOFlstFruit,yscrollcommand=yscroll.set)
19   lstFruit.grid(row=1,column=0,padx=(5,0),pady=(0,5),rowspan=10)
20   yscroll['command']=lstFruit.yview
21   Label(window,text='num of fruit').grid(row=1,column=2,padx=10,pady=5)
22   conOFentnumFruit=StringVar()
23   numFruit=Entry(window,width=2,state='readonly',
24                    textvariable=conOFentnumFruit)
25   numFruit.grid(row=2,column=2)
26   window.mainloop
```

运行结果如图 10-26 所示。

图 10-26 将文件加载到列表框

程序中 fruitSet={line.rstrip() for line in fruitfile}这句话将文件中的数据读入到一个集合中，然后将其赋值给 conOFlstFruit，并计算文件中水果的种类数目。

下面我们给文件中每个水果加上它的颜色，然后在列表框中输出不同的颜色。下面是文件中的前三行。

apple,green
apricot,yellow
plum,purple

完整程序如代码清单 10-19 所示。

代码清单 10-19　将文件载入列表框

```
1    from tkinter import *
2    def fruit():
3        fruitfile=open('color.txt','r')
4        fruitSet={line.split(',')[1].rstrip() for line in fruitfile}
5        fruitfile.close
6        conOFlstFruit.set(tuple(fruitSet))
7        numFruit=len(fruitSet)
8        conOFentnumFruit.set(numFruit)
9
10   window = Tk()
11   window.title('fruit')
12   bt=Button(window,text='The color of fruit',command=fruit)
13   bt.grid(row=0,column=0,columnspan=3,pady=10)
14   yscroll=Scrollbar(window,orient=VERTICAL)
15   yscroll.grid(row=1,column=1,rowspan=10,pady=(1,5),sticky=NS)
16   conOFlstFruit=StringVar()
17   lstFruit=Listbox(window,width=20,height=8,
18           listvariable=conOFlstFruit,yscrollcommand=yscroll.set)
19   lstFruit.grid(row=1,column=0,padx=(5,0),pady=(0,5),rowspan=10)
20   yscroll['command']=lstFruit.yview
21   Label(window,text='num of color').grid(row=1,column=2,padx=10,pady=5)
22   conOFentnumFruit=StringVar()
```

```
23    numFruit=Entry(window,width=2,state='readonly',
24              textvariable=conOFentnumFruit)
25    numFruit.grid(row=2,column=2)
26    window.mainloop
```

运行结果如图 10-27 所示。

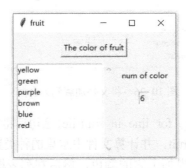

图 10-27   将文件载入列表框

因为有些水果的颜色相同，所以会出现颜色重复的情况，但我们希望所有颜色在列表框中只显示一次，因此，我们定义一个空集合，将每行读入的数据存放到一行集合中，即 fruitSet = {line.split(',')[1].rstrip() for line in fruitfile}。

10.3.3   面向对象编写 GUI 程序

在许多项目中，有些 GUI 程序会经常出现。为了减少代码量，使代码简洁易读，我们有时将 GUI 程序封装成一个类，下面我们用面向对象的方式编写上面的程序，程序如代码清单 10-20 所示。

代码清单 10-20   面向对象编程

```
1     from tkinter import *
2     class fruitcolor:
3         def __init__(self):
4             window = Tk()
5             window.title('fruit')
6             bt=Button(window,text='The color of fruit',command=self.fruit)
7             bt.grid(row=0,column=0,columnspan=3,pady=10)
8             yscroll=Scrollbar(window,orient=VERTICAL)
9             yscroll.grid(row=1,column=1,rowspan=10,pady=(1,5),sticky=NS)
10            self.conOFlstFruit=StringVar()
11        self.lstFruit=Listbox(window,width=20,height=8,
12                listvariable=self.conOFlstFruit,yscrollcommand=yscroll.set)
13            self.lstFruit.grid(row=1,column=0,padx=(5,0),pady=(0,5),rowspan=10)
14            yscroll['command']=self.lstFruit.yview
15            Label(window,text='num of color').grid(row=1,
16                column=2,padx=10,pady=5)
17            self.conOFentnumFruit=StringVar()
18                numFruit=Entry(window,width=2,state='readonly',
```

```
19                    textvariable=self.conOFentnumFruit)
20              numFruit.grid(row=2,column=2)
21          window.mainloop
22      def fruit(self):
23          fruitfile=open('C:\\Users\\DanYang\\.spyder-py3\\color.txt','r')
24          fruitSet={line.split(',')[1].rstrip() for line in fruitfile}
25          fruitfile.close
26          self.conOFlstFruit.set(tuple(sorted(fruitSet)))
27          numFruit=len(fruitSet)
28          self.conOFentnumFruit.set(numFruit)
29  fruitcolor()
```

运行结果如图 10-28 所示。

图 10-28　利用面向对象编程的运行结果

可以看到，使用面向对象方式编程与非面向对象方式相比核心代码差距不大。

10.4　小结

本章主要介绍了 Python 的 GUI 编程，包括 GUI 的基础知识以及 Python 常用的 GUI 框架。对于 Python 的 GUI 开发，有很多工具包供我们选择，见表 10-10。其中每个流行的工具包都有其优缺点，所以工具包的选择取决于你的应用场景。

表 10-10　GUI 开发常用的工具包

工具包	描　　述
wxPython	wxPython 是 Python 语言的一套优秀的 GUI 图形库，允许 Python 程序员很方便地创建完成的、功能健全的 GUI 用户界面
Kivy	Kivy 是一个开源工具包，能够让使用相同源代码创建的程序跨平台运行。它主要关注创新型 1，如多点触摸应用程序
Flexx	Flexx 是一个纯 Python 工具包，用来创建图形化界面应用程序，可使用 Web 技术进行界面的渲染
PyQt	PyQt 是 Qt 库的 Python 版本，支持跨平台
Tkinter	Tkinter（也叫 Tk 接口）是 Tk 图形用户界面工具包标准的 Python 接口。Tk 是一个轻量级的跨平台图形用户界面（GUI）开发工具
Pywin32	Windows Pywin32 允许你像 VC 一样的形式来试用 Python 开发 win32 应用
PyGTK	PyGTK 让你用 Python 轻松创建具有图形用户界面的程序
pyui4win	pyui4win 是一个开源的采用自绘技术的界面库

实践问题 10

1. 如何创建一个窗口？
2. Tkinter 的几何管理器有哪些？
3. 使用网格管理器，可以使用什么选项将一个组件放在多行和多列中？
4. 如何创建文本区域？
5. 如何创建用于显示多行文本的 GUI 组件？
6. GUI 程序如何对事件做出反应？
7. 创建一个窗口，在窗口对象上加上一个标题为"税单"。
8. 几何管理器的功能是什么？

习题 10

1. 编写程序计算在给定利息，指定年限的情况下的利润值，公式如下。

本息和 = 投资值×(1＋ 年利率)年限×12

使用输入控件输入投资值、年份和利率。用户单击"calculate"时计算值并显示。
2. 编写一个 GUI 程序，要求用户输入自己的姓氏和名字，然后显示全名。
3. 编写一个 GUI 程序，当单击按钮时，按钮上的字体在蓝色和黑色之间变换。
4. 编写 GUI 程序，显示出如下情形：

5. 编写一个 GUI 程序，要求输入学生的绩点，来判断毕业时的荣誉等级，当绩点大于 3.9 时，为优异；绩点大于 3.6 时，为优秀；绩点大于 3.3 时，为良好。
6. 编写一个简单的计算器，可以完成加法、减法和乘法。

参考文献

[1] 覃国蓉，何涛. GUI 应用程序开发模型研究[C]. The Second International Conference on E-Learning, E-Business, Enterprise Information Systems, and E-Government. Institute of Electrical and Electronics Engineers, 2010.

[2] MEIER B A. Python GUI Programming Cookbook[M]. Birmingham: Packt Publishing, 2016:317.

附　　录

附录 A　ASCII 码表

表 A-1 和表 A-2 给出了 ASCII 字符以及它们各自的十进制和十六进制码。一个字符的十进制码或十六进制码是它的行索引和列索引的组合。例如：在表 A-1 中，字母 B 在第 6 行第 6 列，所以它对应的十进制数是 66；在表 A-2 中，字母 B 在第 4 行第 2 列，所以它等价的十六进制数是 42。

表 A-1　十进制索引表示的 ASCII 码字符集

	0	1	2	3	4	5	6	7	8	9
0	nul	soh	stx	etx	eot	enq	ack	bel	bs	ht
1	nl	vt	ff	cr	so	si	dle	dc1	dc2	dc3
2	dc4	nak	syn	etb	can	em	sub	esc	fs	gs
3	rs	us	sp	!	"	#	$	%	&	'
4	(	)	*	+	,	–	.	/	0	1
5	2	3	4	5	6	7	8	9	:	;
6	<	=	>	?	@	A	B	C	D	E
7	F	G	H	I	J	K	L	M	N	O
8	P	Q	R	S	T	U	V	W	X	Y
9	Z	[	\	]	^	_	`	a	b	c
10	d	e	f	g	h	i	j	k	l	m
11	n	o	p	q	r	s	t	u	v	w
12	x	y	z	{			}	~	del		

表 A-2　十六进制索引表示的 ASCII 码字符集

	0	1	2	3	4	5	6	7	8	9	A	B	C	D	E	F
0	nul	soh	stx	etx	eot	enq	ack	bel	bs	ht	nl	vt	ff	cr	so	si
1	dle	dc1	dc2	dc3	dc4	nak	syn	etb	can	em	sub	esc	fs	gs	rs	us
2	sp	!	"	#	$	%	&	'	(	)	*	+	,	–	.	/
3	0	1	2	3	4	5	6	7	8	9	:	;	<	=	>	?
4	@	A	B	C	D	E	F	G	H	I	J	K	L	M	N	O
5	P	Q	R	S	T	U	V	W	X	Y	Z	[	\	]	^	_
6	`	a	b	c	d	e	f	g	h	i	j	k	l	m	n	o
7	p	q	r	s	t	u	v	w	x	y	z	{			}	~	del

附录 B Python 保留字

Python 语言保留如下 33 个关键字。它们不应被用在 Python 预定义的目的之外的其他任何地方。

and	as	assert	break
class	continue	def	del
elif	else	except	finally
for	from	False	global
if	import	in	is
lambda	nonlocal	not	None
or	pass	raise	return
try	True	while	with
yield			

附录 C Python 学习资源

- ➢ Python 基础教程：https://www.liaoxuefeng.com/wiki/
- ➢ Python 爬虫：https://www.cnblogs.com/zhaof/p/6897393.html
- ➢ Python 数据挖掘：https://www.cnblogs.com/5poi/p/7131995.html
- ➢ PythonGUI 编程：http://www.runoob.com/python/python-gui-tkinter.html
- ➢ Python 数据分析：https://www.cnblogs.com/zzhzhao/p/5269217.html
- ➢ Python 基础练习：http://www.runoob.com/python/python-100-examples.html
- ➢ Python 基础：https://www.w3cschool.cn/python/
- ➢ Pymysql 的使用：https://www.cnblogs.com/liubinsh/p/7568423.html
- ➢ tensorflow 简介：https://blog.csdn.net/lengguoxing/article/details/78456279
- ➢ tensorflow 教程：https://www.cnblogs.com/minsons/p/7866618.html
- ➢ python SK-learn 库：http://scikit-learn.org/stable/
- ➢ SK-learn 介绍：https://blog.csdn.net/u014248127/article/details/78885180
- ➢ 机器学习算法：https://blog.csdn.net/hohaizx/article/details/80584307
- ➢ 深度学习算法：https://www.cnblogs.com/charlotte77/p/7735611.html
- ➢ Cython 学习材料：https://cython.org/